Best wishes for the future of your work with animation students

Gary Mairs

祝愿动画学生的作品拥有美好的未来！

盖瑞·梅尔斯

盖瑞·梅尔斯（Gary Mairs）

美国籍。美国加州艺术学院电影学院院长、电影导演工作坊创办人之一。在电影界有多年的创作经验。曾导演和监制电影短片《醒梦》(2007)、《说出它》(2008)、《海明威的夜晚》(2009)，担任官方纪录片《出神入化：电影剪辑的魔力》(2004)的艺术指导。在线上专业杂志包括《摄影机的低架》、《烂番茄》。发表多篇专业论文，著作有《被控对称性：詹姆斯·班宁的风景电影》。

培养中国动画精英

孙立军

孙立军

北京电影学院动画学院院长、教授。

现任国家扶持动漫产业专家组原创组负责人、中国动画学会副会长、中国电视艺术家协会卡通艺术委员会常务理事、中国成人教育协会培训中心动漫游培训基地专家委员会主任委员、中国软件学会游戏分会副会长、中国东方文化研究会漫画分会理事长、国际动画教育联盟主席、微软亚洲研究院客座研究员、北京电影学院动画艺术研究所所长。

主要作品有：漫画《风》，动画短片《小螺号》、《好邻居》，动画系列片《三只小狐狸》、《越野赛》、《浑元》、《西西瓜瓜历险记》，动画电影《小兵张嘎》、《欢笑满屋》等。

曾担任中国中央电视台少儿频道动画片、"金童奖"、"金鹰奖"、"华表奖"、汉城国际动画电影节、2008奥运吉祥物设计、世界漫画大会"学院奖"等奖项的评委。曾获中国政府华表奖优秀动画片奖、中国电影金鸡奖最佳美术片奖提名等奖项。

with head and
hands ...
all the best to
Animation Students

Keep animating!
Robi Engler

祝愿所有学习动画的学生，用你们的
头脑和双手，创作出优秀的作品！

罗比·恩格勒

瑞士籍。1975年创办"想象动画工作室"，致力于动画电视与影院长片创作，并热衷动画教育，于欧、亚、非三洲客座教学数年。著有《动画电影工作室》一书，并被翻译成四国语言。

罗比·恩格勒（Robi Engler）

THE FUTURE OF
ANIMATION IN CHINA
IS IN THE HANDS
OF YOUNG TALENT
LIKE YOURSELVES.
TOMORROW'S LEGENDS
ARE BORN TODAY!
CHEERS,

KEVIN GEIGER
WALT DISNEY
ANIMATION

中国动画的未来掌握在年轻人手中，就如同你们自己。今天的你们必将成为明天的传奇！

凯文·盖格

凯文·盖格（Kevin Geiger）

美国籍。现任北京电影学院客座教授。曾担任迪斯尼动画电影公司电脑动画以及技术总监、加州艺术学院电影学院实验动画系副教授。在好莱坞动画和特效产业有将近15年的技术、艺术和组织方面的经验，并担任Animation Options动画专业咨询公司总裁、Simplistic Pictures动画制作公司得奖动画的制片人、非盈利组织"Animation Co-op"的导演。

Flash CS4 动画应用

吴思淼　编著
孙立军　审订

中国科学技术出版社

·北　京·

图书在版编目（CIP）数据

Flash CS4动画应用 ／ 吴思淼编著．—北京：中国科学技术出版社，2010
（优秀动漫游系列教材）
ISBN 978-7-5046-5425-0

Ⅰ.①F… Ⅱ.①吴… Ⅲ.①动画-设计-图形软件，Flash CS4-教材
Ⅳ.①TP391.41

中国版本图书馆CIP数据核字（2010）第020390号

本社图书贴有防伪标志，未贴为盗版

策划编辑　肖　叶
责任编辑　胡　萍　徐姗姗　梁军霞
责任校对　张林娜
责任印制　安利平
法律顾问　宋润君

中国科学技术出版社出版
北京市海淀区中关村南大街16号　邮政编码：100081
电话：010-62173865　传真：010-62179148
http://www.kjpbooks.com.cn
科学普及出版社发行部发行
北京盛通印刷股份有限公司印刷

＊

开本：700毫米×1000毫米 1/16 印张：18 插页：4 字数：280千字
2010年3月第1版　2010年3月第1次印刷
ISBN 978-7-5046-5425-0/TP·366
印数：1—3 000册　定价：69.00元　配DVD一张

在网络科技快速发展的环境中，充满智慧的Flash不断引领我们进入数字艺术传播的全新领域，Flash技术的创新与发展越来越多地涉及多个艺术设计分支学科，是将传统设计理念与多媒体技术相结合的典范，是将基本动画规律与全新数字领域应用的完美结合，而本书的写作初衷正是因为Flash应用于多媒体动画及数字出版物中巨大潜能所驱使。数字出版物是融合了视觉化的多种元素、平面版式的构图设计、动态的影音效果、交互式操作模式于一体的多媒体动画载体，而利用Flash技术制作动画并将其应用于实践中，是本书知识体系构成的一大特色。本书从不同的视角与应用的角度出发，结合具体实战的经验，不仅简明扼要地介绍Flash动画制作要点和操作技巧，而且着重于如何创新地综合运用这些动画工具，强调动画制作的设计思路和特效表现相结合，达到别出心裁的设计和完美技术的表现。

全书共分为十章。

第一章到第四章介绍Flash CS4作为工具软件的基本使用方法以及动画创建过程的操作方法。这部分内容主要通过对Flash CS4工具软件的介绍，简明扼要地叙述软件使用方法的重点和软件新版本的特性，并通过实例结合运动规律掌握利用Flash创建动画的基本方法。

第五章到第九章主要介绍Flash动画在应用领域中一些特定技术的表现形式。这部分内容不仅介绍制作动画涉及的特殊类型的技术形式，包括Action

Script程序语言在交互式动画中的具体应用、三维动画效果、动态影音效果的添加等，而且分析了网络动画版式设计的特点和特效的表达方法，力求把握Flash动画的动态设计思想，能够将多种元素和时间概念合理搭配，恰当布局图文版面，制作出主题突出又分层次有条理性的、动感节奏协调又充满趣味逻辑性的、有独特个性且五彩缤纷的作品。

第十章主要介绍Flash作为动画工具制作数字出版物电子杂志的综合实例及全部的工作流程。在这一章中精心选用多种类型的案例分析动态视觉化元素的具体实现过程，以其生动的图文动画效果和音视频相结合的方式实现了丰富的视觉创意效果和个性化的风格设计，重点讲解Flash实用技术在版式布局、交互设计、页面特效等多方面的应用。并依据电子杂志制作流程详细介绍了从设计排版、页面制作、后期合成到发布的制作全过程。

感谢我的母亲在此书出版过程中给予的巨大帮助！在本书的校对过程中得到了很多朋友的帮助，在此致以诚挚的谢意。

编　者

2010年1月

第一章
动画基础

动画历史及Flash动画

动画及电影的发明都是依据人类的视觉残留原理。1824年英国人彼得·罗杰（Peter Roget）在其著作《移动物体的视觉暂留现象》中提出"人眼的视网膜在物体被移动前，可有一秒钟左右的停留"。后人利用这一视觉残留的原理来观看连续播放的具有相互关联的图像就是今天所说的动画。其实早在原始社会的人们已经懂得将动物或者人的连续动作绘制在洞窟的岩壁上，这些壁画中有些内容如果连续播放就是今天的动画。

图1-1 西班牙 约公元前3万年至公元前1万年前 阿尔达米拉洞窟壁画

动画产生后很长一段时期内都是以传统的纸质动画方式进行创作的，1914年温瑟·麦凯创作了动画短片《恐龙葛第》，以其娱乐及夸张的特点被认为是开创美式动画时代的代表作。1929年美国的沃尔特·迪士尼(Walt Disney)的第一部有声动画片《蒸汽船威利号》诞生，1937年迪士尼制作的第一部彩色动画故事长片《白雪公主》问世。18世纪以来动画发展一直与动画技术的发展相关。到了21世纪动画发展与电脑科技的发展密不可分，相当一部分动画制作的方式由传统的纸质动画发展到了今天的电脑动画，动画发展的趋势也随着电脑科技的发展而日新月异，动画传播的媒体呈现出多样化的特点，并且出现了交互式等新的动画形式。如今互联网上的网页早已经不是初期利用HTML语言创建的形式单一、标题与段落相对简单、只能通过超文本链接方式访问互联网的这种形式了，网页因为有了更多的动画效果及丰富多样的动态交互效果而进入了一个全新的用户体验的时代。

出现在互联网上的动画文件需要制作成占用存储空间较小、播放流畅的动画文件格式，而被大量应用于网页的矢量动画文件格式是采用矢量运算的存储方式，其中以 Flash 创作出的影片文件格式（swf）最为著名。全世界很多国家地区的网络浏览器都内置Flash播放器（Flash Player）。利用Flash不但可以创建小而精致的动画，其矢量的图形绘制形式也给网页设计带来了无限的可能。而Flash中包含的面向对象开发的程序语言，与其他语言相比较，不论是在数据库、XML、PHP等各种平台上的使用都能更具兼容性、更易相互结合，而且程序语言的扩展性也非常好，应用面较广泛。Flash中包含的视频压缩技术也是当今互联网上主流的流媒体技术，不仅能够快速呈现出清晰的视频甚至高清视频画质的影像，而且文件体积小易于进行网络传播，所有这些都为交互式的信息浏览提供了无限的可能。

动画基本规律应用

学习动画制作前需要明确一点，软件只是制作艺术作品的工具，当然这个工具真正掌握起来也是非常不容易的，所有具体的操作及效果的实现都需要认真地学习和不断地实践积累。制作动画人人都可以做到，但要制作出好的动画作品绝不是一蹴而就的，需要了解动画的基本知识，掌握动画的运动规律和应用自如的表现动画艺术。网页设计或者其他数字艺术形式的动画表现规律异曲同工，学习的时候一定要将动画表现规律的基本功学扎实。

动画规律是前人在创作传统动画时经验的总结，无论是制作传统动画还是电脑动画，二维动画或者三维动画都需要遵循一定的动画规律，这才是动画创作最直接、最有效的方法。迪士尼公司的动画师创造了无数的经典动画电影，同时他们也将制作动画的经验和方法整理成册，提出了十二条运动规律供动画学习者参考，其中挤压和拉伸等运动规律的应用非常广泛。而在Flash软件中制作动画，由于条件的限制更加要求制作人员能够以最简单的、较少的关键帧实现丰富的动画效果，因此掌握动画规律并将其应用到Flash制作的动画中是非常重要的。Flash发展到了CS4版本最显著的特色就是在动画制作方面有所创新，新的关键帧动画创建机制、直观的动画曲线编辑面板、骨骼动画控制器等等都为制作动画提供了强大而有力的工具。初学者往往容易忽略制作动画的本质而过于依赖软件的应用，虽然软件的不断改进也是为了让人们能够更好更快地发挥电脑的功能，但再好的软件也需要使用者恰到好处的运用。本书突出的特点就是将动画创作规律与软件的使用结合在一起进行讲解，帮助动画爱好者尽快实现制作完美动画的目标。

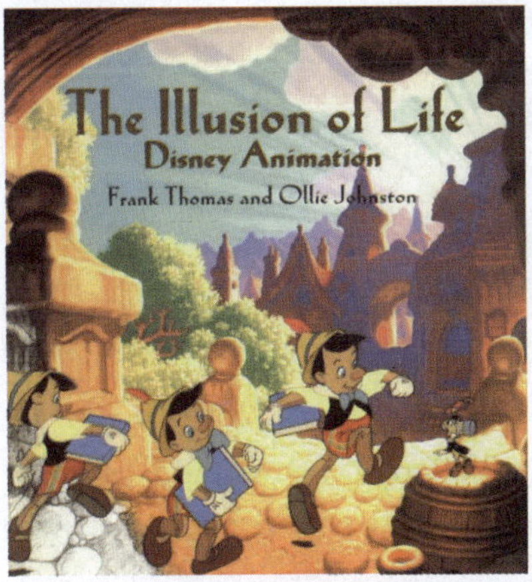

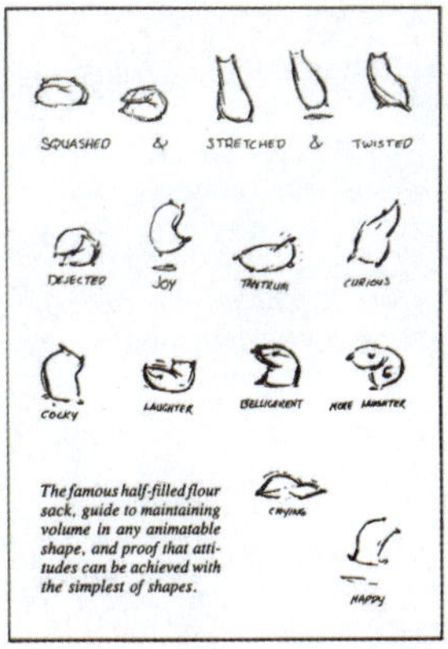
3. The Principles of Animation

"When we consider a new project, we really study it . . . not just the surface idea, but everything about it."
Walt Disney

1. Squash and Stretch
2. Anticipation
3. Staging
4. Straight Ahead Action and Pose to Pose
5. Follow Through and Overlapping Action
6. Slow In and Slow Out
7. Arcs
8. Secondary Action
9. Timing
10. Exaggeration
11. Solid Drawing
12. Appeal

The famous half-filled flour sack, guide to maintaining volume in any animatable shape, and proof that attitudes can be achieved with the simplest of shapes.

图1-2 《迪士尼动画》（The Illusion of Life: Disney Animation.）封面及内页

▦ Flash动画应用领域及发展现状

Adobe Flash的前身是Macromedia Flash，它是由Macromedia公司创建并开发的多媒体平台，现在Adboe公司继续进行开发并将其与其他Adobe多媒体设计软件进行了套装整合，形成了一个完整的设计平台、一个支持不同类型设计软件的系统。Flash从1996年问世以来已经成为创建动画及交互网站最受欢迎的工具之一，应用领域非常广泛，包括动画、广告、数字刊物、网页的交互内容、网络视频以及Flash游戏等等。利用Flash创建的演示类动画以及交互式的动画体验应用于工业、建筑、科研以及教育各个行业及领域中。利用Flash制作动画短片甚至动画长篇及电影也已经被很多动画制作公司接受，它高效地创建动画的方式相对于传统手绘动画大幅地节省了成本及时间，如今也成为了一种制作二维动画的非常不错的选择。随着网络带宽限制越来越小以及Flash 3D技术的不断成熟，未来的互联网必将有一轮新的技术及设计趋势来引领潮流。

今天我们无论是要学习好动画的基础知识，还是要掌握Flash软件工具及制作技巧，都需要不断地去关注行业内最新的发展动态及其应用领域和成果，不断拓宽艺术创作的思路，避免局限于某个具体的操作实践中。学习软件工具的使用方法最终也是为了设计的需要，多留意重要的参考资料及专业网站是非常有帮助的。

FWA的全称为Favourite Website Awards，是一个世界著名的互动多媒体网站收录平台，于2000年5月建立，目的是展示世界上最优秀、最前沿的网络媒体艺术设计作品。FWA也是多媒体艺术作品最顶级、最权威的评测机构。FWA每日收录一个互动站点，月度年度都会评选出FWA最佳网站。被FWA收录是对该网站设计师与互动网站开发团队最大的肯定，也说明该网站的设计代表了当时世界范围内多媒体网站设计开发的趋势。

该网站中所收录的网站均包含详细的网站地址，并被划分为不同的类型，同时提供网站制作公司背景等信息资料供学习者参考，有兴趣者可以根据自己的爱好选择不同类型的网站浏览。

图1-3　FWA 网站http://www.thefwa.com/

　　下面从动画影片、交互式多媒体网站设计、交互式网络出版物等几个方面入手，分析当今Flash动画的应用及发展现状，希望读者从中获益。

一、动画影片

　　如今越来越多的动画影片部分或者全部利用了Flash来进行动画的制作。从2005年以来一直被称作中国动画的希望的动画片——《喜羊羊与灰太狼》不难看出，如今的动画影片制作形式正不断朝多元化发展，只要影片本身拥有好的故事和剧本以及打动观众的内容，那么无论采用什么样的制作手段或者软硬件设施都可以创作出好的动画作品。

图1-4《喜羊羊与灰太狼》动画影片海报

除了剧情类的动画影片外，如今越来越多的电影制作公司和广告公司制作的商业影片的创作都会利用Flash。特别是一些包装设计类的商业影片。这些影片往往要求制作周期短、视觉效果突出、设计元素丰富等等，而利用Flash进行设计和制作，最后再进行视觉化、艺术化效果的处理合成，最终的影片视觉化效果往往都很不错。如澳大利亚的haloPICTURES公司所出品电视片头、游戏片头以及广告等很多都利用了Flash进行制作。

图1-5 halo PICTURES 公司网站 http://www.halopictures.com/

除此之外，很多影片中利用Flash制作并结合了地方或者民族的特色所创建的动画作品也都非常优秀，如中央电视台第三套的《快乐驿站》就是利用Flash制作传统的曲艺节目，如相声、小品、评书等，这是一个非常成功的案例。里面对各种风格和艺术形式的表现进行了探究，如图1-6所示的就是将我国非物质文化遗产中的皮影、剪纸和泥塑的表现形式与Flash相结合进行的动画创作，极具创新意识和民族特色。

图1-6　中央电视台第三套《快乐驿站》节目 　　图1-7　俄国动画影片《Profedota》http://www.profedota.ru/

　　其他国家也有很多将传统文化与现代电脑动画相结合利用Flash创作的优秀作品，如图1-7所示的是俄国动画影片《Profedota》，童话般的色彩和场景、角色和场景设计的细节及其民族特色的体现都是值得称道的。

　　当然动画影片中还包含了音乐动画影片，如Flash MTV或者在MV中出现各种形式的Flash动画。如图1-8所示，中国早期Flash制作的MTV动画影片代表作——老蒋制作的《新长征路上的摇滚》。

图1-8　Flash制作的MTV动画影片《新长征路上的摇滚》

二、交互式多媒体网站设计

　　交互式的网站设计更是从创意、视觉化效果到人性化用户体验等多方面不断地发展着，无时无刻不体现着技术与艺术的完美结合。如图1-9所示的网站设计仅仅是近年来成功的网站设计中的一部分，每天互联网上都有许多令人称道的交互式多媒体网站被创建出来。

如图1-9所示是印度尼西亚一家水果冰激凌店的网站，网站的角色设计、童话般的场景和互动游戏体验式的交互方式非常成功。

图1-9　新加坡kinetic公司出品的印尼水果冰激凌店网站 http://www. hellosoursally.com/

　　如图1-10所示的是美国广告代理商Mono出品的网站，向用户提供了一个人们可以随意变化"薯头先生"脸型的有趣的Flash应用网站。

图1-10　有趣的Flash应用网站 http://www.mono-1.com/monoface/main.html

　　eBizMBA评选该网站为2009年国际十大最好的Flash网站之一。

　　Got Milk是一个借助游戏宣传牛奶强身健体的宣传类网站。3D卡纸风格的Flash游戏趣味性很强。

　　Passion Pictures 出品的Flash在线游戏是卡通插画风格，画面精致，游戏包含16级关卡。

三、交互式网络出版物

　　近年来交互式的出版产品随着其储存信息量大、检索方便、多媒

图1-11　Got Milk 网站 http://www.gotmilk.com/

体表现方式丰富、交互式的用户体验功能及超链接功能等优点越来越被人们所发现和接受，受欢迎的程度越来越高。特别是

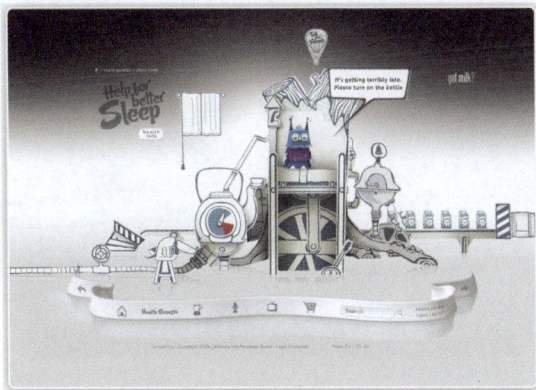

图1-12 scarygirl 游戏网站 http://www.scarygirl.com/world.php

网络电子杂志更是成了普及趋势，无论专业工作者还是业余爱好者都可以利用Flash制作属于自己的电子杂志。互联网上的优秀作品也有很多，关于电子杂志的学习和制作我们在后面的章节中会有更为详细的介绍。

　　综上所述，近年来Flash动画制作的水平正随着软件硬件及网络环境的巨大变化而不断前进，不断超越。从设计角度上讲有了视觉化效果更加突出、动画制作精良程度不断提高、创意无处不在、风格多元化等特点，而从技术角度上则体现了复杂的交互设计、人性化的用户体验、更加快速便捷的操作模式及超高清晰度画质体验和三维空间虚拟现实的实现效果。从现在开始掌握Flash制作动画的基础知识和软件应用才是迈进这个奇妙世界的第一步。

第二章
Flash CS4 功能及特性介绍

Flash CS4 简介

Flash CS4是Adobe公司2008年推出的新版本，在保留Flash软件早期版本精华部分的基础上，该版本有了很多的创新举措，令人眼睛一亮。

首先，软件界面按照Adobe公司CS4版本的系列软件的风格进行了统一化的布局；其次，在软件中新增了一些实用快捷的操作工具，例如:新增了动画编辑器的模块，改变了原有时间轴的局限性，大大增强了调控动画的能力，增加了骨骼动画创建工具，为创建角色动画提供了更为便捷和广泛的空间。

除了上述的新增功能外，在一些工具、面板中对操作功能方面的改进也使人感受到了Adobe公司强大核心技术的体现。为了整合Adobe公司旗下的软件家族，Adobe公司还特意搭建Flash平台，在工具、客户端和服务器连接方面进行全方位的扩展，因此，Flash CS4 比较之前的版本改进较大、操作更加便捷、功能得到提升并可跨平台进行互动，为动画爱好者及网站设计人员等使用者提供了更强大有效的制作工具。

有关软件安装的相关帮助信息，请访问网址www.adobe.com/go/cs4install_cn。

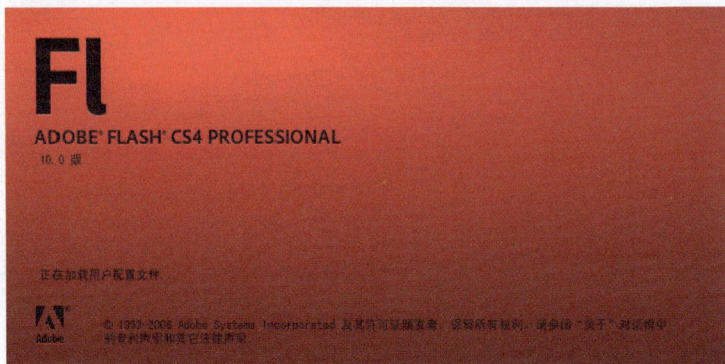

图2-1 Flash CS4 的启动界面

11

Flash CS4 软件启动界面如图2-1所示。

Flash CS4 系统安装的基本配置如下：

● Windows操作系统：Windows XP 、 Windows Vista

● 1 GHz或更快的处理器

● 1 GB 内存

● 3.5 GB 硬盘空间

● 1024×768 或1280×800 屏幕，16位显卡

● DVD-ROM驱动器

● 多媒体播放软件Quick Time 7.1.2 版本

● 在线服务和更多详细信息请访问网址 www.adobe.com/cn/。

Flash CS4 界面布局

Flash CS4 界面的布局在"基本功能"模式下主要划分为三大功能板块，如图2-2所示。

A区——舞台区域，表现绘图场景的地方；

B区——时间轴和动画编辑器区域；

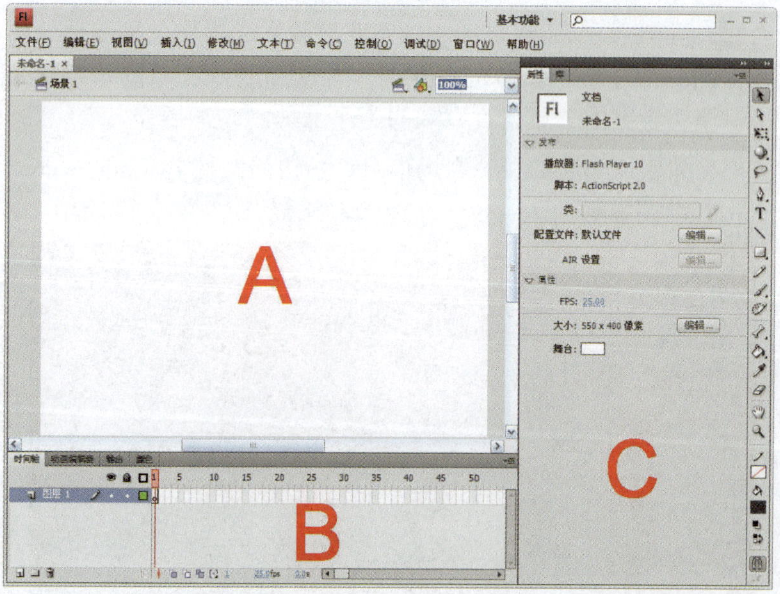

图2-2 界面布局

C区——工具面板区域，集中放置工具和浮动面板。

主菜单和其他软件设置的模式一样放在最上面一栏，不单独作为一个主要工作区域加以介绍。

对一直使用Flash软件的用户来说，Flash CS4与老版本Flash相比有较大的变化，时间轴从上方挪动到下方，工具栏从左边到了右边，属性、动作的面板的位置有所变化，浮动面板的内容也有一些改进，在使用中要重新适应这些功能模块位置的变化和功能操作内容的变化。

新版Flash为了突出舞台A的工作区域，B和C的区域可以随时关闭，让舞台达到最大化的表现，方便使用者在全景条件下精细地操作。

再具体看这三大板块的内容：

A区的舞台布局与老版本比较面积有所扩大，视线感觉较好，稍大尺寸的文件可以完全显示；

B区时间轴区域中增加了动画编辑器，这是个全新的模块，能够对关键帧的参数进行多种手段的精细调控；

C区是变化最大的区域，单列的工具栏中添加了新的工具图标，属性面板有了全新的布局，其他面板展开后也能看到有许多细微的变化。

整体把握三大板块的功能和各个板块的具体操作方法，将在下面的章节里分别说明，对新增的工具、面板和模块的使用方法也将单独详细讲解。

Flash CS4更新过的操作界面能够给人以简洁、清晰的印象，工作起来得心应手，有操作便捷、工作愉悦之感。

Flash CS4 软件的主要功能

Flash软件功能涵盖的内容非常之多，为了能够快速掌握软件的基本使用方法，把握动画制作常用的操作技能，本文重点围绕动画制作方面的内容有选择性地介绍软件的相关菜单和相关工具。根据软件的界面布局来分析各板块的主要功能，顺序是先讲主菜单，然后是A、B、C三大功能板块。

Flash CS4 动画应用

如果是已经掌握Flash软件以往版本的读者，可以跳过本节内容；如果是初学者，请仔细阅读本节内容力求快速入门。

一、主菜单

软件界面最上端一行是【主菜单】，也可称为一级菜单，其菜单栏中包含菜单命令11组，如图2-3所示。

打开【主菜单】任一组命令，可以看到下拉菜单的命令，【下拉菜单】也可被称为二级菜单，如图2-4所示。在一些二级菜单命令的右边有小三角箭头，表示二级菜单的命令包含更多的命令，用子菜单来显示这部分的内容，【子菜单】也可被称为三级菜单，如图2-5所示。

提示：在图解菜单命令时，重要命令用红色图框标注，是初学者需重点掌握的内容。Flash CS4 新增命令用绿色图框标注，特别提请老用户关注。

图2-3 界面主菜单

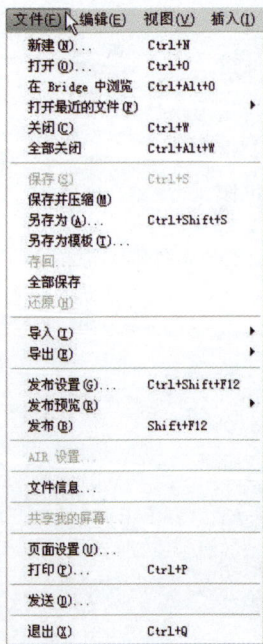

图2-5 三级菜单

图2-4 二级菜单

依次打开各级菜单的窗口，可以看到庞大的菜单命令系统，要想在较短时间内快速掌握软件的使用方法，就必须寻找一些捷径。建议在游览一遍全部菜单命令的基础上，重点把握以下几点。

● 菜单中一些常见命令，不管在何种软件中见过或用过的命令，能够明白其基本意思的就可以按以往经验用之。

● 菜单中重要的命令一般有快捷键，浏览一遍即可。重要的命令使用起来不需要打开菜单，可以通过实际操作来熟悉这些重要的命令。在菜单图示中重要命令用红色图框标注，以便引起重视。

● 菜单中不明白用途的命令先搁置一边，不需明白也不需记。通常情况下，掌握软件10%的命令就不会影响工作。

● 菜单中除了上述三项（常见的、重要的、不明白的）之外的其他命令，只要知道归属于哪一组命令之中就可以了。

把握住以上几个要点后，就可以开始学习菜单命令了。11组菜单中要掌握的命令并不多，记住用红框标注的重点命令就可以了，因为这些命令在后面章节中将详细讲解。其他命令只需一般了解即可。

文件菜单：操作方法与其他图形图像操作软件相似，文件项目相关参数和相关操作都设置在这个菜单中，掌握新建、保存、导入、发布文件就可以了。参见图2-4所示的二级菜单。

编辑菜单：编辑菜单集中了实际操作中常用的各种命令，一定要记住其中重要的用红框标注的快捷键，参见图2-6。

视图菜单：视图菜单主要是针对舞台布局的调控，记住红框标注的快捷键，参见图2-7。

文本、命令、控制菜单只需一般了解即可。如图2-8、图2-9、图2-10所示。

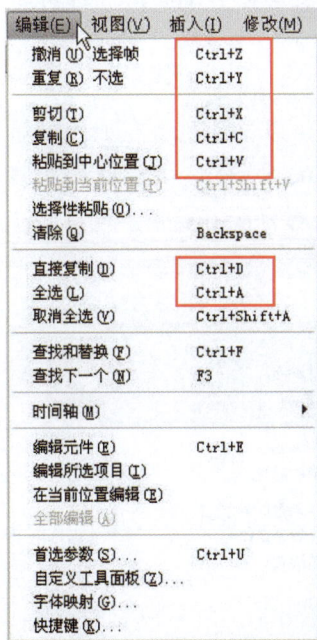

窗口菜单：这里的命令主要是设置操作工具的，大部分重要的操作工具在C区中可以看到，需要掌握的是快捷键命令对应的工具

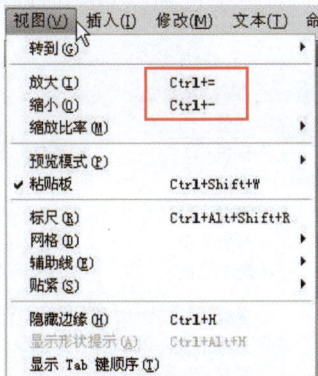

图2-6 编辑菜单

图2-7 视图菜单

图2-8 文本菜单

图2-9 命令菜单

图2-10 控制菜单

或面板，如图2-11所示。

值得一提的是主菜单栏右边位置新增一个"基本功能"菜单，这里的内容和窗口菜单中"工作区"命令的内容一致（图2-11），简要说明一下这个菜单的功能。

基本功能（模式切换）菜单：这个新增菜单的命令全部是针对工作区的布置设计的，按照不同使用者的习惯选择不同的命令可以快速改变工作区的布局。你可以分别选择一下里面的命令，看哪一种布局更加适合你。如图2-12所示。

帮助菜单：帮助菜单不但可以让使用者在工作中随时获取帮助，而且是了解Adobe公司的一个窗口，能够帮助操作者掌握软件正确的使用方法并获取Adobe平台的相关资源。如图2-13所示。

图2-11 窗口菜单

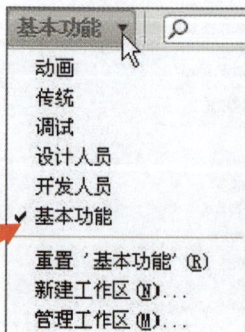

图2-12 基本功能菜单

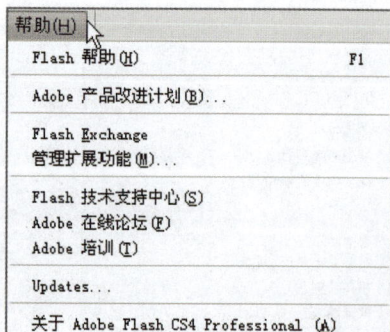

图2-13 帮助菜单

小结

　　菜单的使用方法——菜单是"命令"的汇集地，要了解一般"命令"所在的菜单组，记住"命令"划分的规律。重要的"命令"有快捷键，一定要熟记并能够熟练运用。

　　提示：工作区可以随意改变，按照自己的习惯设定吧！任何时候需要恢复到软件默认的模式时，只需要点击基本功能菜单中"重置'基本功能'"选项即可，见图2-12。

二、A区——舞台区域

　　舞台是动画编辑、制作的场地，是用来放置图形、文字、声音等各类元件和素材的地方。如图2-14所示。

　　布置舞台的三种方法：一是使用【文件】→【导入】命令直接导入所需素材至舞台；二是从【库面板】中将各类元件、素材等拖拽至舞台；三是从外部或内部文档直接粘贴图形、文字等内容至舞台。

1. 舞台

　　舞台上方有3个图标，第一个是场景状态提示图标，提示舞台现在的工作状态，选中舞台里的图形后，这里会相应地出现【场景】、【元件】、【组】等状态的提示；第二个是场景编辑图标，如果设置了多个场景就会出现在它的下拉列表中，点击某个场景可以实现场景的转换；第三个是元件编辑图标，打开下拉列表可以看到

图2-14 舞台

全部元件，点击选中的元件就进入元件编辑的舞台。

　　舞台在场景状态下是场景工作的舞台，在元件状态下就转换为元件工作的舞台。注意元件舞台与场景舞台有一点区别，元件舞台没有大小范围的局限。舞台受时间轴的控制，时间轴播放头指向的帧对应舞台不同的画面。

舞台在使用中可以放大缩小、转换场景，还可以添加标尺、网格、参考线，这些命令集中在"视图"菜单里。常用的快捷键有：

舞台放大Ctrl+ = 舞台缩小Ctrl+ – 标尺Ctrl+Shift+Alt+ R

调整舞台大小还可以在右上方窗口里直接选择缩放的比例。

提示：舞台的工作区域可以灵活调整，关闭其他区域，舞台可以最大化。

【参考线】添加的方法：在标尺处按住鼠标向舞台方向拖动，到合适位置后松开即可。左侧向右拖出的参考线是纵向的，顶端向下拖出的参考线是横向的。参考线在舞台上可以编辑，选中后按住鼠标直接拖动即可，如果要删除参考线，就按住鼠标拖向标尺处。

2. 场景（Shift+ F2）

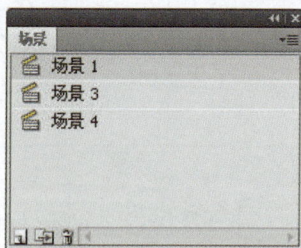

场景可以被添加、修改、删除。添加的命令在"插入"菜单的最后一项。而修改、删除等命令则隐藏在"窗口"菜单中，在下拉菜单下方找到【其他面板】，从三级菜单里找到【场景】，打开场景的面板后，通过底部按钮进行操作，如图2-15所示。如果要重新命名场景的名称，双击名称处，出现窗口后修改。

图2-15 创建编辑面板

场景单独播放的命令是Ctrl+Alt+Enter。

提示：多个场景的播放顺序是按照它们从上到下的排序，而不是按照它们的名称排序。

小 结

舞台的使用方法——掌握控制舞台大小的几种方法，学会为舞台添加辅助功能。

舞台和元件的场景有区别，注意两种场景的切换。

场景的设置和调整分别使用不同的菜单命令，学会安排不同的场景和场景的单独播放。

三、B区——时间轴和动画编辑器区（Ctrl+Alt+ "T"）

新增加的动画编辑器放在下一节"Flash CS4 新增功能"中重点讲解。此处介绍Flash中传统的时间轴面板，也是制作动画的重要工具。

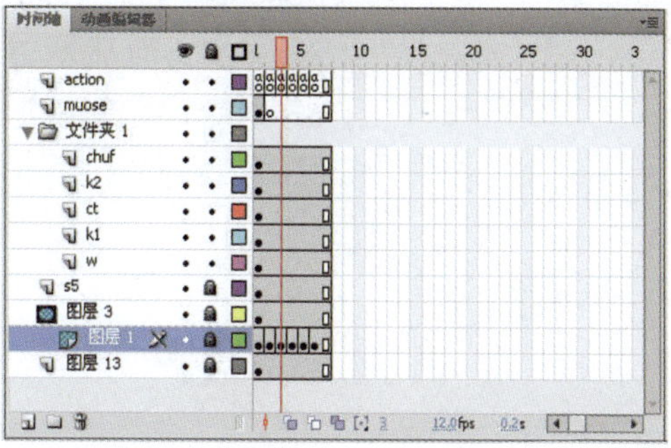

时间轴的基本构成见图2-16，上方是标题栏，左侧是图层编辑区域，简称为"图层编辑区"；右侧是时间坐标、播放头和帧的编辑区域，简称为"播放编辑区"。

时间轴可用于控制动画播放的时间，一般情况下动画播放控制在每秒24的帧范围，人眼在这种状态下看到的静

图2-16 时间轴

态画面是连续的、动态的感觉，也可以设置每秒12帧至每秒30帧的范围。

标题栏

标题栏可以切换时间轴和动画编辑器，在状态栏上点击可以关闭该菜单，再次点击就可打开，也可使用右侧的图标控制菜单。

播放编辑区

由时间坐标、帧格、播放头、帧、状态栏组成，如图2-16所示。

时间坐标和帧格：用数字坐标和表格表示，5格为一组，一帧占一格。

播放头：红色指针是播放头，播放头的位置决定舞台的画面，播放的起点默认状态在第一帧。播放时播放头由起始位置向右侧顺序播放。播放头也称为播放标尺。

帧：指一个时间单位，在时间轴里显示为一个帧格。

"帧"可以被创建、编辑、添加语句和特效。编辑包括：选择、复制、粘贴、剪切、移动、删除。

"帧"分为【普通帧】和【关键帧】两种。【关键帧】又

分为【关键帧】和【空白关键帧】两种，分别用实心圆、空心圆表示，掌握"帧"的使用方法是学习Flash的重点，关于"帧"的详细介绍见下一章内容。

状态栏：在时间轴下方有一排按钮，其中几个方格图标是针对舞台画面显示方法设置的按钮，其中【绘图纸外观】和【绘图纸外观轮廓】也称为"洋葱头"，就是将补间动画连续几帧的内容同时显示出来。

原图：　　　　　　绘图纸外观：　　　　　　　　绘图纸外观轮廓：

【编辑多个帧】可以将播放头所在位置前后几帧的内容选中，在逐帧动画的编辑中非常有用。【修改绘图纸标记】可选择绘图纸显示的方式。

图标按钮之后显示的数字是播放头所在的帧数，fps是帧数的设置，s是当前帧数经换算后显示的时间单位，按秒（second）计算。

图层编辑区

图层编辑区是对图层设置和管理的地方，图层可以被创建、编辑、管理，如图2-17所示。

图层的创建：新建图层的按钮在底部菜单栏，第一个按钮是新建图层按钮，点击后可在现有图层上方添加一个新的图层；第二个按钮是【新建文件夹】；第三个按钮是【删除】。文件夹图标前的小箭头可以展开和折叠。除了可见的图标按钮外，大部分命令放在鼠标右键弹出的菜单中。

图2-17 图层轴

图层的编辑：包括对图层的复制、粘贴、移动、删除、重命名。并且可以从其他文档中将图层直接复制、粘贴过来。

图层的管理：包括对图层的锁定（相应图标为锁）、隐藏（相应图标为眼睛）、轮廓显示（相应图标为黑方框），以及添加、折叠、删除和命名文件夹。

特效图层：图层按照属性可以分成普通图层与特效图层。设置特效图层可以通过鼠标右键弹出的菜单操作，其中【遮罩层】和【引导层】的图层特点在这里简要说明一下。

1. 遮罩层

【遮罩层】与【被遮罩层】一起使用，图层使用绿色的特殊图标表示，如图2-18所示。

图2-18 遮罩层

【遮罩层】通过色块作为遮罩，色块区域表示在此区间内的对象可以显示，不在色块遮罩范围内的对象则不显示。遮罩层的色块在播放时起到只显示出被遮罩对象的作用。图2-19左图中黑色块为遮罩，右图是播放的结果，被遮罩对象的内容可以播放，遮罩层的色块不会出现。

2. 引导层

【引导层】与【被引导层】一起使用，图层使用特殊图标表示，如图2-20所示。

图2-19 黑色遮罩及被遮罩对象显示

引导层通过绘制的线条作为引导路径，被引导的元件按照路径运动。在Flash CS4 中已经使用新的补间动画功能可以代替它的作用，作为软件之间的过渡，Flash CS4 还是保留了这一功能。

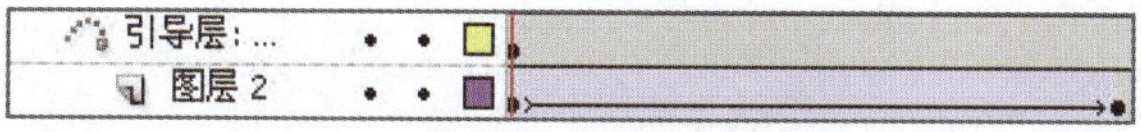

图2-20 引导层与被引导层

图2-21中的红线是引导线，设置在引导层，蝴蝶设置在被引导层。蝴蝶的起始点（第一关键帧）在红线的一端，按照路径运动后，停留在引导线的另外一端（第二关键帧），即落在花朵上，两帧之间设补间动画。

图2-21 引导图层

> **小 结**
>
> 掌握时间轴和图层功能的一般使用方法，灵活运用时间轴的辅助工具。掌握图层、帧的编辑功能。掌握特殊图层的操作方法。

四、C区——工具面板区域

工具（Ctrl+ F2）

用列表方式简要介绍工具栏里的工具，重要工具的操作方法会在下一章中说明。

选择工具	基本使用工具
部分选取	部分的选取对象并可调节锚点的工具
任意变形/渐变变形工具	使选中的对象/渐变颜色变形
3D旋转/平移工具★★★	3D 图形变化的工具
套索工具	用于选择不规则的对象

钢笔/锚点转换工具	绘制矢量图形的工具，并且可以修改、转换锚点
文本工具	文字输入的工具
线条工具	绘制直线的工具
矩形/椭圆/图形工具★	绘制基本图形的工具
铅笔工具	绘制不规则图形的工具
刷子/喷涂刷工具★	用于大面积涂抹的工具
Deco 工具★★★	图形自动发散工具

骨骼/绑定工具★★★	创建角色动画的工具
颜料桶/墨水瓶工具	为图形对象内部色块和外部轮廓上色的工具
滴管工具	吸取一个对象属性复制给另外的对象，例如颜色/文字
橡皮擦工具★	擦除图形时使用，需注意图形是否处在解组打散状态

手形工具	用于舞台的移动
放大镜工具	改变舞台大小，直接使用时为放大，与Alt键同时使用时为缩小

颜色选项工具栏	包括笔触颜色、填充颜色、黑白、交换颜色按钮
工具选项栏	选择不同工具时可出现不同的细分选项

标有★★★的为新增工具　标有★的为部分新增工具

小 结

工具的使用方法：熟悉工具属性，当工具使用无效或不恰当时要找出原因并加以纠正，各项工具的使用方法要在实践中不断运用。

工具栏的显示状态非常灵活，可以随意拖动和关闭、竖排或横排，按钮的开关在栏目的右上方。工具的选择也可以改变，在"编辑"菜单的【自定义工具面板】中设置。

操作面板

面板的主要功能是根据操作的需要汇集相关的命令。在Flash CS4中对面板的布局做了很大的改进，一是将属性面板、动作面板的位置从底端挪动到右侧，归纳在工具面板区域；二是面板参数的设置方法新增了滑条式的功能，可以直接拖动"滑条"改变参数，如果需选择原来的窗口式调整模式，就直接点击参数进入窗口对话框；三是新增了3D功能的面板；四是对原有面板做了改进，或新增或重排，例如库面板、文字面板等。面板的位置一般在舞台的右侧，用户可以自己拖动面板到需要的位置，并可以随时将其最大化或者最小化。

属性面板　Ctrl+ F3

属性面板是Flash软件中变化多端的一个面板，它既可以随不同的操作对象发生相应的属性变化，也可以随不同的使用工具发生属性的变化。工具类的属性面板将在后面的章节讲解，这里重点介绍随不同操作对象发生变化的属性面板。

1. 在默认状态是"文档"属性面板

属性面板默认状态是"文档"属性，有关文档的设置和

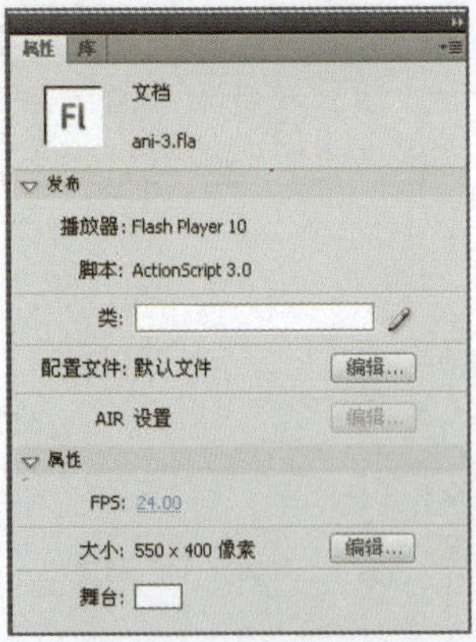

图 2-22 文档属性面板

图 2-23 "帧"属性面板

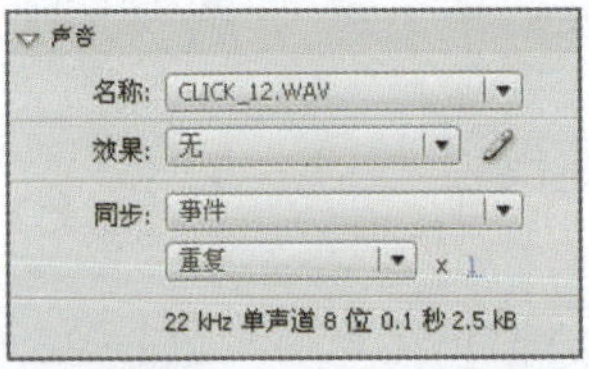

图 2-24 "声音"属性面板

基本参数在这里一目了然。面板分为【发布】和【属性】两栏，可以通过【编辑】按钮打开参数对话框，对默认的参数进行修改。如图 2-22 所示。

【发布】中播放器默认为 Flash Player 10 版本，配套的软件要安装 Flash Player 10。如果需要视频输出，配套的播放软件是 Quick Time 7.1.2 版本。

脚本语言可以向低版本兼容，因此可以选择 ActionScript 2.0。

【属性】中 fps 是帧数/秒，默认值为 24 帧每秒。大小指文档的尺寸，舞台的颜色是背景色，这些参数都可以根据需要修改。

2. 在选中"帧"的状态下是"帧"属性面板

在时间轴里选中某一帧的情况下出现"帧"属性面板，如图 2-23 所示。有【标签】和【声音】两个菜单项。

【标签】就是给"帧"起名字，有了名字的帧，可以作为动作指令的对象。

【声音】选中舞台上的声音元件，这里会显示出具体参数并允许打开各项窗口进行调整。铅笔状按钮是【编辑封套】，选中后弹出声音编辑对话框，相关内容参见第八章"Flash 音视频"。

3. 在选取元件状态下是"元件"属性面板

在舞台中选中元件时对应的是"元件"属性面板，见图 2-25。该面板功能性强，菜单内容多，特别是新版本中新增的功能，加大了对元件调控、渲染的能力。为了充分地使用该面板，对主要内容稍加详细说明，可将元件面板的项目归纳为以下四项。

第一项：基本属性。包含了元件的名称、属性、位置和大小。<实例名称>栏中可以为元件命名，下一栏中可以改变元件的属性。

【位置和大小】指元件在舞台中的定位，由 X、Y 轴确定，在这里可精确地修改参数。【宽度高度】指在舞台上选取区域的范围，也可理解为选取元件的尺寸，对参数进行缩放调整时可以使用左边的小锁图标锁定比例。

第二项：**3D设置**。这部分是新增的3D元件调控功能，当元件作为三维形态使用时，在这里可以看见坐标的参数和角度的参数。

第三项：**色彩效果**。这部分内容是Flash旧版软件中属性面板中【颜色】的内容，现在称为【色彩效果】。打开样式窗口可以看到亮度、色调、透明度Alpha值等参数的内容，与以往的设置一样。这部分功能经常被使用，在后面的章节里将详细讲解。

第四项：**特效**。包括【显示】、【滤镜】两项，属于新增功能。这些新增功能与Adobe Photoshop软件中的图层混合模式、滤镜功能相似，可以说Adobe公司在这款软件中移植了Photoshop软件中图形特效处理的精华部分。下面简单举例介绍。

图2-25　"元件"属性面板

混合——打开【显示】栏的"混合"窗口，可以看到各种混合模式，使用方法是，先选取舞台上的一个元件，再打开对话框选取一种混合模式，这时选中的元件会与它后面的图形发生颜色上混合形态的变化，由此产生特殊的艺术效果。

滤镜——打开【滤镜】栏，左下角有一排按钮菜单，第一个按钮是"添加滤镜"，在弹出的菜单中选取一个滤镜，随即出现滤镜属性和参数值设置的面板，如图2-26所示。

图2-26　滤镜参数面板

提示：特效效果只能运用在影片剪辑和文字元件中。

元件面板的功能很庞杂，需要细心体会，特别是新增功能大大丰富了Flash软件的图形处理功能，相信熟练掌握这些功能后，一定会为动画制作增添许多意想不到的结果。

4. 在选取图形状态下是"图形"属性面板

图形面板和元件面板类似，但功能减少，故不单独列出。

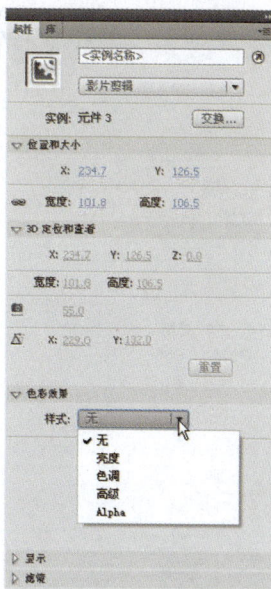

图2-27 文本面板

5. 在输入文字状态下是"文本"属性面板

文本面板经过改进后，实用性大增，应该说为文字的处理提供了非常便利的条件，面板的内容归纳为三项，见图2-27。

第一项：基本属性。包括文本属性、位置和大小、宽度和高度。

文本属性分：静态文本、动态文本、输入文本。静态文本指普通输入的文字，动态文本是指可以用程序语言控制的形式，输入文本是将文字作为控件的形式。

位置和大小指的是文字在舞台上X、Y轴的坐标。

宽度和高度指的是输入文字时出现的文本框的大小。

第二项：文字处理。包括【字符】、【段落】，内容一目了然，其中字符大小、字母间距、间距、边距的参数都可以自由拖动调整，文字操控的方式变得更加方便，更加直观。

第三项：特效。有【选项】和【滤镜】。滤镜的用法同元件面板，【选项】一栏中有【链接】、【目标】，如果选中动态文本或输入文本，这里会增加一栏【变量】。变量栏可以为动态文本和输入文本赋值。

【链接】栏中可以输入链接外部的URL地址。

提示：文本字符如果打散后成为图形形状，则特效功能不起作用。

库面板（Ctrl + L）

"库"是存放、管理各种素材和元件的地方（下面通称为"项目"），是功能强大、使用频率很高的面板。"库"面板里不仅分门别类地存放众多的元件和素材，同时管理"库"的手段也非常之多。

新改版的Flash CS4为了更有效地管理"库"，特别新增了【使用次数】的统计功能和【放大镜】的查找功能，并且可以

【固定当前库】和将库面板浮动到任何地方，这些新增功能使实际操作更加方便和易于控制。

库面板主要由两部分组成，上半部分是显示区，下半部分是存放区。

1. 显示区

显示区由标题栏、显示窗口和查找栏组成。

随着文档打开库就打开了，打开多文档时库就可以选择，在标题的下拉列表中可以找到打开的库。为了避免混淆多个库的使用，对当前编辑文档的库可以点击窗口旁边的"固定当前库"按钮，见图2-28中的红色矩形框。

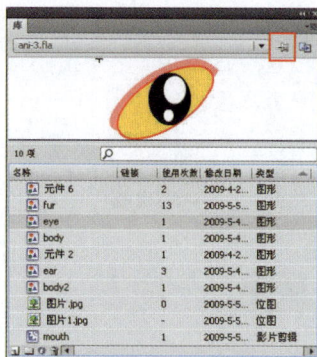

图2-28 "库"面板

显示窗口：当库里的项目被选中后，显示窗口出现该项目的内容。如果是声音文件、视频文件或影片剪辑，可以利用显示窗口右上方的播放按钮进行播放。见图2-29中的红色矩形框。

2. 存放区

存放区列表存放编辑文档的全部项目。

存放区有上下菜单可以管理

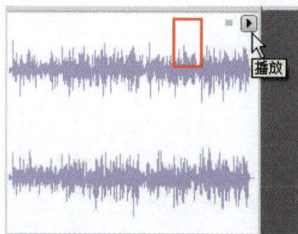

图2-29 库面板显示区域

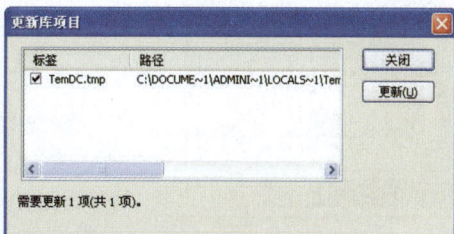

图2-30 更新库项目对话框

库项目，还可以点鼠标右键弹出编辑菜单，对项目的新建、编辑、重命名、修改属性、更新素材等内容进行操作。对于【使用次数】为0的项目，建议在工作完成后予以删除。

更新：导入的素材在外部重新做了修改，则不需要再次导入，只需在库中选中该素材，在鼠标右键菜单中选择【更新】，在弹出的【更新库项目】对话框里点击【更新】即可，如图2-30所示。

提示：更新的素材和库里的素材要统一路径和名称，否则更新失败。

Flash CS4 动画应用

图2-31 颜色面板和位图面板

图2-32 样本面板

图2-33 "对齐" 面板

颜色面板（Shift+ F9）

颜色面板虽然是浮动面板之一，但在上色时需要配合颜色工具，因此【颜色选项工具】栏中的笔触颜色、填充颜色、黑白、交换颜色的按钮也会出现在颜色浮动面板上，该面板也可以理解为颜色工具的属性面板。详细的使用方法参见下一章内容。

颜色的类型分为：无、纯色、线性、放射性和位图。纯色指的是单一颜色的填充，线性、放射性指的是渐变色的填充，"位图"指的是图案或图形的填充方法。

位图：打开面板中的【类型】窗口，选中【位图】就进入位图填充模式。除了库里已有的位图文件显示在下方窗口中外，还可以点击【导入】按钮加载新的图形文件，如图2-31右图所示。

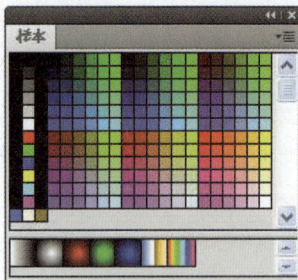

样本面板（Ctrl+ F9）

样本面板也是颜色面板，里面分布的颜色是按照网络安全色设定的基本色，在使用中会随时打开，只要选择颜色工具旁边的颜色窗口，样本面板就能自动弹出来，如图2-32所示。

对齐面板（Ctrl+"K"）

对齐面板的重要功能是针对舞台上多个对象排列组合问题设置的，见图2-33。对齐的图示都很直观，可根据图示进行操作。一般对齐的标准是按照一组对象中的一个目标设定的，当需要以舞台为对齐标准时，就选择【相对于舞台】，这时对齐的标准就是舞台长宽的边缘了。

【匹配大小】其实是一种自动变形工具，它按照舞台大小的区间设定对象变形的大小，分为【匹配宽度】、【匹配高度】、【匹配宽和高】。即以选中对象的外框为基准，匹配到舞台宽和高的尺寸。

【间隔】的命令也是参照舞台的宽和高来设置的，分为【垂直平均间隔】、【水平平均间隔】。最有实用价值的地方在于将多个密集在一起的对象，有序地分散开来。例如对文字的调整，见图2-34间隔命令效果图。该图左边是垂直平均间隔效果的对照图，右边是水平平均间隔效果的对照图。

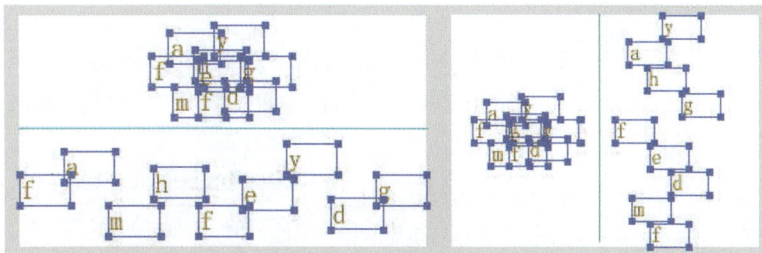

图2-34　间隔命令效果图

变形面板（Ctrl+"T"）

变形面板是针对舞台上编辑对象需要调整形态变化而设置的一个重要面板，也可以说是任意变形工具的补充，能够更精细化地调整对象的变形。如图2-35所示。

变形面板原有的功能只是【按比例缩放】、【旋转】和【倾斜】，现在新增了3D元件的变形功能，新增功能参见第九章"Flash 3D动画"。

按比例缩放：宽度和高度的缩放按百分比调整，现在可以直接拖动参数，也可以点击参数打开窗口进行设置。【约束】按钮是将宽、高比例固定，【重置】按钮是新增按钮，可以返回修改前的参数，如图2-35中红色圆圈里的图标。

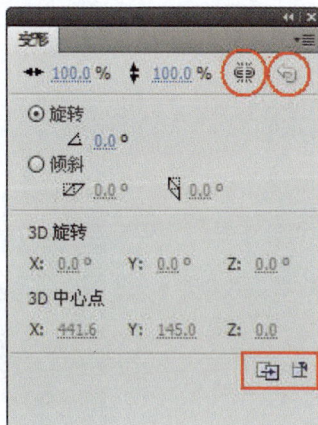

图2-35　变形面板

【旋转】和【倾斜】是用角度值设定对象的位置变化。

面板右下方有【重置选区和变形】、【取消变形】按钮，见图2-35中红色矩形框内的图标。

重置选区和变形：对元件设置好变形的参数后，执行该命令可另外复制一个变形的元件，多次点击会产生多次变形，每次变形都对上一个元件进行再变形，可以多执行几次这个命令，从多个变形的元件中选取适合的图形。利用这个命令可以为逐帧动画的制作提供方便。

取消变形： 该命令可将多次变形依次取消，直到返回元件或图形的原状。

浮动面板的使用方法

Flash CS4 中对菜单、工具、时间轴等浮动面板的使用方法进一步改进，不仅美化面板的图标，而且增加了多种控制的方法。

面板的主要使用方法有：①面板可以通过开关随时展开和折叠；②面板可以上下左右摆放，位置调整非常灵活；③多个面板打开或折叠都可以自动吸附成组；④打开的单个面板可以进行自由拉伸的调整，如图2-36所示。

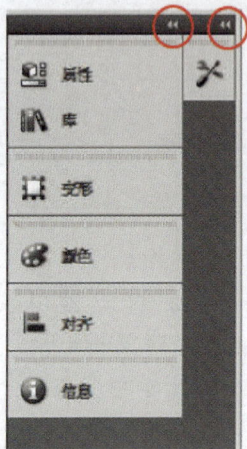

图2-36 面板和工具缩小状态图

小 结

面板是重要的制作工具，不仅要了解掌握基本的使用方法，更需熟记重要浮动面板的快捷键。

面板中包含了大量的功能菜单、参数设置和调整控制的窗口，工作中要充分发挥这些内容的功效。

面板的操作非常灵活，在实践中可以根据个人的工作习惯设置。

第三章
Flash 基本动画工具的使用

　　软件学习的最佳方法就是实践，通过实际操作来熟悉和掌握软件的各项性能。本章通过一个小动画实例的完整制作过程，详细讲解制作动画所要掌握的基本工具，这里所说的"工具"包括狭义的工具栏里的各种工具，也包括广义的软件工具，即指软件里可操作的各种命令和各项使用功能。

　　本章的动画实例是"花毛驴"，见光盘文件夹第3章//ani-1。

　　开始工作之前要有一个大致计划，包括动画内容的构思、需要准备的素材、分步骤实施的内容等等。选择"花毛驴"这个例子只是为了讲解软件里基本工具的使用方法，因此，构思很简单：一匹有浓郁民俗风格的小毛驴，在蓝天白云下的花草地上跑过。准备一张图片作为贴图素材。

　　制作步骤结合软件相关功能的介绍，具体内容按制作顺序为：

- 学习绘图工具
- 创建图形元件
- 创建影片剪辑元件
- 动画与场景的组合

图3-1 花毛驴

　　以上要实施的步骤将在各小节的内容里详细讲解。

　　打开Flash软件，选择→新建→ Flash文件（Action Script 2.0），进入工作环境，如果使用文档属性的默认值，可先使用快捷键 Ctrl+"S" 保存文件，同时将默认的文件名"未命名_1"改为"ani-1"，工作环境布局如图3-2所示。

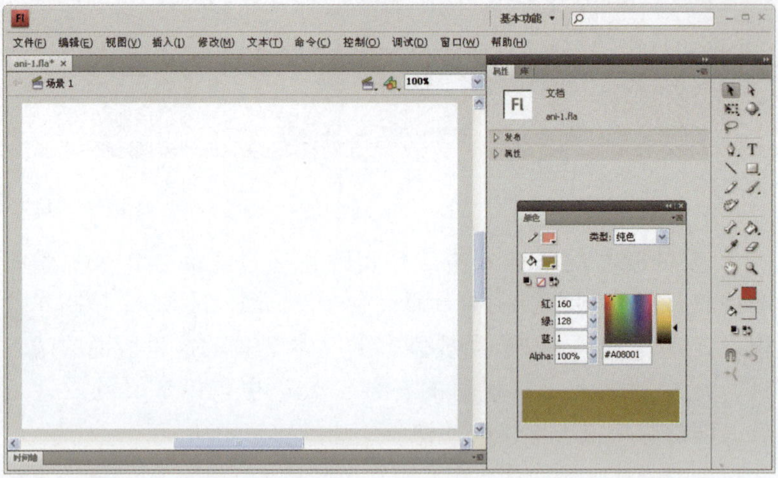

图3-2 工作环境

　　工具栏可以灵活排列，并且可以改变工具的设定，在主菜单【编辑】命令中选择【自定义工具面板】，打开对话框可进行工具的增加和删除，见图3-3。

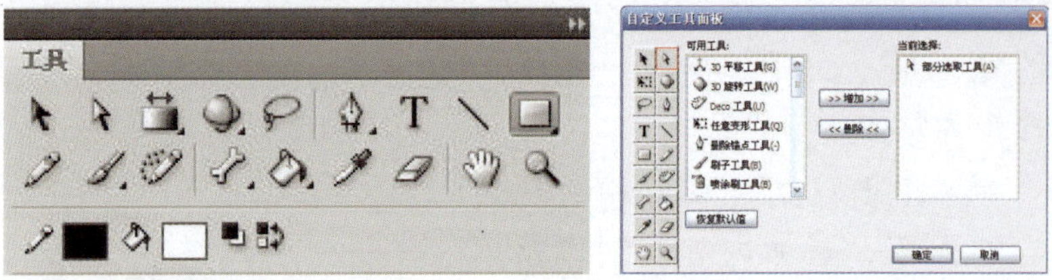

图3-3 工具栏横排（左）和工具设置对话框（右）

【选择工具】—— 快捷键 V

　　一般情况下软件默认工具为【选择工具】，是鼠标的基本形态，因此确保打开软件工作之前就处在【选择工具】状态下，工作中使用完其他工具后也随时转换回这个工具。本章后面的内容如不提示具体工具，都表示处于鼠标的基本形态，也就是默认工具——【选择工具】的状态下。

学习绘图工具

　　学习绘图工具从最简单的图形开始。在绘画之前建议先在纸张上打好草稿，然后再使用电脑绘制。复杂图形绘制后在条件允许的情况下，应该扫描线稿到电脑中，然后在Flash中利用图形工具对照手绘线稿重新绘制。

　　Flash软件绘图的方法是：线条和色块可以分开绘制和分别设色，绘制的工具有钢笔、铅笔、刷子、喷枪等等，使用时先选颜色后选绘制工具。

一、画云彩

【颜色组】——包括笔触、填充、黑白、交换

　　填充颜色选天蓝色，笔触颜色为无，如图3-4所示。在颜色面板中先选中填充颜色的小窗口，鼠标点击一下。然后在色谱选区移动十字星图标进行选色，选中蓝色区域中合适的色彩就点击一下，这时最右边一栏中出现颜色由浅到深的色谱，拖动小黑箭头选中需要的颜色，见图3-5。颜色的类型为纯色。颜色面板选取的颜色在工具栏的颜色区中会显示出来，见图3-4中红框部分。

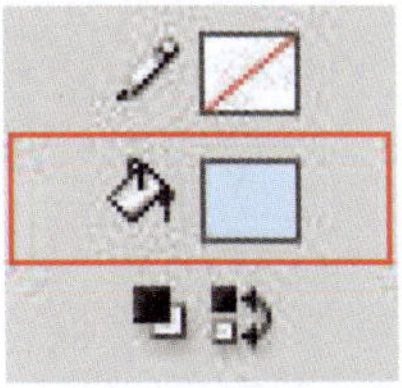

图3-4　颜色组

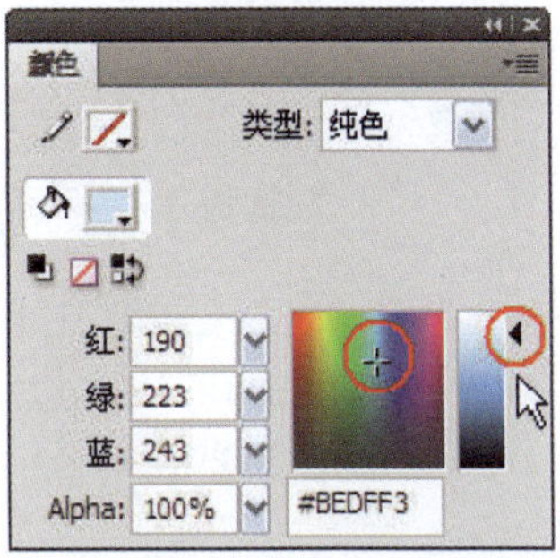

图3-5　颜色面板

【椭圆工具】——

　　打开矩形工具下拉列表，如图3-6所示，选中【椭圆工具】画4个椭圆形，每个椭圆分开距离并呈不同形状，然后用选择工具分别选中分散的椭圆，把它们粘合在一起。云彩就画好了，见图3-7。

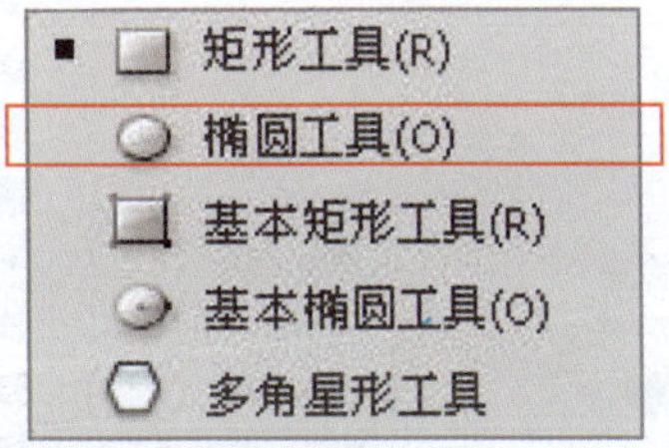

图3-6　矩形工具下拉列表

A　　　　　　　　　B　　　　　　　　　C

图3-7　画云彩步骤

　　4个椭圆绘制后是分散状态，当一个个重合时覆盖的多余部分就会自动被删除，重合的椭圆就成为一体。如果对此不满意想要修改怎么做呢？一是重新做，二是让这几个椭圆的重合

部分不被删除，如何不被删除呢？

【组合】——Ctrl+ "G"　【取消组合】——Ctrl+Shift+ "G"

【组合】工具的作用是将图形分散状态的色块组合起来成为独立的单元。组合的方式很多，一个单独色块可以组合，不同的色块可以组合，不同的图形、元件也可以组合，在一个图层或不在一个图层的图形或元件也可以组合。在画云彩的步骤中可以使用【组合】工具，画好一个椭圆就【组合】一下，4个椭圆排列好之后，全部选中执行【取消组合】命令，云彩就画好了。

二、画远山和土地

【吸管】——🖊️　**快捷键I**

【吸管】是选取颜色的常用工具，选中【吸管】后在颜色小窗口中点击，就会弹出颜色样本面板，可以在颜色列表中吸取需要的颜色，小窗口中的颜色值相应改变。

【刷子工具】——🖌️

【刷子工具】是一种不规则的色块绘图工具，选中后工具栏辅助项内列出几个功能按钮，在【刷子模式】中可以设置刷子的不同模式，在【刷子大小】、【刷子形状】中可以选择需要的大小和形状。使用前逐个试验一下，挑选合适的方式，刷子工具的各项功能见图3-8。

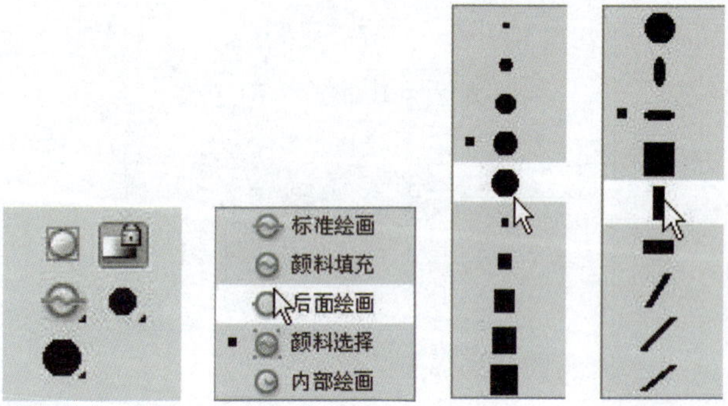

图3-8 刷子辅助项 / 笔刷模式 / 笔刷大小 / 笔刷形状

图3-9 刷子绘图效果

颜料桶上色效果

先在【填充颜色】窗口里选好棕色，然后使用【刷子工具】在舞台上画出山地的形状，小块山地作为"远山"，大块山地作为"土地"。多画几笔都没关系，如果图形面积很大，中间留下进一步上色的区域时，一定要使这块区域处于封闭的状态，这样才能够正常地填充颜色，刷子绘图效果见图3-9。

【颜料桶】—— 　 快捷键 K

【颜料桶】是上色工具，选中后在"土地"中间空白处点击，颜色就填满这块区域。"远山"需要浅色体现远处的效果，在【填充颜色】窗口中选择浅色，再次使用【颜料桶】点击图形就可改变颜色，见图3-9中颜料桶上色效果。使用中需要注意的是，【颜料桶】可以为图形的轮廓线和色块分别上色。

【橡皮擦】—— 　 快捷键 E

橡皮擦工具的使用类似于刷子工具，在工具辅助项中有【橡皮擦模式】、【水龙头】、【橡皮擦形状】等具体内容可供选择。对没有组合的图形可以用橡

图3-10　橡皮擦工具

皮擦抹掉轮廓线和色块。橡皮擦新增的【水龙头】可以抹掉一个完整对象或一个组合，使用工具前可以逐个试验一下，挑选合适的使用方式。

三、画花朵

【椭圆工具】、【矩形工具】—— 绘制正圆形、正方形

有时绘制图形需要正圆和正方形，方法是按Shift+【椭圆工具】或【矩形工具】。花的部分用此方法绘制就很容易了，按Shift+【椭圆工具】画出5个大小不一的正圆，然后粘合在一起，如图3-11所示。

图3-11　绘制花朵　　　　　　　　图3-12　绘制叶子

【钢笔】—— 　　　　快捷键 P

钢笔工具可以用来绘制自由曲线组成的复杂形状图形，是非常有用的矢量绘图工具。钢笔工具利用两点间生成的贝塞尔曲线来描述对象，"点"也称为"锚点"，"锚点"是标记路径段的端点。"锚点"显示一条或两条方向线，也被称为手柄，通过手柄控制方向线变化的角度，方向线以方向点结束。

使用方法：用【钢笔】先点一个点，然后离开一段距离再点第二个点，这时不要松开鼠标直接向任意方向拖动就出现"锚点"的手柄，继续移动手柄对两点间形成的线段进行调整，移动手柄的同时可以看到线条变化的方向，符合要求时松开鼠标，在这个点上用鼠标点击一下表示确认，然后再移动一段距离继续点击下一个"锚点"，重复刚才的动作直到绘制出完整的对象，见图3-12。

【钢笔】是画线工具，可以绘制非常平滑的曲线，也可以绘制转折的直线，刚开始使用时会有难度，但一定要掌握这个重要的绘图工具。画好叶子的轮廓后需要填充色彩，但钢笔绘制的线段路径不一定是封闭的，如果线段的路径没有封口，【颜料桶】就不起作用。

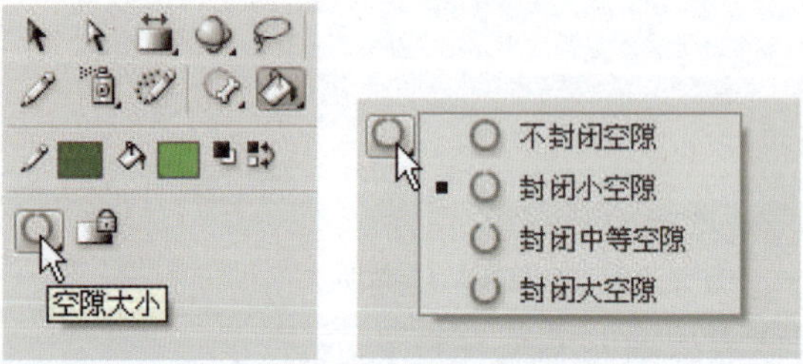

○ 不封闭空隙
● 封闭小空隙
○ 封闭中等空隙
○ 封闭大空隙

图3-13 封闭工具

贝塞尔曲线：

"贝赛尔曲线"是由法兰西共和国数学家Pierre Bezier所发现，由此为计算机矢量图形学奠定了基础。它的主要意义在于无论是直线或曲线都能在数学上予以描述。

【封闭空隙】是封闭路径的工具，可将开放的线段封闭为一个区间，在此区间内上色。将刚才花叶的路径全部选中，点击【颜料桶】工具，如果鼠标没有变成颜料桶图标，就在辅助项【空隙大小】中选择合适的【封闭空隙】命令，路径封闭后颜料桶就会出现，然后在区间内进行填充。封闭工具见图3-13。

现在已经画完了一些基本图案，为了不影响下一步的工作，要将已经完成的图案挪动到舞台外面，空出舞台继续下面的工作。

四、画毛驴

画毛驴的方法沿用画云彩的方法，先选颜色，然后用椭圆工具画出基本图形，见图3-14。基本图形绘制完成后需要调整、修改至满意为止，下面介绍修正图形的几个重要工具。

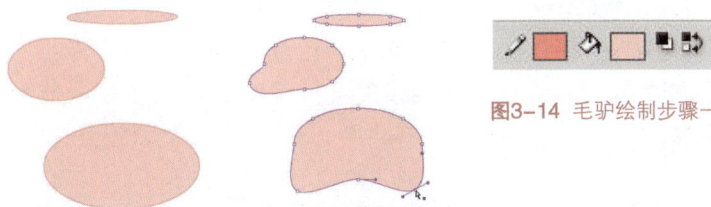

图3-14 毛驴绘制步骤一

【部分选取工具】—— ➤ 快捷键 A

主要用于调节路径和锚点。选取白箭头工具后，可以看到毛驴图形外框的路径和白色锚点，选中路径或一个锚点可以进行拖放，也可以调控该锚点和相邻锚点之间出现的贝塞尔曲线手柄。制作毛驴的嘴巴可以直接拖动锚点，腿部则需要调节手柄，使连接的线条更加流畅。脖子的锚点经过拖动合并后，会多出来一些锚点需要删除，这时需要更换钢笔工具，见图3-15。

【钢笔】——锚点工具

在完成锚点自由调整后，往往需要对线段做进一步精细的修改，比如在线段上添加或删除一些锚点，或将弧线锚点与直线锚点进行转换，这些操作使用的是【钢笔】。

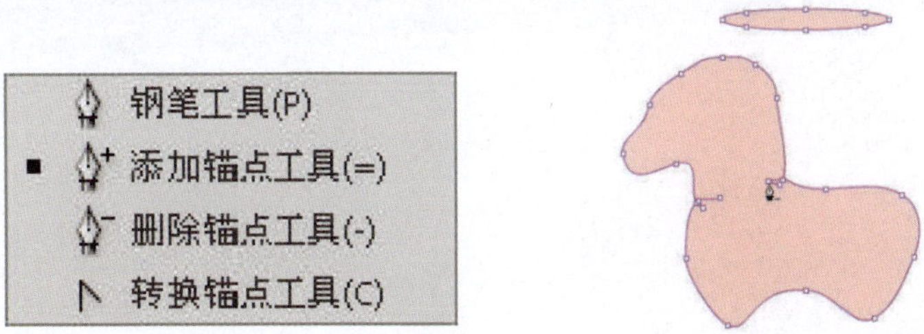

- ♦ 钢笔工具(P)
- ♦⁺ 添加锚点工具(=)
- ♦⁻ 删除锚点工具(-)
- ⌐ 转换锚点工具(C)

图3-15 添加钢笔锚点（左）和毛驴绘制步骤二

【钢笔】中的锚点工具有：【添加锚点工具】、【删除锚点工具】、【转换锚点工具】。

选择【添加锚点工具】后，可以在路径的线段上直接点击鼠标，增加新的锚点。选择【删除锚点工具】后可以在路径上的一个空白锚点上点击，即可删除这个锚点，线段仍然会自动连接。如果希望锚点连接的弧线改变为直线，可以选择【转换锚点工具】，在需要转换的锚点上点击鼠标，即可使锚点连接的弧线转换为直线。同样的操作，也可以使直线转换为弧线。

为了更加精确地修改毛驴的造型，可以反复多次使用锚点工具，调节手柄以控制线条变化的角度，修改到满意为止。最后要删除多余的锚点，使线段的连接保持流畅，图案的造型更加美观。

【任意变形工具】—— 快捷键 Q

使用【任意变形工具】时，先用鼠标点击图形，出现矩形调整框时可看见周围有调控节点，这时让鼠标在需要调整的节点附近停留一会儿，即会看见指示性的调节方向箭头，包括纵横方向、斜方向和旋转方向的箭头。然后根据方向箭头的示意按住鼠标做任意的拖动变形，可以放大缩小，也可以旋转，可以横向变化，也可以纵向变化。

在这里用【任意变形工具】把毛驴的耳朵倾斜一下，先选中右上方的节点，等待旋转方向的指示箭头出现后，按下鼠标左键不放向上移动，耳朵就跟随旋转，到合适的角度时松开鼠标即可，见图3-16。现在观察一下毛驴的轮廓，基本符合要求就进入下一步填充图案色彩，使之变成花毛驴。

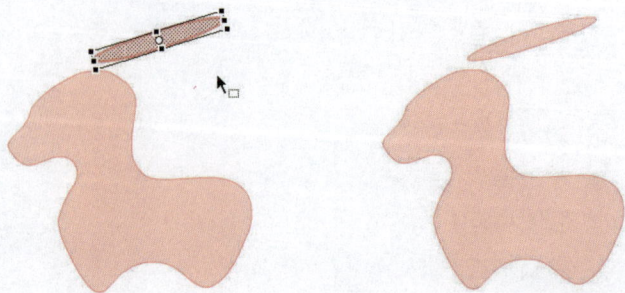

图3-16 毛驴绘制步骤三

【图案填充】——

点击【填充颜色】小窗口，在弹出颜色列表的下方可以看到位图的图案，也可以Shift+F9 打开颜色面板，在类型窗口下拉列表中选择【位图】，颜色窗口出现可供填充的图案。填充方法是先选中图形色块，然后选择【填充颜色】，图案就替代图形颜色进行了填充，见图3-17。

图3-17 填充图案色彩

【线条工具】——

选中花毛驴，点击【线条工具】，在属性面板中重新设计两个重要参数。

【笔触】——改变图形轮廓线段的粗细，像素越大线条越粗，默认的线条是1像素，现在改变【笔触】大小为3，此时花毛驴轮廓线条加粗，见图3-18。

【样式】——改变线条的形状，在下拉列表中可以看到一些线条的形状，见图3-18。

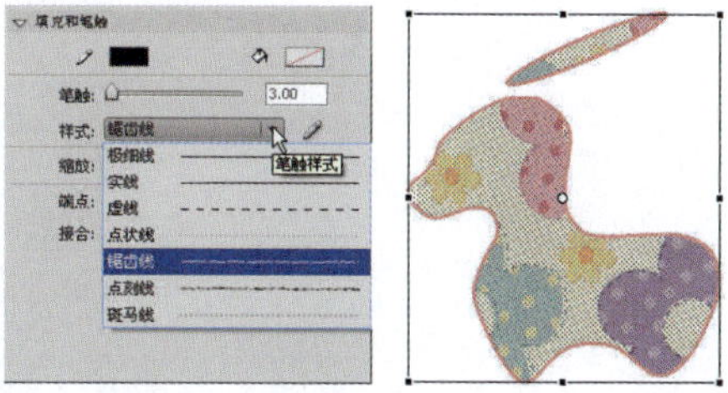

图3-18 线条工具

【铅笔工具】——

用铅笔随意画一些鬃毛，在【线条工具】中选择【样式】为锯齿线，【笔触】大小相应做改变。

最后的工序是细节处理，用【椭圆工具】画眼睛、用【钢笔工具】画嘴巴、用【刷子工具】画尾巴。这些是已经介绍过的工具，看到图形就知道该怎样画出，现在请参考图形分析一下画眼睛和画尾巴的步骤。

画嘴巴有一点难度，先要用钢笔画一条弧线从头部切割出前脸的模样。用线条切割图形的方法：在打散图形中用不同颜色的线

图3-19 毛驴绘制步骤三

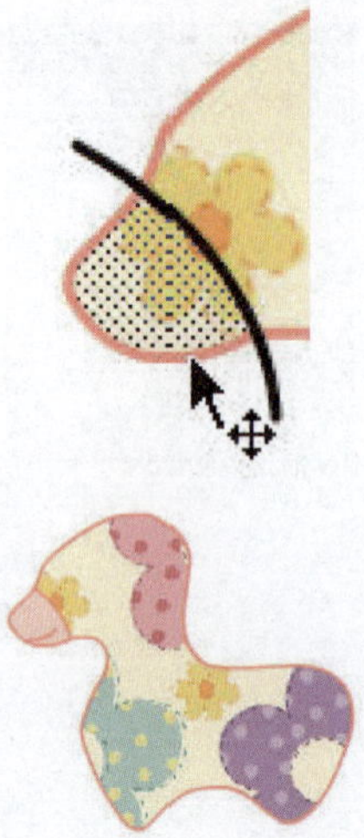

图3-20 绘制毛驴嘴巴

条进行区分，然后删除这根线条，就可以将图形划分开来。具体步骤：

先按Ctrl+B将花毛驴图形打散。钢笔的线条设为黑色，笔触为3，在舞台上画好一条长的弧线线段，然后将线段移动到前脸合适的位置，再将这条黑线执行一下打散的命令。此时身体的色块被黑线分割，将其前端色块选中更换为浅粉色，以示区别，见图3-20上半部。将黑线颜色更换为深粉色，多余的线段分别选中后删除，见图3-20下半部。

最后在前脸下方用钢笔再添加一条弧线作为嘴巴。颜色与轮廓线相同。

五、画背景

Flash软件默认的舞台背景色是白色，可以在属性菜单中修改舞台的背景颜色，但色彩局限为单色。本例动画内容需要绘制渐变色彩的背景，上半部表现淡蓝色的天空色彩，下半部表现灰黄的土地颜色。

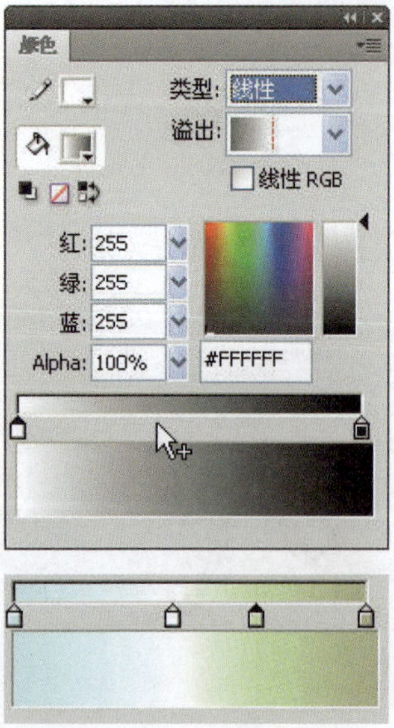

图3-21 渐变色设置

【颜色渐变】

按Shift+ F9 打开【颜色面板】，颜色类型选择【线性】，出现黑白渐变的颜色模板，在颜色模板中修改颜色滑块的颜色，并在中间添加2个滑块，4个滑块的色值从左至右分别是：#C8EBF2、#FFFFFF、#D8F4AC、#BBBFIC，颜色模板的色彩变化见图3-21下边图形中渐变色块的设置。

填充颜色窗口中已经是渐变色，将笔触颜色设为无。使用【矩形工具】绘制一个大于舞台的矩形色块，此时色块颜色与模板颜色相同，左边天蓝色右边土黄色。要使蓝色在上，土黄色在下，需要将色块颜色向右旋转90°。

【渐变变形工具】——

将【任意变形工具】切换为【渐变变形工具】，然后点击矩形色块，出现调整线性渐变颜色的3个控制手柄，这3个控制手柄的作用各不相同，见图3-22渐变色控制图一。

1. 中心点控制手柄，鼠标移动到中间的中心点后，出现十字指示箭头，按住鼠标可以上下左右拖动中心点移动，中心点改变后会影响渐变色彩变化的中心位置。

2. 旋转控制手柄，将鼠标移动到右上角的圆点，出现旋转指示箭头，按住鼠标拖动箭头，可旋转渐变色值的角度。

3. 方形手柄，将鼠标移动到方格箭头处，出现一个双箭头，表示可以移动两条平行直线区域内的渐变颜色，也就是可以缩放渐变色值的区域，见图3-22渐变色控制图二。作为背景的矩形色块经过向右旋转后，再压缩色值的区域，最终效果见图3-22渐变色控制图三。

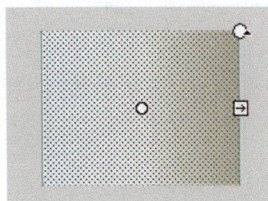 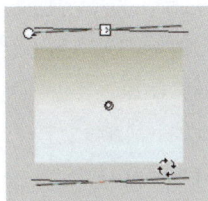 

图一　　　　　　　图二　　　　　　　图三

3-22 渐变色的控制

创建图形元件

元件是Flash动画中的主要动画元素，也是制作动画的基础部件，元件分为图形、影片剪辑、按钮三种类型，它们在动画中的使用功能不同，控制的方法也不同。元件的重要作用在于它在制作过程中是一个唯一的元素，可以适应各种编辑手段，例如修改、复制、重复利用、组合、套嵌、改变属性、添加代码、脚本中调用等等，掌握三种元件的特性有利于组织动画、编辑动画、完成动画的表现过程。

绘制的图形和导入的图形素材都可以制作元件。本章动画实例"花毛驴"中使用了图形元件和影片剪辑元件。下面先重点介绍图形元件"flower"和"body"的制作方法。

一、图形元件——"flower"

图形画好后要马上做元件，熟练掌握软件后可边画图边做元件，也可以先建元件后画图。

【新建元件】Ctrl+F8

如果选择先建元件后画图，按Ctrl+F8新建元件，弹出【新建元件】对话框，在【名称】中输入文件名，在【类型】列表中选"图形"，确定后直接进入元件编辑舞台，在这里可以绘制图形。例如"花毛驴"中的云彩、花朵、耳朵都可以使用这种方法。

【转换为元件】F8

如果选择先画图后建元件，就使用直接转换为元件的方法。选中舞台上的花、叶、茎，按F8弹出【新建元件】对话框，在【名称】中输入"flower"，在【类型】列表中选"图形"，确定后在库里可以看到新元件。

【转换为元件】对话框的内容设置与【新建元件】基本相同，但多出一项重要内容是"注册"。

【注册】由九个小方格组成的方框代表要转换为元件的图形位置，当图形转换为元件时要定位它在元件编辑舞台中心点的具体位置，用鼠标点击一个方位点进行注册后，图形的这个位置就会出现在元件编辑舞台中心点相应的位置。如果注册点选在图形左上方位置，则图形左上方对应元件编辑舞台中心点。

一般情况下注册点最好选择在中间，这样做的好处是使元件在补间动画变化的过程中能以中心点发生变化。"flower"元件的注册点选择中间，用鼠标点击九格图的中间一格。

【注册点】用黑色的方格表示。

【元件编辑舞台中心】用"+"表示。

图3-23　创建元件

单击库元件前面的符号，在库窗口中会显示元件的内容。双击库元件前面的符号，可进入元件编辑舞台，在这里可以对"flower"元件进行编辑。

提示：场景舞台与元件编辑舞台有区别，不可混淆。场景舞台有大小边缘，元件编辑舞台不分大小，只有中心，用"+"表示。

二、图形元件的编辑

【排列】——鼠标右键菜单命令

在元件的编辑舞台中可以重新编辑图形，元件"flower"的花、叶、茎组合在这里需要重新排列。先选中"茎"，点击鼠标右键，从【排列】命令下拉菜单中选中【移至底层】。然后选中"花"，点击鼠标右键，从【排列】命令下拉菜单中选中【移至顶层】。将花、叶、茎重新定位后看看缺什么就补什么，花心部位补填黄色的花心，这样就完成了花朵元件"flower"的制作。

图3-24　元件排列

【复制】——Alt + 鼠标左键　【再次复制】Ctrl+ D

由于元件易于控制和修改，在动画中又可以重复使用，因此要充分利用【复制】功能和【任意变形工具】，将一个元件进行多次复制和多种变化，一方面可减小整个Flash文件的体积，另一方面可以丰富画面的内容。

回到场景舞台，从库里将做好的"flower"元件拖入场景，按Alt + 按住鼠标左键拖动图形可复制一份，按Ctrl+ D可复制一批，然后分别对每个元件任意变形，前景的花朵大，后面的小，可以使其不规则变化，还可以反向变化等等。布置各种变化的花朵后画面内容就丰富起来，而这些花朵的图形其实原本只是一个元件而已。

图3-25 图形元件复制与变形

提示：鼠标右键菜单在很多场合都要用到，单击右键在不同场合弹出的菜单内容是不一样的，要善于使用这一重要工具。

三、图形元件——"body"

【图层的应用】

元件有自己的图层和时间轴，可以充分利用图层将图形元件修饰得更加丰富多彩。在"body"元件中需要为毛驴的身体添加阴影，以显示其身体的立体感。

按F8将场景中的毛驴身体转换为元件，命名为"body"，双击它直接进入库编辑舞台，也可在库里双击图标进入库编辑舞台。先按Ctrl+"C"复制一份图形，然后在时间轴的【图层1】之上添加【图层2】，在第1帧点击鼠标右键菜单选择【粘贴到当前位置】（注意该命令在舞台内有效），然后将图形向左错位，舞台上就有了2个身体，现在只需改变一个为阴影就可以了，见图3-26。

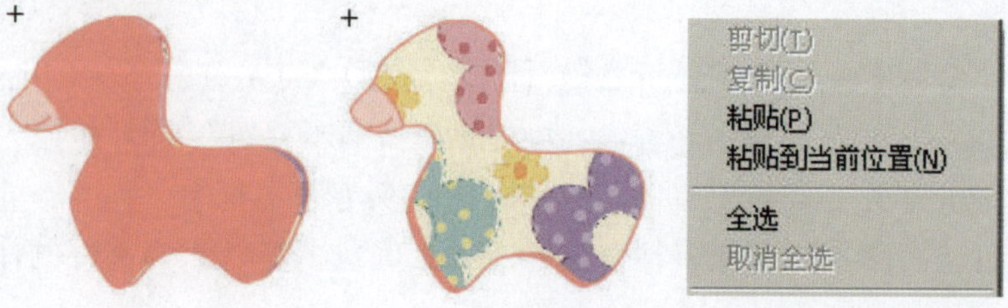

图3-26 制作阴影

【图层的操作】

选择【图层2】的图形作为阴影，保留【图层1】的图形。操作时先把【图层1】锁住，在小锁图标的位置点击一下即出现小锁，表示图层已被锁住。在【图层2】按Ctrl+"B"将图形打散，【填充颜色】换成边框色彩进行填充，完成阴影制作后将图层2拖至图层1下方。观察一下图形的效果，发现阴影还需要调整，使其更自然，这时可以将【图层1】的小眼睛图标关闭，单独修改【图层2】的内容。完成后的"body"效果见图3-27。

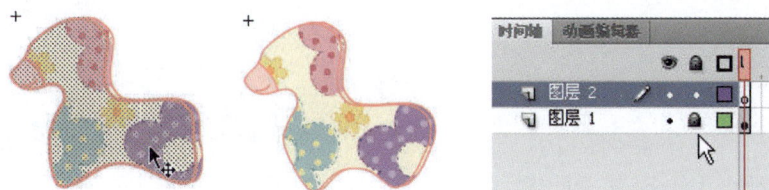

图3-27 图层的操作

动画实例"花毛驴"中的其他图形也要制作成元件，将这些图形分别选中，按F8【转换为元件】，制作出来的元件分别为以下七项，如图3-28所示。

1. 云彩元件——"cloud"。

2. 远山元件——将远山图形转换为元件"远山"。

3. 前景元件——将土地图形转换为元件"前景"。

4. 背景元件——将背景色块转换为元件"背景"。

5. 眼睛元件——"eye"。

6. 毛元件——选中一组毛的图形，转换为元件"fur"。

7. 尾巴元件——"tail"。

图3-28 元件图

创建影片剪辑元件

影片剪辑元件是一段独立完整的Flash动画影片片段，影片剪辑元件有自己的时间轴和属性，是用途最广、功能最多、使用最灵活的元件。影片剪辑元件可以独立于场景时间轴单独播放，也可以从外部加载，在场景时间轴中可以用脚本控制影片剪辑元件，也可以在影片剪辑元件内部添加代码，使其发挥更大的作用。 为了充分说明影片剪辑元件独立播放的功能，本节将制作两个影片剪辑元件实例：一个是"耳朵摇摆"，一个是"身体跑动"。

一、"耳朵摇摆"制作步骤

耳朵摇摆的构思是为了表现花毛驴跑动时大耳朵随之颠簸，上下摇摆，形成动感。

（一）创建影片剪辑元件——ear2

选中舞台上的耳朵图形元件，按F8【转换元件】对话框中名称："ear2"，类型："影片剪辑"，注册：注册点为左下方。双击"ear2"进入库编辑舞台，选中图形，将元件的中心圆点拖到舞台中心点的位置使其重合，完成创建影片剪辑元件的第一步，见图3-29移动元件中心点。

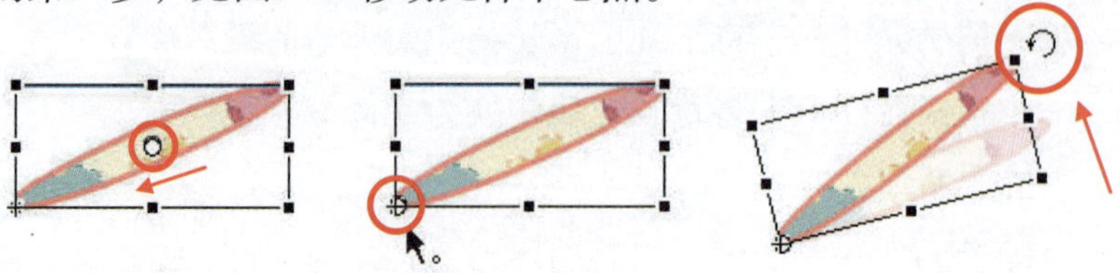

图3-29 移动元件中心点及旋转元件

（二）调整关键帧

在图层1的时间轴第15帧、30帧处分别按F6设置关键帧，选中15帧的图形将右上角向上旋转一定的距离。见图3-29旋转图形。

（三）设置传统补间动画

在三个关键帧之间分别设置传统补间动画，见图3-30设置传统补间动画。在属性面板中调整缓动的参数，前两个关键帧之间为"+100"，后两个关键帧之间为"-100"。见图3-31设置缓动参数。

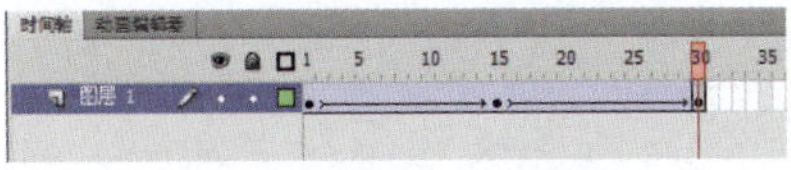

图3-30 设置传统补间动画 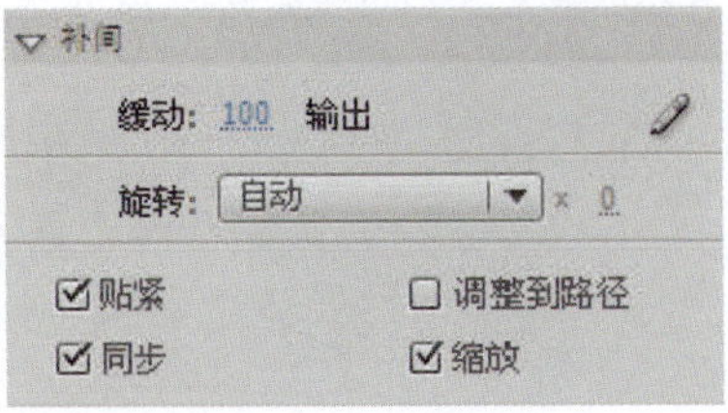　　图3-31 设置缓动参数

设置缓动的效果是希望耳朵抬起来时速度快，落下去时速度慢，连续播放时可以使耳朵弹起和回落有不同的节奏。按【回车键】播放动画影片效果。

二、"身体跑动"制作步骤

"身体跑动"的构思

（1）要使双腿有简单的收缩和扩展，做法是用两幅有区别的身体图构成；

（2）要使跑步的节奏有变化——哒哒哒　哒，做法是用帧距控制节奏的变化。

（一）元件改名和复制

将库里已经做好的"body"图形元件重命名为"body1"，然后复制一个"body2"。

【重命名】在库里双击"body"元件的名称，出现窗口后改名为"body1"。也可以选中"body"元件，鼠标右键菜单中选择【重命名】来修改名称，见图3-32。

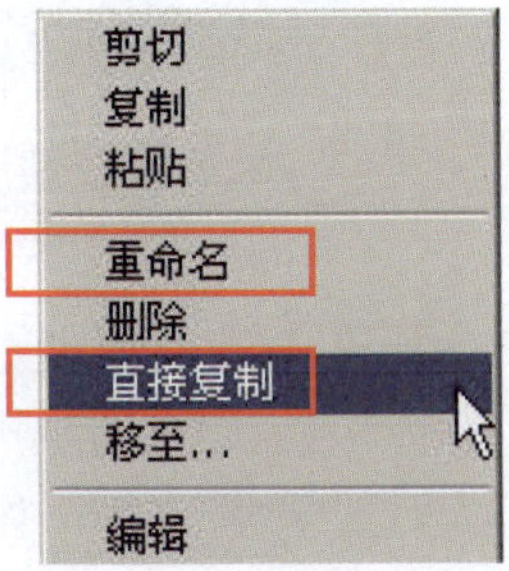

【直接复制】选中"body1"元件，鼠标右键菜单中选择【直接复制】，弹出【直接复制元件】对话框，命名为"body2"，见图3-33。进入"body2"编辑舞台，修改毛驴腿部向外稍微扩张一点，使两幅图形有所差别。见图3-34中的身体变化效果。

图3-32 鼠标右键菜单图

图3-33 直接复制元件

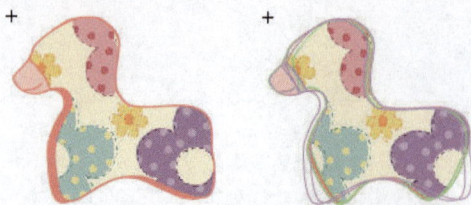

图3-34 身体变化效果

图3-35 "body3"关键帧设置

（二）创建影片剪辑——"body3"

按Ctrl+F8新建影片剪辑"body3"，将【图层1】第1帧拖入"body1"。新建【图层2】，在第3帧设关键帧并拖入"body2"，两幅图的边框左上角对齐舞台的中心点。

（三）关键帧的设置

"身体跑动"共设30帧，2个图层，要利用帧距控制身体跑动的节奏变化。

【图层1】的第1、6、12、18帧设关键帧，第3、9、15、21帧设空白关键帧。

【图层2】与【图层1】相反，第3、9、15、21帧设关键帧，第1、6、12、18帧设空白关键帧，第30帧为普通帧，见图3-35关键帧设置。其中1~20帧的节奏是快跑，20~30帧是停顿，连续播放时就产生"哒哒哒 哒——，哒哒哒 哒——"的循环往复的效果。

设置完成后按【回车键】测试，跑动效果比较令人满意后就完成了影片剪辑——"body3"的制作。

▓ 动画与场景的组合

图3-36 库文件

基本图形绘制完成，相关元件也制作完成，就进入组合动画的环节。这个环节主要是统筹布局元件、场景和时间轴，就像准备好了盖房子的材料，现在要盖大楼了！盖大楼的工作就是利用时间轴和图层的纵横坐标关系，在纵向坐标上一层一层地搭建楼房，在横向坐标上一间又一间的楼房里布局许多小房间——"帧"格子，盖房子的工作完成了，动画的最后制作环节也就完成了。

分析动画实例"花毛驴"的库元件，按主次关系可以划分两类元件：一类是布景的元件，另一类是主角动画的元件，在图3-36中可以看到库元件的具体情况：布景元件放在文件夹"场景元件"中，主角元件按照名称顺序排列。

下面按照这个分类来设计图层，时间轴长度设计为150帧。

一、场景元件的图层设计

为了更好地控制元件，对图层安排的基本要求就是为每个元件分配一个图层，熟练掌握元件的设置后可以为重要元件分配单独的图层，其他元件按类型分配图层，以减少图层过多带来的繁琐操作。

图层制作的顺序由底层至高层，在场景中后排表现的内容在图层里要安排在底层，前排表现的内容顺序向上安排。为了更好地说明图层和元件安排的关系，先将舞台上的元件全部删除，重新按照下面的步骤进行。

新建背景、远山、云彩1、云彩2、前景、花6个图层，图层设计见图3-36左边的图示。按照图层顺序将对应的元件一一拖入舞台，其中远山元件在场景中比较单薄，可复制1个前后错位的摆放。图层第1帧关键帧显示为黑圆点，所有图层150帧处按F5设普通帧，就完成了时间轴的设置。此时舞台上元件布局的安排见图3-37。

图3-37 图层与场景效果

花元件在场景中可复制多个，并按构图需要逐个任意变形、前后排列，最后组织成花元件变化的图案，见图3-38花元件的变化。制作方法采用复制加变形，详细内容参见本章"图形元件的编辑"一节。

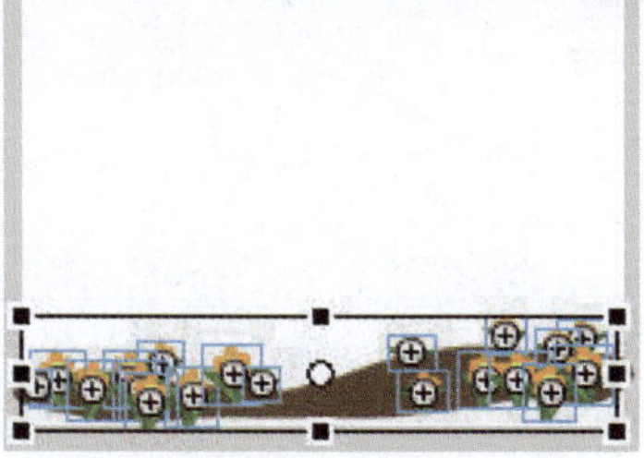

图3-38 花元件的变化

二、动画主角的合成

（一）新建图层【毛驴】

在云彩图层上新建【毛驴】图层，表现动画主角花毛驴的元件比较多，需要将这些分散的元件重新组合在一个图层里，为了不影响毛驴元件的组合，可关闭其他图层的眼睛图标以清空场地。

在【毛驴】图层第1帧和舞台的中心位置，按照先后顺序拖入尾巴"tail"元件、后耳朵"ear2"影片剪辑、毛"fur"元件、身体"body3"影片剪辑、前耳朵"ear2"影片剪辑、眼睛"eye"元件。

拖入场景中的元件会大小不一，需要根据造型随时调整元件的大小和角度。例如后耳朵要比前耳朵小一些，以表现出远小近大的感觉，两个耳朵的角度也可以分别调整。"fur"元件复制一批，分别调整角度，使之围绕毛驴的头和脖子。"eye"、"tail"元件放在适当位置，调整一下大小。最终元件的组合见图3-39调整后的花毛驴效果图。

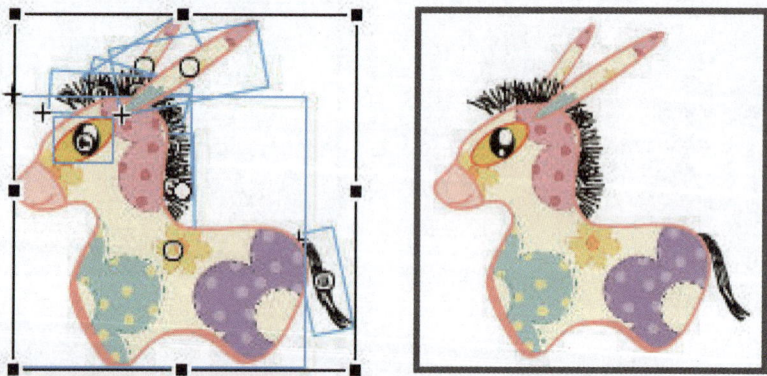

图3-39 元件框图和重组的花毛驴

（二）新建元件"花毛驴"

将舞台上毛驴全部选中，可以看到大大小小的元件框（淡蓝色），表明这些元件是分散的不适合整体做补间动画，因此需要新建一个包含这些元件的元件。先按Ctrl+"G"将其组合，后按F8转换为元件，命名："花毛驴"，类型：图形，注册：中心。

再看舞台上"花毛驴"就成为一个元件，有一个外框，见图3-40新建元件"花毛驴"。

新元件"花毛驴"使用的是Flash元件的套嵌功能，在这个元件中包含了图形元件和影片剪辑。在做复杂动画时元件套嵌的内容和层次会更多，充分利用套嵌功能能够使元件的内涵更加丰富、功能性加强，操作则变得更加简单明了，而包含在内的这些元件功能并没有改变。但值得注意的是如果套嵌的内容和层次过多，会影响网络动画的播放效果。

图3-40 新建元件"花毛驴"

三、补间动画的设计

Flash CS4 补间动画的类型包括：补间动画、补间形状和传统补间。

补间动画： 补间动画是一种构造，它生成显示对象在不同时间不同状态下的中间帧，并使第一个帧状态平滑过渡到第二个帧状态，而这种变化可以随时间而增大、缩小、旋转、淡化或更改颜色，从而制作出令人眼花缭乱的动画效果。

形状补间： 形状补间的对象是图形，形状补间可以使图形由一个形状改变到另一个形状，可以由圆渐变到多边形，图形色块渐变到文字色块，红色渐变到蓝色等等。

传统补间： 传统补间的对象是"元件"或"群组对象"。传统补间在两个关键帧中间插入"插补帧"，完成两帧之间元件的大小、位置、颜色、透明度、旋转等种种属性的变化，传统补间制作在Flash CS4 以前的版本中又称之为"运动补间"。

本例动画实例"花毛驴"的补间动画设计2个：

（1）主动画角色花毛驴由右边场外进入，在画面中间稍作停留后，从左边跑出画面。

（2）两朵白云缓慢由左向右移动，传递一种空间变化的感觉。

在制作补间动画时需要舞台画面和时间轴的紧密配合，现在回顾一下目前的舞台画面和时间轴状态，打开关闭图层的眼睛图标，舞台和时间轴状态如图3-41所示。

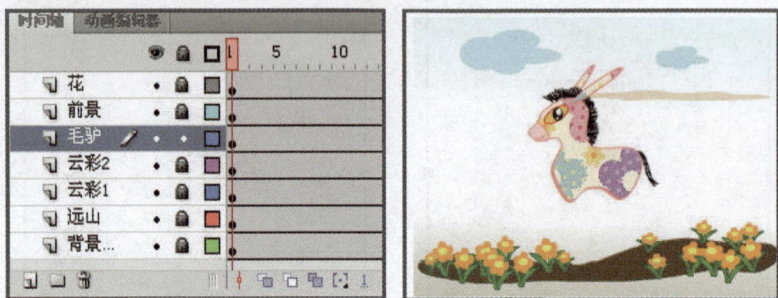

图3-41 时间轴与舞台状态

（一）"花毛驴"补间

花毛驴从场外右进左出，中间要停留，需要制作两段补间动画。

在舞台上将元件"花毛驴"稍微向下移动一段距离，在【毛驴】图层中将第1帧关键帧移动到第5帧，在第75、90、145帧分别按F6设关键帧。第5至75帧段、第90至145帧段各为一段补间动画的帧段，第75至90帧段是"花毛驴"在场中停留的时间。

返回第5关键帧，将舞台上元件"花毛驴"缩小至90%，拖到场景外面右侧，见图3-42右进场。在图层5至75帧之间点击鼠标右键选择【创建传统补间】，在属性菜单中设置【缓动】值为+ 100%，效果为快进慢停，完成第一段补间动画。选中第145帧关键帧，将舞台上的元件"花毛驴"移动到场景外面左侧，缩小至90%，在第90至145帧之间点击鼠标右键选择【创建传统补间】，在属性菜单中设置【缓动】值为 - 100%，效果为慢行快出，见图3-42左出场，完成第二段补间动画。

图3-42 右进场（左）和左出场（右）

（二）"云彩"补间

在图层【云彩1】、【云彩2】中第150帧设关键帧，将舞台上第150帧的大朵云彩向右边平移40像素，小朵云彩向右边平移20像素，在第1至150帧之间设【创建传统补间】，缓动值为0，完成"云彩"匀速运动的补间动画。

最终补间动画在时间轴中的效果见图3-43。

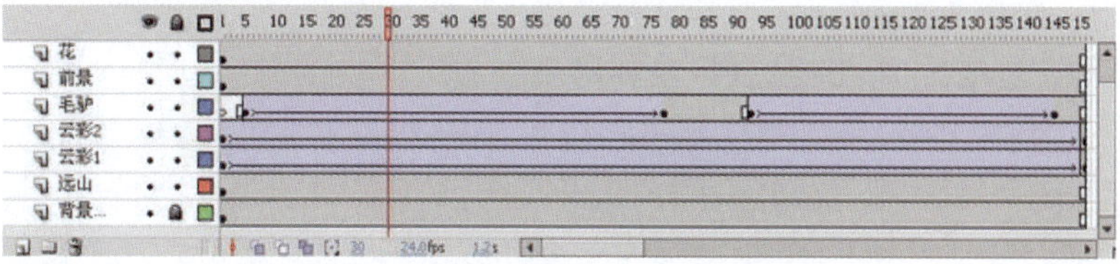

图3-43 补间动画的设置

动画实例"花毛驴"的制作到这里就全部完成了，回顾一下动画部分的制作过程，主要步骤有绘制图形、制作元件和影片剪辑、安排图层、时间轴设置和插入补间动画。

四、测试和发布动画作品

Flash作品发布有一套专门的发布系统，在制作过程中还有许多播放动画的测试方法，发布影片的命令集中在【文件】菜单中，测试影片的命令集中在【控制】菜单中。

（一）播放与测试影片

1. 播放——Enter

动画做好后急于看到结果，最简单的方法就是直接按Enter。将播放头放在第1帧，按Enter后就能自动播放到最后1帧。不管播放头在时间轴什么位置，点击回车键就可向后移动播放动画。

播放头只在时间轴上播放，并不能表现出元件的功能和语句的控制、按钮的特效等等，特别是影片剪辑元件设计的内容在这种播放模式下不发生作用。Flash软件提供了多种观看动画模式，不同情况要使用不同的命令，按回车键播放只能是观看舞台上的画面。

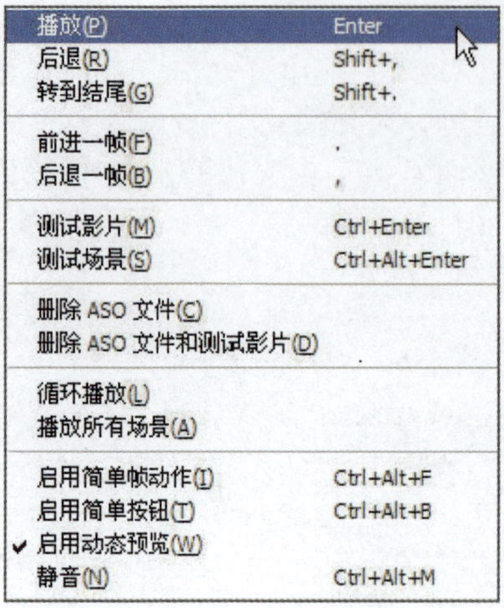

播放(P)	Enter
后退(R)	Shift+,
转到结尾(G)	Shift+.
前进一帧(F)	.
后退一帧(B)	,
测试影片(M)	Ctrl+Enter
测试场景(S)	Ctrl+Alt+Enter
删除 ASO 文件(C)	
删除 ASO 文件和测试影片(D)	
循环播放(L)	
播放所有场景(A)	
启用简单帧动作(T)	Ctrl+Alt+F
启用简单按钮(T)	Ctrl+Alt+B
✓ 启用动态预览(W)	
静音(N)	Ctrl+Alt+M

图3-44 控制菜单

2. 测试影片——Ctrl+ Enter

打开主菜单项的控制菜单命令，可以见到下拉菜单罗列了许多与播放有关的命令，见图3-44。常用的是【测试影片】——Ctrl+回车键，选择该命令后导出swf文件，使用Flash Player播放器播放动画，这时可以看到完整的动画播放。

3. 测试场景和静音

【测试场景】动画分场景时，选择该命令可观看所在场景的内容。

【静音】动画配有音乐时，选择该命令可以关闭声音。

回到动画实例"花毛驴"中，按Ctrl+回车键就可以观看动画播放，但播放状态没有语句控制，只能反复播放。

（二）发布作品的设置

制作的动画经过反复修改最终完成的作品可以进入发布程序。打开主菜单【文件】，可看到有关发布的3个重要命令。

1.【发布设置】命令——Ctrl+Shift+F12

选择【发布设置】后，弹出发布设置对话框，在【类型】栏中有很多种发布类型需要选择，主要勾选以下2种。

（1）作为Flash动画发布的是以"*.swf"为后缀的Flash文件，适合用Flash Player播放器观看；

（2）作为网页观赏发布的是以"*.html"为后缀的html文

件，适合用网页浏览器
观看，见图3-45。

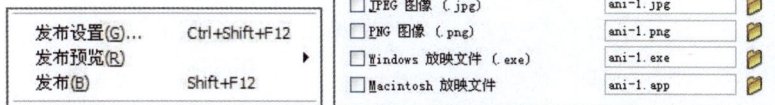

类型：	文件：
☑ Flash （.swf）	ani-1.swf
☑ HTML （.html）	ani-1.html
☐ GIF 图像 （.gif）	ani-1.gif
☐ JPEG 图像 （.jpg）	ani-1.jpg
☐ PNG 图像 （.png）	ani-1.png
☐ Windows 放映文件 （.exe）	ani-1.exe
☐ Macintosh 放映文件	ani-1.app

发布设置(G)...	Ctrl+Shift+F12
发布预览(R)	▶
发布(B)	Shift+F12

图3-45 发布设置

2. 设置Flash文件

在发布设置对话框中先确定发布类型，然后选择【Flash】选项，进入发布内容的具体设置，见图3-46。可选的项目有下列这些：

【播放器】可选择比软件版本低一级的Flash Player。

【脚本】按照制作时选择的脚本版本设置。

【图像和声音】图像JPEG品质可选80的默认值。

【音频流/音频事件】动画中使用声音文件时可以设置输出的内容。

【swf设置】可全部勾选。

其他选项默认。对话框底部有【发布】、【确定】按钮，先【发布】，后【确定】。

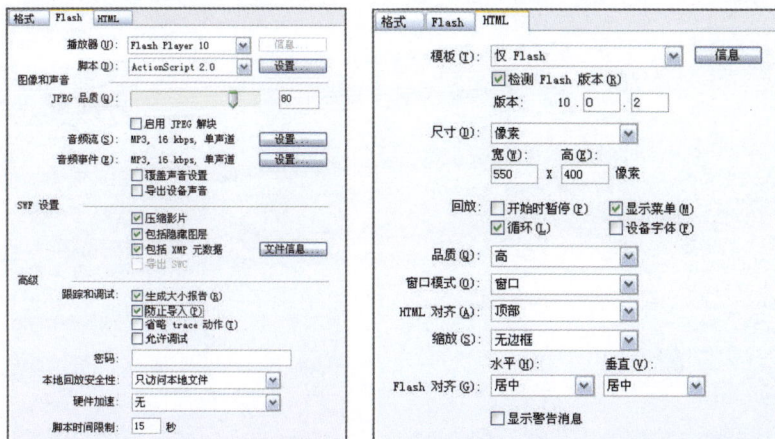

图3-46 Flash、HTML选项

3. 设置HTML文件

输出HTML文件是网页格式，见图3-46，重要选项是以下这些。

【尺寸】有三个选项："匹配影片"、"像素"、"百分比"，一般勾选"像素"。

【HTML对齐】在多项选择中勾选"顶部"或"默认"。

【Flash对齐】选择"居中"。

其他选择可自定。对话框底部有【发布】、【确定】按钮，先【发布】，后【确定】。

4.【发布预览】命令

观看作品还可以使用【发布预览】命令，在子菜单中有三种选择："默认"、"Flash"、"HTML"，除了中间项用Flash Player播放器播放动画之外，其他两项使用浏览器来观看作品。

5.【发布】命令——Shift + F12

文件先【发布】，后【确定】，就完成了发布的设置过程，以后多次修改文档可直接使用【发布】命令Shift + F12。文件发布后将按照【类型】一栏中【文件】的指定路径存放，路径可以修改。不同格式的文件在存放的文件夹中会有不同的图标显示。

第四章
角色动画基础

动画规律及小球动画

现在我们所说的动画规律是动画师们经过长期的探索和实践，根据经验总结而成的。其中被广为接受的是迪士尼动画的制作方法，至今还在广泛地影响着美国的动画从业者乃至全世界的动画工作者。无论是做传统动画还是3D动画，掌握基本的动画规律都是实际工作中的指导原则，学习动画规律对于爱好制作动画的人们来讲是非常重要的一个环节，对于Flash动画制作者也不例外，应当具备一定的专业绘画基础和动画基础。软件只是一个操作工具，而学习并掌握一定的动画规律就会为动画制作之路打开一扇新的大门。

一、动画规律与Flash动画

迪士尼有十二条经典的动画规律，各种动画类的课程入门也大多以运动规律之挤压和拉伸作为最先学习的知识。在此我们也将它作为动画基础的入门级课程。熟练的软件操作，娴熟的概念应用，是制作动画非常有效的方法。

常用的动画运动规律主要有以下几点：

挤压和拉伸（Squash and Stretch）

这是应用最为广泛的动画原理。在动画制作中通过挤压和拉伸的表现来体现人物角色或者物体的质量和体积感。迪士尼动画中的人物，无论是身体动作还是表情变化，都会出现各种夸张的表现，如压扁或拉长，使动画效果极具张力。

预备动作（Anticipation）

角色在做出动作之前都会有相应的预备动作，这样不但具有一定的预期性效果，也符合一般动作产生的过程，利用这种方式进行动画创建会使得动画更加真实可信，充满戏剧效果。

夸张（Exaggeration）

动画的本质就是夸张，在制作动画时也是将包括人物角色动作、表情、故事情节等进行夸张的艺术处理，当然这种夸张并不是不着边际地随意而行，而是抓住事物本质特征并在最终的体现形式上进行夸张的处理。

这些只是动画规律中的一小部分，在制作动画时还有很多的规律和细节，包括自己经验的总结。有意识地将动画规律应用到Flash动画制作中去会得到非常好的效果。

二、小球动画

Flash CS4 中动画制作部分新增功能帧融合以及动画曲线控制器，都是制作动画很好的工具，现在以小球跳跃的动画为例介绍动画的时间、重量感以及挤压和拉伸运动规律的应用。

● 步骤一：制作基本元件——小球

按Ctrl+"N"新建文档，尺寸和帧频可以选择默认值，也可以随意设置。需要说明的是：12帧/秒是普通常用的帧频，24帧/秒是传统动画的帧频，25帧/秒是电视格式的帧频。帧频越高，动画越流畅，但是制作难度相对也会高起来，需要花费的功夫也越多。特别是做传统动画级别的Flash动画，在做逐帧动画时对每帧动画效果要求得非常细致，这里使用12帧/秒即可。

使用椭圆形工具(快捷键为O)，用鼠标左键按住Shift不放，在场景中绘制出一个圆形区域，颜色和边框都自己选择，大体效果如图4-1所示，注意调整渐变效果的区域范围（快捷键为F）。

创建如图4-1所示的眼睛文件，基本绘图方式为三个圆，创

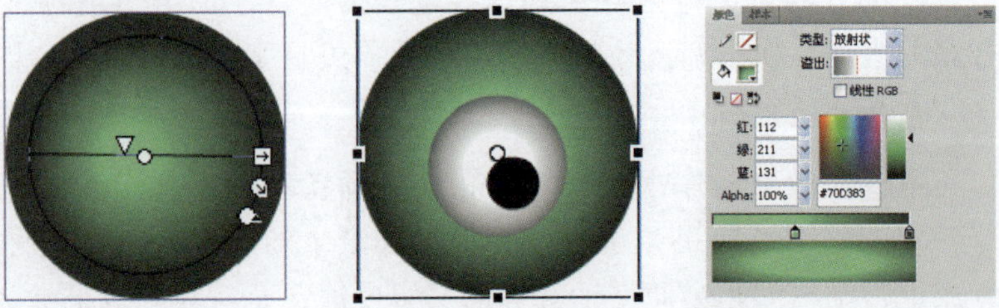

图4-1 创建"眼睛"

建完成后将三个物体整体组建成一个元件，以"眼睛"命名。

● 步骤二： 创建基本的路径动画

创建图层1，将其名称改为【眼睛】，创建图层2命名为【地面】。

在【地面】图层画一矩形作为地面，第40帧处按F5设置普通帧，并将图层锁定作为跳跃动画的参考地平线。

在【眼睛】图层中将"眼睛"元件拖放到地平线之上。在第20、40帧处分别按F6插入关键帧，也可在鼠标右键菜单中选择【插入关键帧】。在第20帧处用移动工具将小球移动到舞台上方，也就是小球跳跃的最高点的位置，按Enter（回车键）播放时间轴上的动画，小球动作应该是从地面到空中再到地面，如图4-2所示。

图4-2 "眼睛"元件与背景

● 步骤三：补间动画与动画曲线类型设定

在【眼睛】图层中第1至20和第20至40每两个关键帧之间分别插入补间动画，在鼠标右键弹出菜单中选择【创建传统补间】，这时帧格会由灰色变为淡紫色，并有箭头表示起始关键帧指向结束关键帧。如图4-3所示。

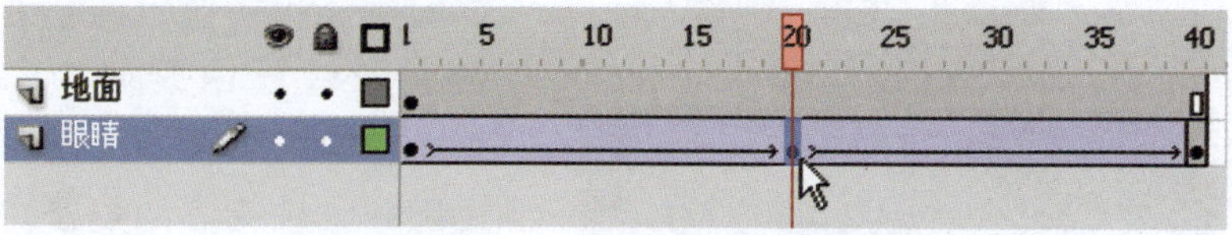

图4-3 插入补间动画

补间动画完成后，播放时我们会看到小球的跳跃运动是以匀速进行的，这样看上去非常不自然。仔细观察现实中不同质量小球的弹跳运动，从节奏上看大致都是小球上升时速度越来越慢，而小球下降时因为受到重力的作用而加速下降。因此需要修改补间动画的运动曲线。

选中第1帧关键帧，在属性面板中单击【补间】一栏中的小铅笔按钮，打开【缓动】自定义输入输出面板，缓动编辑面板中横向是动画的时间，而纵向是动画完成的百分比，匀速运动时动画曲线刚好是从左下到右上的直线。如果按照小球的运动规律表现，动画曲线开始上升时应该是初始速度很快而结束时速度较慢直到停止在空中最高点，下落的时候刚好相反。如图4-4所示的曲线是下降时速度先慢后快的动画曲线。曲线面板比较直观，图中曲线关键帧点的控制手柄可以进行细节调整，也可以通过属性编辑面板中的缓动参数值设定。

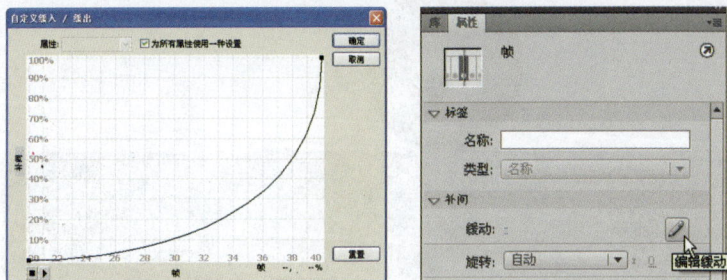

图4-4 曲线调节面板

● 步骤四：挤压与拉伸

选中第1帧的"眼睛"元件，然后选择【任意变形工具】将中心点的位置拖动到小球的最下方，并压缩小球的形状到适当的位置，见图4-5。在第20帧的位置将小球形状调整为拉伸状态。

图4-5 调整小球拉伸状态

提示：元件的中心点位置尽量保持统一而不要在变形过程中改变中心点。中心点位置的变动可能导致元件物体的偏移，在操作中要注意。

这里的小球动画是依据Flash软件自身属性设定方法创建的，重点的部分还是动画创建时小球运动落地的时间间隔以及小球空中运动的位置，把握好这两点是动画的关键。完成小球自由落体后可以根据如图4-6所示的小球横向跳跃的轨迹，自己创建一个带有挤压拉伸的效果小球动画。

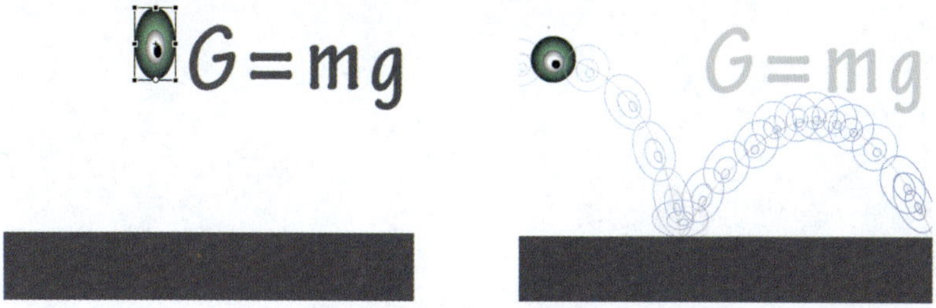

图4-6 小球运动轨迹

三、新动画特性

Flash CS4 版本在动画编辑这个模块添加了一些新的功能，主要的目的是帮助制作人员更快更方便地创建动画。重要的新增功能是添加了新的补间动画模式，使用直观的【动画编辑器】面板，可以快速微调动画、转换颜色效果等，还有直接实现3D动画功能以及配置了动画预设置动作库，这些新功能可以帮助制作人员节省大量的工作时间，并且可以保存自己的动画与他人共享。下面以一个简单的文字动画实例介绍新的动画工具及特性，以此让大家尽快熟悉动画制作工具的使用方法。

● 步骤一：　创建文字补间动画

新建一个项目文件，创建一个图层并将其命名为【补间动画】。利用文字工具在舞台上创建"FLASH"文字，并按F8将其转化为"Flash"影片剪辑。在第1帧的位置点击鼠标右键选择【创建补间动画】，点击完成后在第25帧利用鼠标将文字拖放到左下方位置，这时可以看到1至25帧出现浅蓝色时间片断，说明这一段的动画是以补间动画的形式创建的。在第25帧的位置上出现一个黑色小菱形块，表示是这一段动画变化的定位点。然后在第50帧将文字拖放到舞台正中的位置，如图4-7所示。

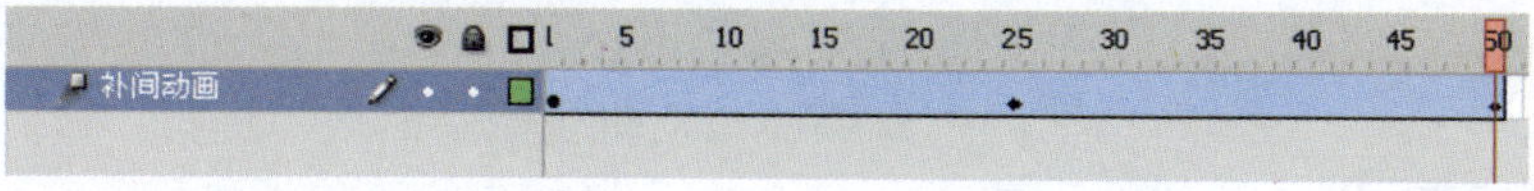

图4-7 创建补间动画

补间动画在舞台上会显示出元件运动的轨迹，以彩色虚线表示。使用【选择工具】可以进行轨迹修改，可以将直线改成曲线。虚线上的小圆点代表当前关键帧的空间位置，可以在相应的帧时间点上移动元件或者直观地修改小圆点的位置。

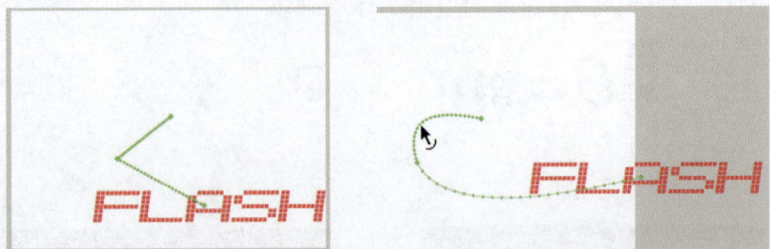

图4-8 文字运动轨迹

提示：传统的补间动画模式是确定两端点关键帧后插入补间动画，新的补间动画模式是定头不定尾，因此先选定关键帧，接着设补间动画，最后调整某个帧对应的元件。此外，轨迹线在使用中可能有不同的颜色变化。

● 步骤二： 创建不同属性的动画关键帧

这一步是为"Flash"文字添加动画特效，创建一个从大到小、由虚到实并且不断旋转变换最后停止在舞台中的Flash文字字样。大小变化可以直接修改属性面板中【位置与大小】的参数，需要注意的是属性的修改要对应相关的帧数。虚实变化设置需要添加一个新的模糊属性，在"Flash"影片剪辑被选中的状态下，属性面板下方有【滤镜】模块，点击模块左下角的添加按钮，在弹出的列表中选择【模糊】属性，调节参数从第1帧的100到第50帧的0，如图4-9所示。

图4-9 特效参数调节

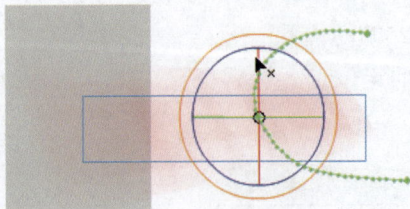

创建空间中的翻转需要选择工具面板中的3D旋转，见图4-10。在舞台中直接调整元件的旋转值不是很精确，具体的参数调整需要在动画曲线控制面板中进行。

图4-10 调整旋转值

● 步骤三：利用动画控制器调整动画曲线

选中时间轴上的补间动画，点击动画编辑器按钮得到如图4-11所示的编辑面板。

图4-11 动画曲线编辑面板

调整文字的3D旋转方向主要是通过修改X、Y、Z轴上的关键帧属性来实现的。前面已经在时间轴上创建了三个关键帧，所以编辑面板上的动画曲线就有线性的三个关键帧点，如果需要修改曲线的类型为淡入淡出效果，可以利用Alt+鼠标左键进行调整；如果需要添加或者删除关键帧点可以利用Ctrl+鼠标左键。

动画控制器也就是动画曲线编辑面板具有微调动画的功能，也是Flash CS4 重大革新性功能面板之一。它可以使用户通过调整贝赛尔曲线控制关键帧，用户可以自定义创建动画曲线，也可以利用软件提供的预存储动画曲线类型，如图4-12所示。在旋转属性右边有一个下拉菜单，【简单(慢)】就是一种软件自带的淡入淡出模式。

如果用户需要自定更多的曲线类型或者想要使用更多的预设定曲线类型，都可以通过面板最下面的【缓动】栏进行添加设定，如图4-13所示。

图4-12 调整曲线类型

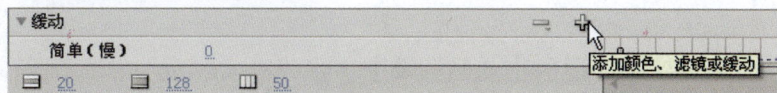

图4-13 缓动

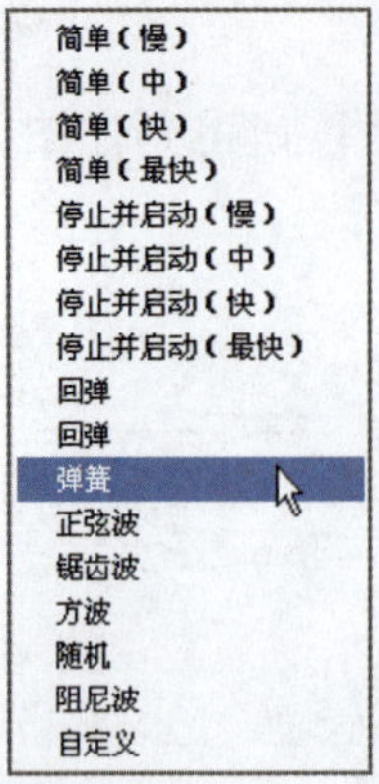
简单（慢）
简单（中）
简单（快）
简单（最快）
停止并启动（慢）
停止并启动（中）
停止并启动（快）
停止并启动（最快）
回弹
回弹
弹簧
正弦波
锯齿波
方波
随机
阻尼波
自定义

【缓动】栏菜单里提供了多种可添加的曲线类型，如图4-14所示。如选择【弹簧】类型，在缓动面板中会出现代表【弹簧】的运动曲线，最后元件旋转的动画类似于弹簧一样不断抖动。这时动画曲线编辑面板显示动画是由原始的旋转曲线与弹簧曲线共同叠加完成的，见图4-14中黑色直线和绿色虚线。

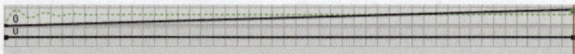

图4-14 缓动类型

除了可预设置的动画曲线外，Flash CS4 还提供一个专门的动画预设模板库。点击【窗口】→【动画预设】后，弹出如图4-15所示的面板。面板中提供了一个默认预设文件夹，里面存储了一些动画模板，这些动画模版都是可以直接套用在用户自己创建的元件上面。点击其中的2D放大，可以从上面的预览窗口中看到实时的动画效果。这些动画预设置都是一些常用的特效，模板库的使用大大提升了动画制作的速度，在模板基础上只需做一些时间调整或者参数调整就可快速实现我们想要的动画效果。如果用户频繁使用的特效也可用模板形式存储在动画预设库里，方便自己或与他人共享使用。

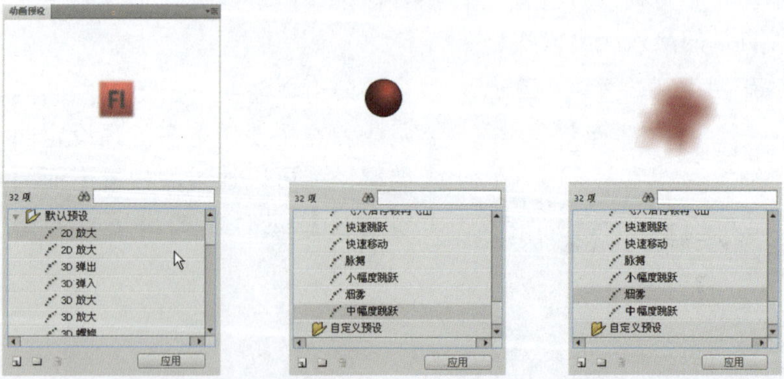
动画预设
32 项
默认预设
2D 放大
2D 放大
3D 弹出
3D 弹入
3D 放大
3D 放大
应用
快速跳跃
快速移动
脉搏
小幅度跳跃
烟雾
中幅度跳跃
自定义预设

图4-15 动画预设面板

新创建一个图层【动画预设】，将“Flash”元件拖放到舞台中，在动画预设面板中选择一种动画效果，在确定舞台上的元件被选择的情况下，点击动画预设面板上的应用，该动画效果自动应用到元件物体上，如图4-16所示的橘黄色轨迹是预设置的运动轨迹，图层上也会出现相应的关键帧，动画关键帧都会自动记录。用户还可以自定义舞台上元件运动的轨迹，使得它的变化更加符合视觉规律，使用预设动画可以节省大量的工作时间，可以从大量预设中选择，可以应用于任何对象方便地进行动画的调整，可以创建并保存自己的动画，与他人共享这些预设以节省动画创作整体的时间。

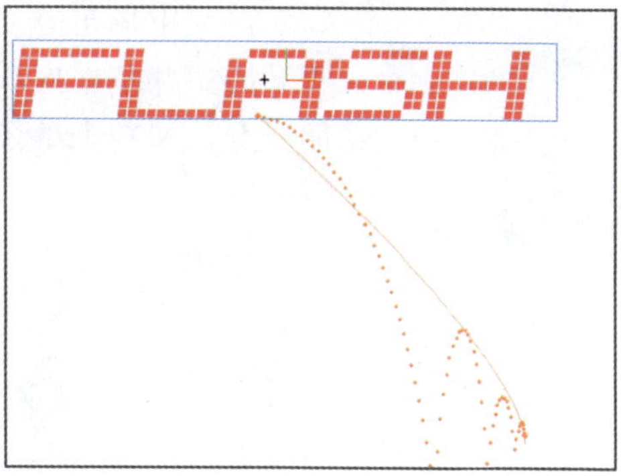

图4-16 利用动画预设实现动画特效

角色动画

角色动画设置与前期角色绘制有着非常紧密的关系，这也是Flash的一个特点之一。本节内容以简单的卡通角色为例介绍基本角色的绘制、动画元件的创建以及行走动画的制作，目的是让读者直观地了解动画工作原理以及常用的动画制作工具。在了解和掌握一定的基本知识后，相信读者可以利用Flash软件来创建符合运动规律的动画，创建属于自己独特视角的动画。

图4-17 角色行走

一、角色绘制

新建文件：角色行走（图4-17）文件大小：500×420，帧数：12FPS，背景色：浅蓝色。原文件参见光盘第4章//男孩。

● 步骤一：创建头部

利用矩形工具绘制基本形状，颜色选择如图4-18所示，可以适当地加宽边缘线的粗细。

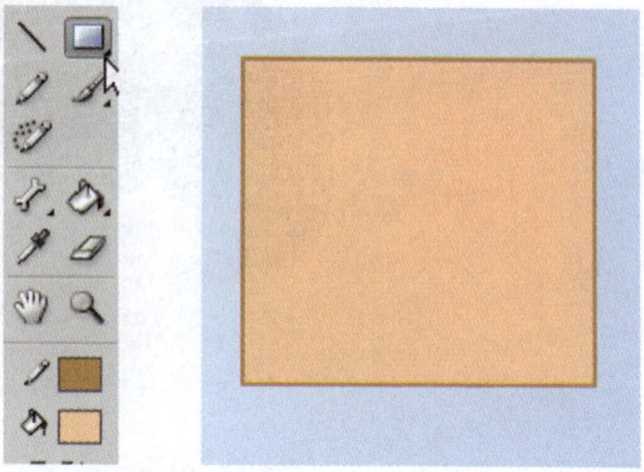

图4-18 基础矩形形状

删除矩形形状的一部分，利用剩余的部分创建如图4-19所示的头部基本形状。选择【钢笔工具】为路径转换锚点和添加锚点，勾勒出鼻子突出的部分，调节头部其他部分轮廓线的弧度。

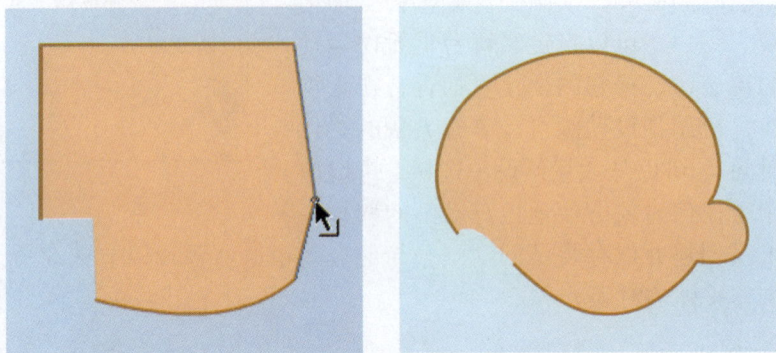

图4-19 头部基础形状绘制

创建完成后将其转换成影片剪辑，并以"头部"命名。将所在图层重新命名为【完成】。新建一图层，继续使用【钢笔工具】创建角色的头部如图4-20所示。完成后转换成为元件并以"头发"命名，按Ctrl+"X"进行剪切，然后在【完成】图层的第1帧选择当前位置按Ctrl+Shift+"V"进行粘贴。

剪切(T)	Ctrl+X
复制(C)	Ctrl+C
粘贴到中心位置(T)	Ctrl+V
粘贴到当前位置(P)	Ctrl+Shift+V
选择性粘贴(O)...	
清除(G)	Backspace

图4-20 头发

继续回到新建图层绘制面部的眉毛、眼睛及耳朵，注意绘制时需要将工具【对象绘制】打开（钢笔工具的子项，在工具栏底部）。绘制完成后如图4-21所示。剪切所有的物体粘贴到【完成】的图层中。目标图层拥有多个物体时，它们之间的排列顺序可以通过按Ctrl+上/下箭头键进行调整。双击头部元件，进入头部元件编辑状态，添加脖子部分，如果需要可以将创建的脖子与原始的头部进行"联合"。

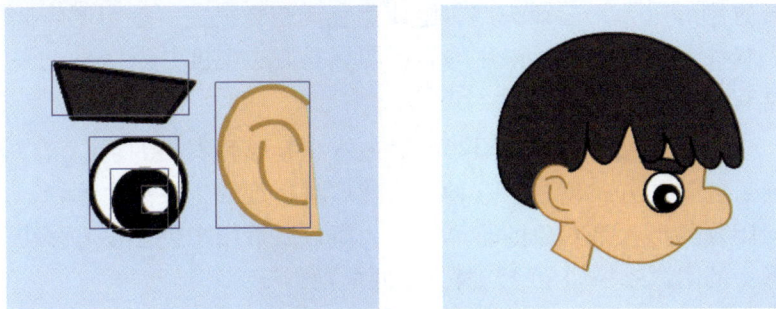

图4-21 眉毛，眼睛和耳朵

● 步骤二：创建身体及腿部动画元件

继续在新建图层中分别绘制身体、手臂以及腿部，绘制的方式同上一步。绘制完成后转换为元件，并以同样的方式剪切到【完成】的图层中。特别需要注意的是腿部以及鞋子分别都是对象，并且选择前面的腿与鞋子共同构成"前腿"元件。后腿也是同样的方式处理。

图4-22 身体及腿部

● 步骤三：添加阴影

添加阴影效果可以使角色立体感增强，几种常见的阴影添加方式如下。

一是头发的阴影。双击鼠标点选"头部"元件进入编辑状态，创建一个新的图层，然后复制一份原始头部到新图层中，位置刚好重合，选择头部将整体颜色调整为黑色，透明度降低到10%左右。由于新创建的阴影图层具有透明度，所以看上去就有头发的阴影效果。

二是如果需要创建阴影的对象本身是影片剪辑的话，可以通过滤镜的方式创建。这种方法优点是速度快，效果也不错，但阴影的形状是对象的整体形态，所以一般用来创建没有多少形变的阴影效果如全身与背景空间的投影等。

三是轮廓线阴影。顾名思义是通过绘制与物体本身轮廓线相似的阴影来创建比较自然的阴影效果。角色脸部下半部分的阴影就是通过复制整个脸部的轮廓线，然后进行适当的偏移，再将多余的线条删除，将保留的区域进行颜色调整后得到的自然阴影效果。

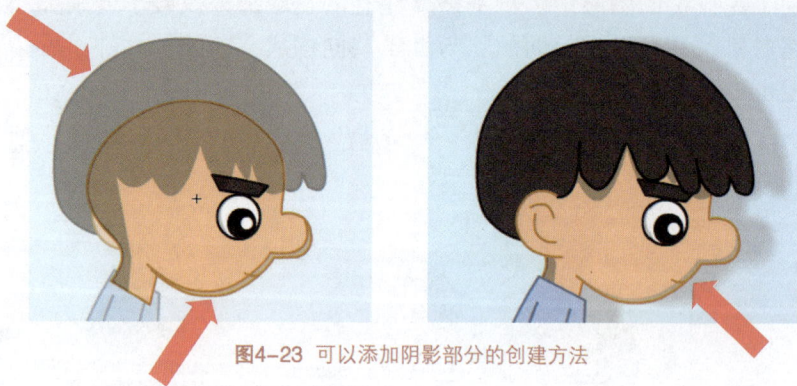

图4-23 可以添加阴影部分的创建方法

二、行走动画——侧面行走

首先整理角色动画元件，简单的角色行走动画主要是角色身体走路时的上下起伏以及腿部运动的着地与抬腿，先暂时不考虑面部表情以及身体其他部分的跟随动作。

● 步骤一: 头部运动

将所有的身体元件制作成一个整体的影片剪辑，以"男孩"命名。进入元件编辑舞台，选择所有的身体元件包括头部、身体、手臂、前腿和后腿，然后点击鼠标右键选择【分散到图层】命令，将各个身体元件分布在时间线的多个图层里，图层的名称分别以身体名称命名。

在角色的头部上方拉出一条水平参考线，用来定位角色行走时的头部变化的不同位置。

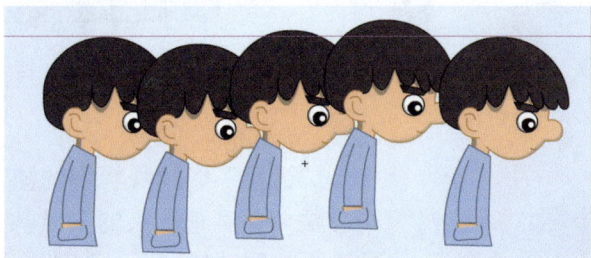

图4-24 图层设置

正常人行走时间大概是半秒钟一步，一个完整的走路循环需要一秒钟的时间，参考这个数值设定步距的时间。根据角色的性格、体态和动画需要，将卡通男孩的一个步距设置为13帧，包含五个关键帧，分别是第1、4、7、10、13帧，头部的起伏变化见图4-25，关键帧之间设【传统补间动画】。

图4-25 关键帧

提示：制作动画前一定要检查身体元件的中心的位置。如果是关节或者有旋转动画的元件需要将其中心点移动到旋转轴的位置，因为从现在开始所有动画的操作会被记录下来，甚至是中心点的移动。如果轴心位置不正确会导致元件物体在屏幕中到处移动。

● 步骤二：腿部运动

在第7帧设置关键帧，这是一个中间分界状态的关键帧，角色的身体在这一帧保持直立状态，同时这一帧也是前后两腿交换位置的时间。创建角色行走动画经常会遇到两条腿姿态相同的情况，这是走路交错循环的必然结果，比如前腿弯曲姿态的下一步动画就是后腿直立的姿态，反之亦然，因此在动画制作中可以做出一条腿的动作，然后复制为另一条腿的动作并错开时间，最后做两腿协调动作动态变化的修改，如图4-26所示。

修改动态变化帧的方法是选择时间轴下方【图层显示轮廓标记】按钮，将一条腿的当前图层显示为线框模式，隐藏其他图层，然后对这一帧的图像进行精细的调整。利用线框或者半透明的效果还可以显示其他帧的动画，通过移动标尺显示的范围，观察其他动态帧的变化并及时调整和修改，使腿部走动部分的动画表现更加自然。修改完成后将该图层锁定，再调整另外一条腿的动作，见图4-27。

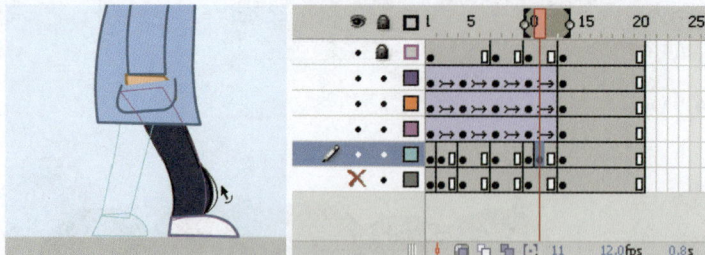

图4-26 腿部关键帧设置

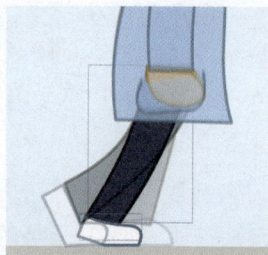

图4-27 图层显示轮廓

　　"男孩"影片剪辑中的腿部图层设置完成后，可以使用这个方法调整其他图层的关键帧，特别要注意头部、身体和手臂的上下协调动作，要与头部上下起伏的频率设置一致。

　　角色的第一步完成后再创建第二步的另外13帧动画，创建完成后刚好是一个完整的循环，男孩的两腿运动到初始的第一帧。最后将手臂的动作也摇摆起来，就完成了整个走路的循环，见图4-28。手臂的摆动要与腿部摆动相协调，关键帧的设置见图4-29。

图4-28 手臂

图4-29 动画关键帧图层设置参考

　　影片剪辑制作完成后回到主场景，时间轴上只有1个"男孩"的关键帧，按Ctrl+Enter发布并测试影片，可以看到角色元件动画是在原地行走的，如要加快或减

图4-30 完成发布动画

慢行走的速度，可以调整每秒播放的帧速率。原文件参见光盘第4章//男孩。

三、走路循环

相对来讲比较复杂的走路动画是角色身体带有透视关系的45°角的行走，利用简单的卡通角色说明制作带有角度的角色行走的过程。只要是行走的动画都是符合运动规律的循环,一个完整的循环需要两条腿各迈出一步，确定循环中间两条腿的位置是动画的关键。

图4-31 带有透视效果的角色走路

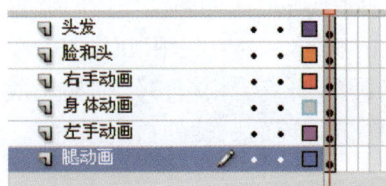

图4-32 图层设置

● 步骤一：创建角色及动画元件

创建如图4-31所示的卡通角色，身体各个部分可以尽量简单地勾勒,关键是要按照动画制作的要求将相关的部分组织成为动画元件。头发及其阴影为"头发"元件。头部和面部的表情可以组合称为"脸和头"。身体以及左右手臂，注意手臂组由于与身体有遮挡关系所以分开图层。两条腿分别创建成元件并最终组合成一个整体的元件"腿动画"。图层的名称与元件的名称相同。

在绘制角色腿部及身体其他部分的时候将绘图工具的模式选择为"对象模式"，对象模式主要是针对后面需要制作动画的部分。在制作腿部关键帧动画时我们只需要创建关键帧然后直接在指定的关键帧位置上修改腿部对象的形状就可以把这种形状的改变存储下来，甚至你可以直接在对象中添加锚点。这种通过改变物体形状的方式比较适合自己手动逐帧创建动画关键帧，其补间则效果不是很理想。

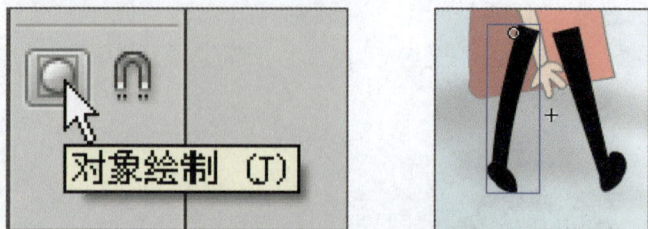

图4-33 对象绘制模式

● 步骤二：腿部动画

将完整的一个走路循环设置为16帧，从第17帧起重复第1帧的动作。第1帧两腿的姿态可以参考如图4-34所示的动作。两条腿在运动过程中有一个相交的姿态，在第9帧附近创建两条腿相交的姿态。分别在第3、5、7帧添加右腿向前的弯曲，挤压弯曲到放松抬起的动作。而同时左腿是接触地面的，所以第3到7帧的动作是弯曲，到直立撑地再到向后拉伸弯曲的动作。

从第9帧开始是相反的运动。如图所示在调整动画的时候可以先确定初始状态以及着地直立的状态，然后利用Flash的绘图纸外观等显示方式对照着进行动画的调整会快很多。创建完成动画之后可以利用"。"和"，"进行前后一帧的播放预览。

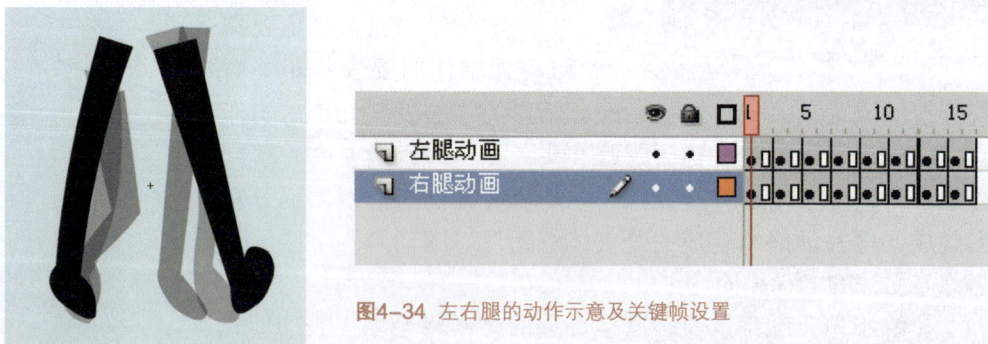

图4-34 左右腿的动作示意及关键帧设置

腿部动画关键帧可以参考图4-35，在调整每个腿部姿态时尽量让脚的位置固定来调整腿部弯曲的姿态。

图4-35 腿部动画姿态

● 步骤三：手臂及身体其他部分动画

　　角色的头部动画以及头发的部分可以利用按照节奏的上下移动来表示身体的起伏。头发的部分还可以适当地添加挤压和拉伸，但注意频率不要太快（图4-36）。创建完成关键帧后利用传统补间动画的方法创建补间动画。因人在走路时，手臂随腿的运动而摆动，所以手臂的动画按照腿部循环的运动设置手臂的前后旋转，这时创建动画前一定要确定元件的旋转轴在手臂的上方。如图4-37所示。

　　为了增加细节可以创建口型动画以及眼睛的眨眼效果。如图4-38所示。最终动画的自然程度取决于各个部分关键帧的创建，关键帧及中间帧越多则动画有可能会更平滑，前提条件就是要把握好动作姿态。Flash动画很容易忽略中间帧的动画，这也是很多动画显得比较生硬的原因。

图4-36 头发拉伸动画

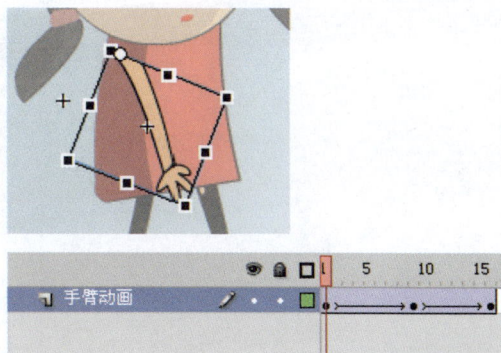

图4-37 手臂动画调节

73

图4-38 面部动画

最后创建整个身体元件的一个放大缩小及位置移动的动画模仿角色带有透视的走路效果。为了增加立体感可以给身体增加一个阴影图层。选择身体元件进入编辑状态，复制身体然后添加模糊及调整颜色滤镜，最后将色彩效果中的"Alpha"值调整为50%，得到最后动画效果如图4-39所示。

图4-39 最动画终测试效果

动画特效

一、骨骼动画

骨骼动画工具是Flash CS4 新加的动画工具，可以利用它创建复杂的骨骼动画，跟随动画等。骨骼动画创建一般也有它的规律和适用范围，我们可以利用它来模拟骨骼的旋转、骨骼的反向运动学效果以及锁链等特殊效果。

图4-40 将PSD分层文件导入到Flash

以创建一个黄金链条为例，首先创建一个PSD文件，文件中根据需要创建链条的形状，每个链条可以形状不同，只需要在PS中分开图存储即可。在Flash中将PSD文件导入到库，出现如图4-40所示的对话框，选择需要的形状图层确定。

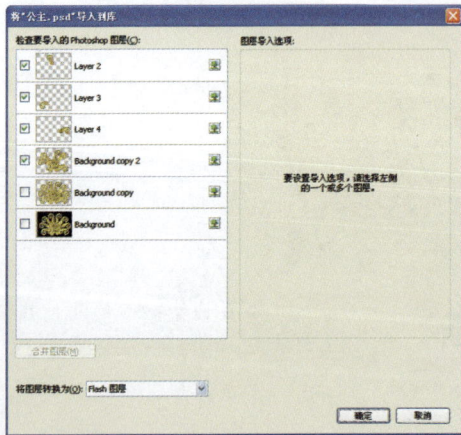

　　库文件中包含导入的图层，不同的图层图形的形状不同。需要将导入的以位图的形式导入图形转换为元件。创建三个链条元件如图所示。将原件拖放到同一图层中排列。点击工具面板中的骨骼工具或者快捷键"X"添加骨骼。添加骨骼的时候需要将根骨骼的位置确定在链条的端点且在元件物体上。绘制骨骼时可以注意观察手柄的状态，如果显示是如图所示的圆圈封闭状态则表示此处不可以添加骨骼。三段骨骼可以将三个元件绑定在一起。

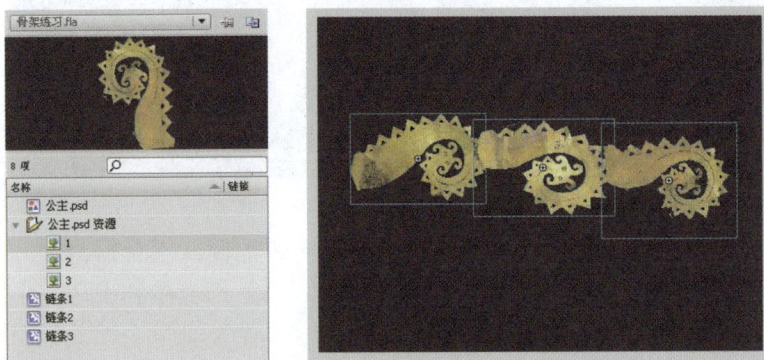

图4-41 创建骨骼元件

　　骨骼的编辑可以利用选择工具点选相应的骨骼，在属性栏中调整骨骼相关属性。添加骨骼可以利用骨骼创建工具在原有骨骼基础之上继续添加。创建完成的骨骼链可以通过部分选取工具来调整并移动骨骼的位置。这里单个骨骼位置物体不能是单独的元件而是一个整体的物体形状，这一点非常重要。骨骼添加的两种模式：一种是元件模式，是以单独的元件为单位利用骨骼连接。另一种是绘图对象模式，这时骨骼的添加是在一个完整的物体里面添加的，骨骼是带有权重可以修改其控制的物体边缘的点的位置的。

图4-42 创建骨骼链及带权重控制的骨骼链

给元件对象创建骨骼链之后可以选择单独的骨骼进行旋转，这时的旋转是以该骨骼为轴进行的，这种效果类似骨骼动画的前向运动学，是父子关系进行旋转运动的。而另一种方式可以选择单独的元件进行移动，元件的移动可以反过来控制骨骼的运动，甚至是上面层级骨骼的运动，这种动画效果类似于反向运动，我们可以控制最末端的锁链运动从而实现骨骼链整体弯曲的效果，如图4-43所示。

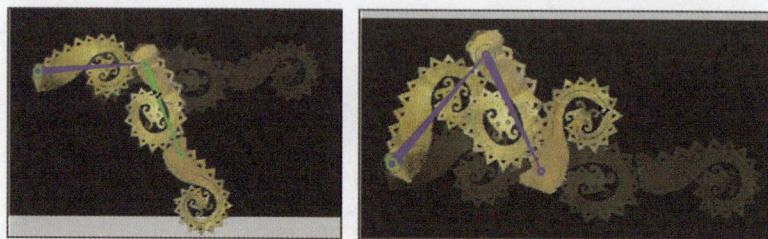

图4-43 反向骨骼运动

图4-44 骨骼图层

无论哪种模式下骨骼添加完成后时间线上都会单独出现一个"骨架_#"图层，这个图层是用来创建骨骼运动的关键帧的。第一帧是默认出现的，骨骼添加完成后物体就会自动剪切到骨架图层上，原有的图层为空。

在第30帧位置添加关键帧，骨骼动画的补间是自动生成的。在第30帧将骨骼每个都旋转相应的角度使得整个骨骼链从平直状态到弯曲成圆环状。动画效果如图4-45所示。

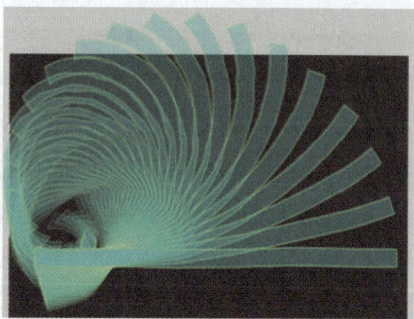

图4-45 骨骼链动画圆环状效果

二、变形动画及动画特效应用

除了"传统补间动画"和"创建补间动画"以外，Flash还提供了一种非常有意思的变形工具，这是一个程序化的变形工具，其工作原理就是通过程序自动将一个物体的形状转变成另外一个物体的形状。有些像融合变形。在这里绘制的图形只要是以绘制形状的模式存在的两个图形都可以制作形状补间。分别在第1帧和第10帧创建两个关键帧并创建两个不同颜色的字母"a"。字母本身是以对象模式存在的，将其分别使用"分离"命令。利用"创建补间形状"命令。如图4-46所示从黄色的字母"a" 逐渐变成了另一种颜色的"a"。

图4-46 创建补间形状的变形动画

这种形状的补间往往适合简单的形状变化，如果形状复杂效果就不是特别理想，这时我们可以通过将转换的效果转化为关键帧然后自己稍微修改一下形状或者颜色即可。如做一个分离的动画，将黄色的字母"a"分离成自身字母以及变色变形之后的绿色字母，这时如果创建两个关键帧直接利用补间动画创建出来的形状会有如图4-47所示的形状，动画特别不自然。

图4-47 形状补间字母分离

在补间动画过渡时某一字母重叠的帧上设置关键帧，这样我们就可以将两个字母变化过程中颜色的中间状态记录下来创建一个黄绿色的渐变存储为样本，选择关键帧当前的两个字母应用颜色渐变。将所有的补间动画转化为关键帧，在后面几帧选择两个物体的形状统一添加渐变颜色，得到自然流畅的变形动画效果。值得一提的是这种变形动画可以应用在复杂的角色身上，效果的好坏很大程度上取决于变形的创意，不妨多尝试不同的变形效果。

图4-48 创建完成关键帧状态和应用渐变效果

图4-49 字母分离动画调整

第五章
交互动画中按钮元件的设计

::::: Action Script 简介

　　Adobe Flash CS4 是交互式动画的标准创作工具，所创建的交互式动画及网站形式多样，内容丰富且极具感染力。简单的交互式动画或具有复杂功能的 Internet 应用程序都可以利用Flash中的ActionScript（AS）脚本语言进行创建。AS用来向 Flash应用程序添加交互性的程序语言，特别是制作具有交互性的对象如按钮或者控制影片剪辑的特效功能时，则一定需要使用 AS。

一、ActionScript 版本对比

　　Flash 包含多个AS版本，以满足各类开发人员和制作人员的需要。目前已发布的AS版本共有3个，分别为AS 1.0、2.0及3.0。Flash5、FlashMx内的AS版本为1.0；Flash Mx 2004和Flash 8内的AS版本为2.0；Flash CS3 和Flash CS4 采用的是AS3.0。

　　AS保持了软件的兼容性，也就说Flash 9可以正常打开并运行老版本的Flash文件，AS1.0和AS2.0的语言框架比较接近，到AS 3.0时则发生根本性的变化，除了对功能扩展以外还对语言架构做了重大调整，很多AS1.0和AS2.0的命令到了AS3.0里已经无法使用了，因此CS4对一些老版Flash文件不再兼容。

　　Flash Player 运行编译后的AS2.0代码比运行编译后的AS3.0代码的速度慢，但AS2.0比 AS3.0更容易学习。AS2.0基于ECMAScript 规范，但又不完全遵循该规范，对于许多计算量不大的项目仍然十分有用，针对传统动画制作人员或者网站设计人员使用AS2.0仍然是不错的选择。

　　AS3.0的执行速度极快。与其他 AS版本相比，AS3.0版本是对编程概念有更深入了解的开发人员所发布的。AS3.0完全符合ECMAScript 规范，提供了更出色的 XML 事件处理，对事件模

型以及用于处理屏幕元素的体系结构进行了改进。使用 AS3.0 的 FLA 文件不能包含AS 的早期版本。

（一）ActionScript 的使用方法

1. 使用【动作】面板

在AS1.0和AS2.0的情况下使用【动作】面板为对象直接添加语句，通过设置动作来创建交互动画。【动作】面板里有可供添加命令的十多个大项，内含不同的命令函数，无需编写任何动作脚本就可以插入动作。如果已经熟悉AS，也可以使用【专家模式】编写脚本。对场景、帧、按钮、影片剪辑等控制的函数模式必须有所了解，但不必学习语法，许多设计人员和非程序员都使用此模式。

2. 手动编写

编写自己的AS可获得最大的灵活性和对文档的最大控制能力，但同时要求操作者熟悉ActionScript 语言和约定。

3. 使用【行为】和【组件】

在Flash中设定对象动作的变化是由代码控制的，称之为"行为"。"行为"也是针对常见任务预先编写的脚本，可以为事件或对象添加行为，"行为"仅对AS2.0及更早版本可用，在【动作】面板中可以轻松地在"行为"面板中配置它。"行为"可以在不编写代码的情况下将代码添加到文件中。

组件是预先构建的影片剪辑，可帮助操作者实现复杂的功能。组件可以是一个简单的用户界面控件（如复选框），也可以是一个复杂的控件（如滚动窗格）。可以自定义组件的功能和外观，并可下载其他开发人员创建的组件。大多数组件要求用户编写一些AS代码来触发或控制组件。有关详细信息，请参阅《使用 ActionScript 3.0 组件》中的"关于 ActionScript 3.0 组件"，或者《使用 ActionScript 2.0 组件》中的"关于组件"（网址为：www.adobe.com/go/learn_fl_cs4_as2components_cn）。

（二）AS3.0 的使用方法

方法一：在时间轴的关键帧中编写AS3.0程序。创建一个新的基于AS3.0的Fla文件，在时间轴上第一帧的位置创建关键帧，打开【动作】面板，输入如图5-1所示的代码。

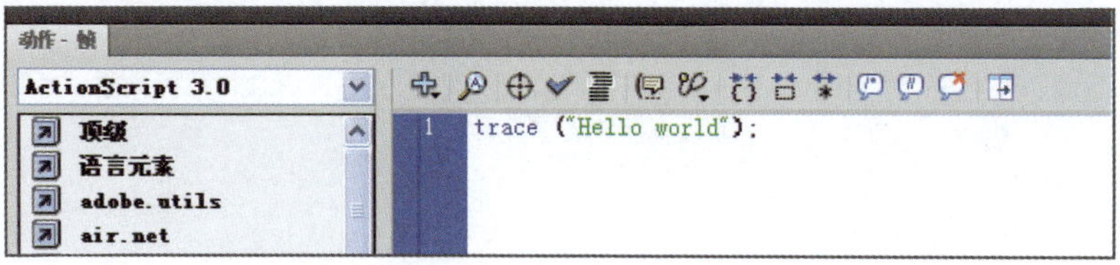

图5-1 动作面板

可以点选语法检查进行基本语句拼写及语法格式的检查，没有错误就可以按Ctrl+Enter输出测试影片。在输出面板中会得到如图5-2所示的效果。

方法二：将外部创建的AS3.0类型的文件与Fla文件进行关联绑定，相当于在Flash软件中进行对象的创建，在外部的AS3.0文件中对对象进行操作并通过在"文档类"中的路径名称进行连接。

图5-2 输出面板

以"Hello world!"作为示例。创建一个Fla文件，并同时创建一个单独的"Helloworld.as"的Action Script 文件。如图5-3所示。

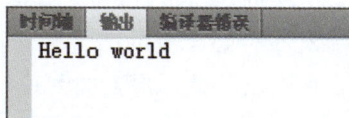

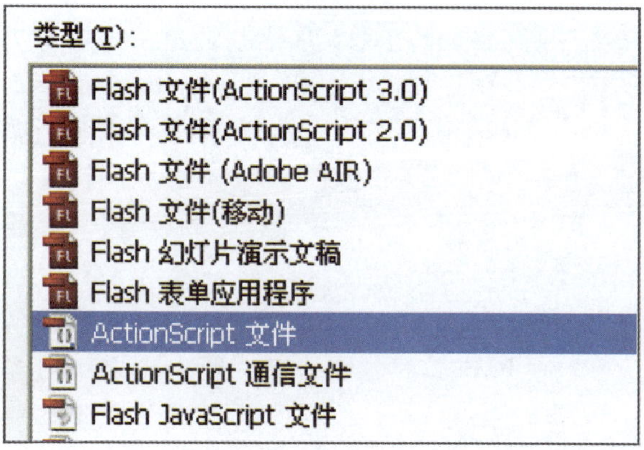

图5-3 新建文档面板

在创建的Helloworld.as文件中输入如下代码，声明"Helloworld"类。

```
package
{
import Flash.display.MovieClip
public class Helloworld extends MovieClip
{
public  function Helloworld()
{
trace ("Hello world！");
}
}
}
```

在创建完成的Fla文件属性面板中，在"文档类"输入框中输入外部AS文件的类名称"Helloworld"进行连接，存盘后进行影片输出测试，得到如图5-4所示效果。

提示：要确保Fla文件与AS文件在同一路径下。

AS3.0 FLA 文件格式允许将 ActionScript 类指派到主时间轴以及元件中。指派到主时间轴的类称为文档类。而在Flash中创建的元件同样也可以进行类的指派。AS3.0 FLA 文件为元件属性新增了两个字段："类"和"基类"字段，要将"类"指派到元件，必须打开【为ActionScript 导出】选项，并在"类"字段中输入类名称。对这一部分的操作有兴趣的读者可以参考Adobe网站中开发者论坛进行深入研究学习。Flash CS4 中AS 3.0与新的3D属性的结合内容会在后面关于3D的章节中进行讲解。

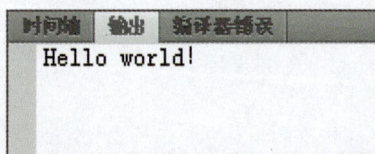

图5-4 ActionScript 3.0 FLA 文件主时间轴的 AS 3.0 类

对于绝大多数设计人员来讲，快捷地实现交互效果可能更为重要些，因此，AS 2.0中较为直观的代码提示及动作面板的使用可以满足设计人员对互动按钮的创建、对MC(影片剪辑)的控制等等，本节内容以AS 2.0为例，详细讲解按钮交互操作的多种变化方式做出。

二、按钮元件

按钮元件是Flash的基本元件之一，它由4帧状态构成，按钮元件主要功能是响应鼠标事件，执行指定的动作，是实现交互动画的工具，也是表现形式千变万化、非常活跃的一个元件。按钮元件可以套嵌其他元件，但不能套嵌按钮元件；元件内部可以加入特效或声音，但不能添加语句，与按钮相关的程序语句要在舞台上选中按钮后添加，一个按钮只能响应一个事件。

1. 按钮的帧状态

按钮在舞台上一般以图形为主，尽管它的表现形式可以多种多样，但功能是替代鼠标左键，并按照鼠标功能设计为四种基本状态，见图5-5。

【弹起】按钮元件原始状态，也是鼠标的原始状态。

【指针经过】鼠标经过按钮元件时的状态。

【按下】按下鼠标不放时的按钮状态。

【点击】点击鼠标时的按钮状态。

图5-5 按钮元件——帧状态

2. 公用库的按钮

在Flash软件自带的公用库里存放了很多按钮元件可供调用，打开主菜单【窗口】/【公用库】，可看见三类库元件：【声音】、【按钮】、【类】，打开【按钮】的公用库，见图5-6，从文件夹/buttons bubble 2/中挑选按钮"bubble 2 green"，直接拖入舞台，双击按钮，时间轴就会显示出该按钮的全部内容，见图5-7。

图5-7 "bubble 2 green" 按钮

图5-6 公用库——按钮

该按钮在四种状态中分别由不同的图层和不同的图形组成，最上面是文字图层。其他图层中的图形分解得很细致，使用中可以根据需要修改。帧状态和图形的关系见图5-8。

直接使用公用库的按钮可以节省制作的时间，修改库按钮的基本模式可以产生更多类型的按钮，学会借鉴和修改，是我们学习Flash的一个捷径。

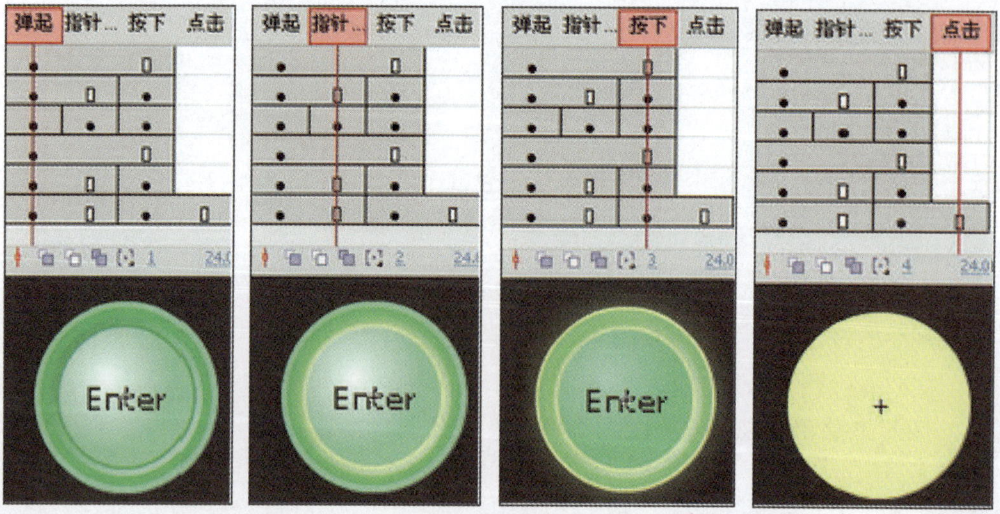

图5-8 从左至右分别为弹起状态，指针经过状态，按下状态，点击状态

三、按钮元件的基本类型

● **图标按钮**：以图标为主的按钮，以实现按钮的单一功能为主，起到指示性的作用，常用的图标按钮有"play"、"stop"。见图5-9图标按钮。

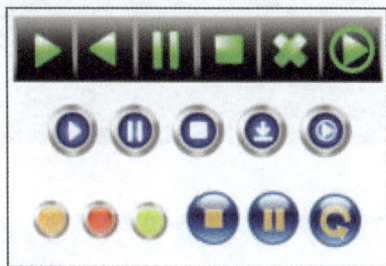

图5-9 图标按钮

● **图形按钮**：以图片为主，可用图形元件转换按钮功能，也可将图形元件直接套嵌在按钮元件中。选用图片做按钮，一般是根据场景设计和排版需要安排的，将画面上很多小图片做成按钮，点击后链接对应的大图片，就可以仔细观赏图片。图形按钮的种类变化很多，适用的场合也很多，在版面设计中非常重要。见图5-10图形按钮。

图5-10 图形按钮

● **文字按钮**：以文字为主的按钮，主要使用在Flash网页菜单中，利用文字按钮跳转相应的网页。文字菜单能够美化页面，是网页设计不可缺少的一个重要环节。

文字在各种类型的按钮中都可以添加，在按钮中的位置也很灵活，文字的设计既可以当主角也可以当配角。见图5-11文字按钮。

图5-11 文字按钮

● **隐藏按钮**：指按钮在画面没有表示，但交互功能依然存在。隐藏按钮又分两种，一种在【指针经过】状态即鼠标经过隐藏按钮位置时出现按钮图形，实现交互；另一种在【点击】

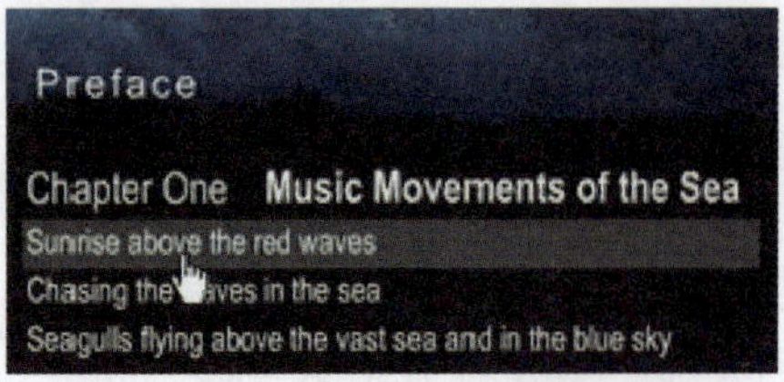

图5-12 隐藏按钮一

图5-13 隐藏按钮二

状态即设置按钮的热区范围实现交互。这一做法充分利用第4帧状态在画面上不显示的特性，使按钮处于完全隐藏状态。

隐藏按钮第一种典型实例是用在文字交互中，例如文字菜单、文章目录、文字标题等，当鼠标经过文字时，出现鼠标的小手状态，同时显示【指针经过】状态的图形。见图5-12隐藏按钮一。

隐藏按钮第二种的典型实例用在画面不适宜摆放按钮但又需要实现交互功能，就设计隐藏按钮。隐藏按钮的热区一般会覆盖一定的范围，在此区域内鼠标显示小手状态，点击后实现交互。见图5-13隐藏按钮二。

● **特效按钮**：指按钮中套嵌了影片剪辑或声音文件等一些能够表现特殊效果的按钮，这类按钮的表现形式虽然复杂，却能够制作出非常独特和精美实用的按钮。

特效按钮有时可以设计成画面内容的一个特殊部分，如图5-14所示，在古旧家具的画面中设计一个古朴图案的按钮，在画面中不停旋转，鼠标经过时隐现出正式的图标按钮。按钮的设计与古典家具背景完美结合，使金属质地的按钮显得古色古香。

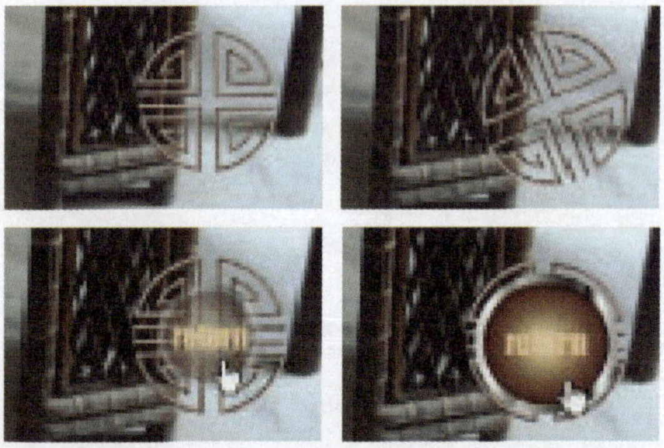

在图形按钮中加入特效，

图5-14 特效按钮一

一方面提示图形可以点击，另一方面增加图形按钮的生动活泼感，在画面上更加醒目。图5-15表现的是图形按钮的特效，按钮第1帧在图形上方增加一个渐变色的变化效果，当一排按钮出场时间不同时，色彩变化此起彼伏，画面有很强的动感。

提示：影片剪辑和图形元件都可以套嵌在按钮的每个帧状态中，但按钮不能被按钮套嵌。

从外观上，按钮的表现形式千变万化，甚至还可以是隐藏的"透明按钮"，但万变不离其宗，使用按钮要掌握它的交互功能，学会编写控制按钮的语句。

本节内容有部分实例请参考光盘第5章。

图5-15 特效按钮二

四、按钮元件常用语句

按钮元件制作完成后需要添加各种程序语句，也就是常说的"命令"，添加了命令的按钮才有了指定鼠标工作的功能，否则按钮就是个摆设，不起作用。在Action Script中有很多按钮控制语句，为了掌握基础的程序语言，方便动画的制作，从中挑选出按钮常用的几类命令进行详解。

在使用各种命令之前需要对鼠标事件的参数有个基本了解，也就是如下对鼠标左键工作状态的描述。

鼠标左键按下的事件：press；

鼠标左键按下后释放的事件：release；

鼠标指针滑过或移入按钮区域：rollover；

鼠标指针滑出或移出按钮区域：rollout；

鼠标指针在按钮上被按下，移出按钮再移回：dragover；

鼠标在按钮上时被按下，按住后鼠标移出按钮范围：dragout；

添加命令的方法：选中舞台上已经设置好的一个按钮元件，F9打开【动作】面板，在面板窗口内直接添加代码。

（一）跳转——内部、外部

跳转语句分为跳转到内部和跳转到外部，内部指Flash制作的文档范围内，外部是指这个文档之外的其他内容。

内部跳转可以跳转到某一帧、某一命名的帧、某一场景、某一场景中的某一帧等。

跳转并播放动作的命令有gotoAndPlay，命令的一般形式为：

gotoAndPlay（场景，帧）

跳转并停止播放动作的命令有gotoAndStop。

1. 跳转到某一帧后开始播放

```
on(release){                          //按下鼠标
gotoAndPlay (10);                     //跳转到第10帧并播放
}
```

2. 跳转到指定帧后开始播放

```
on(release){                          //按下鼠标
gotoAndPlay ("j1");                   //跳转到命名"j1"的帧并播放
}
```

语句中的Play是影片播放命令，跳转到指定帧后停止影片的播放动作则使用Stop命令：

gotoAndStop（场景，帧）

3. 跳转到指定场景、指定帧后停止播放

```
on(release){                          //按下鼠标
gotoAndStop ("scence2",1);            //跳转到场景名为"scence2"
                                        的第1帧后停止
}
```

提示：语句中的场景名称要和舞台中场景名称完全一致。场景名称英文、中文均可，如果名称中包含"空格"，语句中也要有"空格"。AS语言对语句的书写要求很严格，要注意英文大小写、标点符号、间隔、数字和中英文文字是否正确。

4. 跳转到外部web，并在新窗口中打开页面

外部跳转使用超链接命令getURL，命令的一般形式为：

getURL（URL[,窗口[,"变量"]]）

为了实现从Flash影片跳转到外部网页浏览器的过程，给按钮添加链接网页的语句是：

```
on(release){
getURL( "http://www.baidu.com" ," _blank" );
}
```

//按下鼠标

//链接网页地址：http://www.baidu.com，同时指定一个新窗口打开页面。

变量还可选择以下参数：

–self　　//指定当前窗口、当前框架

–parent　//指定当前框架的父级

–top　　//指定当前窗口的顶级框架

5. 跳转到外部Email

```
on(release){
getURL(" mailto:wsmsmm@yahoo.com.cn" );
}
```

//按下鼠标

//链接Outlook Express 邮箱，给wsmsmm@yahoo.com.cn 发送一封邮件。

（二）加载和调用外部文件

加载功能可以在播放Flash影片时由外部调入一些可用的文件，例如JPEG文件、SWF 文件、视频文件等。调用功能是指在运行Flash文件时可以同时打开其他外部程序文件，例如计算器、绘图板、记事本等EXE文件和一些程序软件类的EXE文件。

加载命令有 loadMovie，命令的一般形式为：

loadMovie（"URL"，目标/级别[,变量]）

对应的卸载命令有unloadMovie()。

1. 加载外部的swf 文件

在制作Flash动画时，有时需要将分散的、单独的一些动画组合在一个框架之中展现，这样的做法有利于修改单独的作为子级的文件，并减少父级文件的总容量，下面解析两个案例的加载语句，来学习不同级别的加载方法。

图5-16 "作品展示"框架集的页面

图5-17 载入一级动画页面——图形按钮

图5-18 图形按钮对应的二级动画

案例一"作品展示"—— 分级载入

"作品展示"是一个网络动画，表现一个美术作品的展厅，分别展示照片、插图、动画，原文件参见光盘第5章//案例一作品展示。动画的主场景只表现框架集，由三个文字按钮控制加载一级swf动画，见图5-16。一级动画主要由一组图形按钮组成，加载到主场景后可以点击，点击后又可以加载二级动画，见图5-17。二级动画是一组swf文件，是每个作品的具体内容，见图5-18。

整个动画内容设计得很简单，旨在说明分级载入的设置方法。所有制作的源文件要放在同一个文件夹中，参见光盘第5章//案例一 作品展示/文件夹的内容，其中单独设3个子文件夹，分别做如下命名。

/flower/　放置对应"照片"按钮的文件；

/picture/　放置对应"插图"按钮的文件；

/cartoon/　放置对应"动画"按钮的文件。

框架集中文字按钮语句

```
on (release) {                        //按下鼠标

loadMovie("flower/20082.swf", 1);     //载入文件夹flower中20082.
                                      swf影片，级别为1级
unloadMovie(2);
                                      //同时卸载2级动画
}
```

一级动画中的图形按钮语句

```
on (release) {                        //按下鼠标

tellTarget ("/") {                    //指定影片播放的路径为
                                      "/"（意指文件夹）
loadMovie("picture/wc_5.swf", 2);
                                      //载入文件夹picture中wc_5.
}                                     swf影片，级别为2级

}
```

　　一级动画中的图形按钮很多，语句大同小异，具体内容请参阅光盘第5章//案例一　作品展示。

案例二　"冲浪片段"——平级载入

　　上一案例属于纵向分级的方式载入外部文件，本例则属于横向平级的方式载入外部文

图5-19 动作面板中的按钮语句

图5-20 "冲浪片段"中的空白影片剪辑

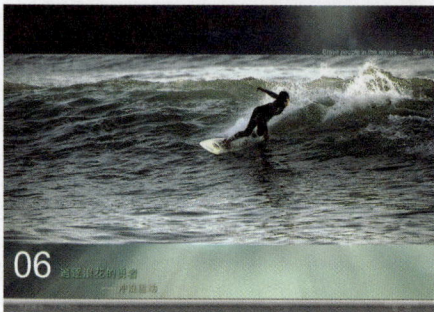

图5-21 载入的影片剪辑

件。具体做法是在时间轴上设置若干空白的影片剪辑，使用帧控制语句载入外部文件替换时间轴上的空白影片剪辑，而各个空白影片剪辑的相互链接则通过其他按钮控制。

实例"冲浪片段"截取了电子杂志中的一个片段，动画内容首先介绍了冲浪运动，然后用翻页的方式链接外部的4个swf动画。源文件参见光盘第5章//案例二 冲浪片段。

影片剪辑简称为MC，动画中的空白MC不是没有内容的MC，而是制作一个大小与载入动画相同的矩形块，替代将会被载入的MC，见图5-20。首先用复制的方法完成4个空白MC的制作，分别命名为"load1"、"load2"、"load3"、"load4"，然后将其拖入场景，安排在一个图层中，在属性菜单中为每个空白MC输入一个实例名称，可与库里的MC同名。

时间轴里要在MC图层上方建立语句层，分别设置4个关键帧，对应每个空白MC。在第1个关键帧上输入语句：

load1.loadMovie("34p.swf",1);   //运行"load1"时加载"34p.swf"文件，级别为1

其他3个关键帧以此类推。

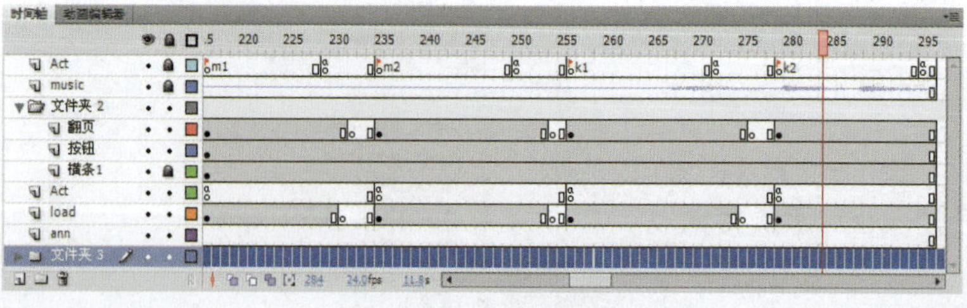

图5-22 时间轴设置

实例"冲浪片段"中MC相互间的链接通过按钮 "上一页"、"下一页"控制，整个动画还有全屏播放按钮、关闭声音按钮和隐藏按钮，见图5-23相关按钮的设置。这些按钮及控制语句的制作请参阅光盘第5章//案例二 冲浪片段。

2. 调用外部exe 文件

Flash动画运行中如果需要调用外部程序文件，需要满足一些特殊条件，一是Flash动画文件输出格式必须是exe文件，二是调入的程序文件必须放在指定的文件夹内。

图5-23 载入的影片剪辑

调用exe文件的命令为fscommand，命令的一般形式为：

fscommand（命令,参数）

下面通过实例"输入练习"的制作过程来学习如何完整使用调用命令。"输入练习"的内容是计算机输入法的指法练习，一方面可以观看动画中的练习字母表，并上下拖动字母表，另一方面需要在计算机键盘上同步练习，边看边打出字母。因此设计这款动画时不仅制作动画中的内容，还要制作调用Windows自带的记事本程序，使用记事本来实现键盘的同步练习。见图5-24同步练习图示，文件打开时为上半部分，点击记事本按钮后调出的记事本为下半部分。源文件制作，参见光盘第5章//实例一 输入练习。

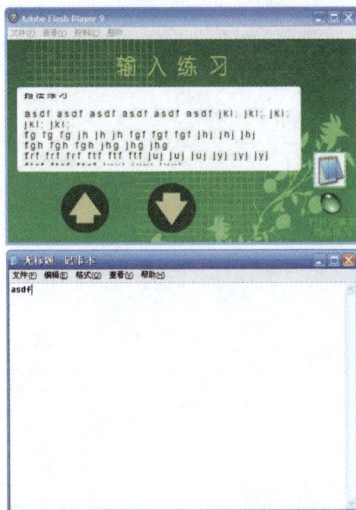

图5-24 同步练习图

为按钮添加语句

制作一个记事本按钮拖入场景，为按钮添加的语句是：

```
on(release){                          //按下鼠标
fscommand("exec","notepad.exe");      //调用程序名为"notepad.exe"
}
```

这一步骤在动画场景中完成，动画制作完成后输出swf 文件，命名为"jsjsr"。

Flash CS4 动画应用

创建播放器

　　创建播放器是为了满足Flash动画文件输出格式必须是exe文件的第一个条件，在文件夹中找到名为"jsjsr"的swf影片文件打开，在FlashPlayer 播放器的/文件/菜单中选择【创建播放器】，见图5-25播放器菜单。在弹出的对话框中将文件命名"输入练习"，保存后生成的是Flash exe 文件，见图5-26文件图标中的灰色圆图标。

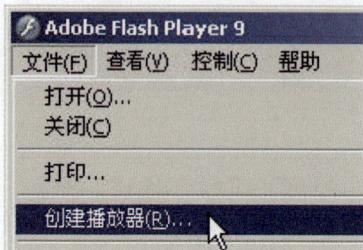

图5-25 播放器菜单

图5-26 文件图标

创建fscommand 同级文件夹

　　创建Fscommand文件夹是满足调入的程序文件必须放在指定的文件夹内的第二个条件。在Flash保存文件的同一文件夹里创建一个新的文件夹，命名为"fscommand"，打开这个文件夹，存放windows的记事本文件"notepad.exe"，文件图标见图5-27 记事本文件图标。

　　完成上述步骤后，打开名为"输入练习"的exe文件测试动画的调用程序功能，见图5-27。点击"记事本"按钮应该弹出Windows的记事本软件，如果链接不正确请参阅光盘第5章//实例一 输入练习的原文件。

5-27 记事本文件图标和"输入练习"exe文件界面

五、拖曳——控制对象移动

　　在游戏、课件类的动画里经常看到图形对象可以被鼠标控制，随着鼠标光标移动位置，这种拖曳图形对象使用的方法是一种按钮的交互行为，具体的做法是将图形对象设置为按钮，在按钮中加入startDrag的命令，就可以控制图形对象的移动了。该命令可以拖曳的图形对象有影片剪辑或图形元件。本节实例"课程练习"中一些特定对象制作成按钮，可以用鼠标拖曳到指定位置，源文件参见光盘第5章//实例二 课程练习。

鼠标拖曳命令的一般形式为：

startDrag（目标,[是否锁定中心点，左，上，右，下]）

对应的释放鼠标拖曳的命令有stopDrag()。

该命令制作要掌握以下三个环节。

（1）按钮第1帧的状态是图形元件或影片剪辑，是准备拖曳的对象，例如图5-28中的4种食物。

图5-28 拖曳对象——胡萝卜

（2）按钮拖入场景后在属性面板中要重新命名，该命名作为鼠标拖曳对象的名称。在实例中"胡萝卜"按钮元件是拖曳对象，按钮名称是"元件14"，在属性面板中重新命名"dwmc2"，见图5-29属性面板的设置。

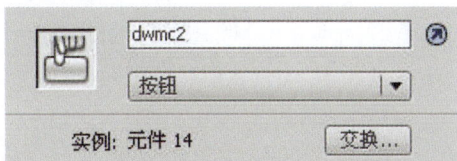

图5-29 属性面板的设置

（3）选中场景中的按钮输入语句：

```
on (release) {              //鼠标按下去时发生下面的动作

startDrag（"dwmc2"）;       //拖曳命名为"dwmc2"的对象

}

on(release){               //鼠标按下去后松开时发生下面的动作

stopDrag();                //停止拖动

}
```

语句输入完成后测试动画，观看几个按钮（食物）是不是能够正常拖曳，如果出现问题请对照光盘源文件查找原因。鼠标拖曳后的画面与原图对照如图5-30。

图5-30 实例"课程练习"——鼠标拖曳

▓ 按钮元件的实例制作

实例"青蛙"设计了3个画面、4种类型的按钮，有包含文字的图形按钮、加入声音的按钮、影片剪辑按钮和隐藏按钮，下面详细介绍这些按钮的制作步骤。源文件参见光盘第5章//按钮一 青蛙。

一、包含文字的图标按钮

实例"青蛙"一共3帧，第1帧画面见图5-31，将荷叶上的2个水珠设计为按钮，分别控制第2帧和第3帧。按钮设计为鼠标滑过时水珠转动到右侧出现跳转的文字提示，点击后跳转到相应的画面。

图5-31 "青蛙"场景第1帧画面

制作步骤

新建按钮元件，命名为"button1"。

在【弹起】状态将事先制作的影片剪辑"水珠"拖入舞台中心；

按F6在【指针】状态添加关键帧，将水珠右转90°；

按F5在【按下】状态添加普通帧；

在【点击】状态绘制一个矩形，作为鼠标

活动的范围。图5-32右图表示的是帧状态下的图形内容。

新增【图层2】。在【指针】状态添加文字"叫声",按F5至【按下】状态,完成按钮的制作。见图5-32 "button1"帧状态和图形。

制作第2个水珠按钮元件可直接复制"button1",改名为"button2",修改【图层2】的文字为"跳跃",完成水珠2 的制作。

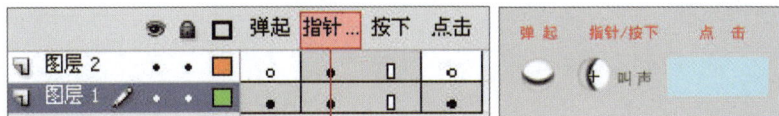

图5-32 "button1"按钮帧状态和图形

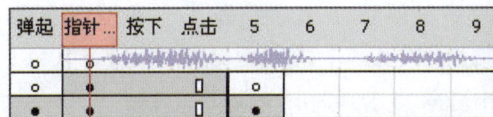

图5-33 鼠标经过效果

二、包含声音的图形按钮

实例"青蛙"第2帧画面见图5-34,将荷叶上的青蛙设计为包含声音的图形按钮,当鼠标滑过时,青蛙会鼓腮瘪肚并发出叫声。

制作步骤

新建按钮元件,命名为"frog"。

在【弹起】状态将事先制作的元件"w1"拖入;按F6在【指针】、【点击】状态添加关键帧。

修改【指针】状态的青蛙图形,将"w1"元件打散,调整身体等部位,表现青蛙鼓腮瘪肚的形态。

新增【图层2】,增加一个白色圆形作为鼓腮;新增【图层3】,设空白关键帧,将事先导入的声音文件"frog100"拖入舞台中间,见图5-35。

图5-34 "青蛙"场景第2帧画面

图5-35 "frog"按钮帧状态和图形,鼠标经过发出声音效果

提示：声音文件的播放长度共16帧，鼠标滑过时声音文件会独立播放直到完毕。

三、包含影片剪辑的特效按钮

实例"青蛙"第2帧画面中还有一条鱼，将其设计为返回第1帧的按钮元件，其中包含一个水波纹的影片剪辑，当鼠标滑过这条鱼时，鱼和文字发生变化，出现水波扩散的特效。

制作步骤

新建按钮元件，命名为"fish"。

在【弹起】状态将图形元件"red-fish"拖入舞台，添加2个关键帧，每个帧状态的鱼都缩小80%。

新增【图层2】，【弹起】状态输入文字"return"，【指针】状态将文字变色后延至【点击】状态。

新增【图层3】并拖至图层1之下，在【指针】状态将事先制作的影片剪辑"movewave"拖入舞台放在鱼的下方。"movewave"的特效是表现一圈一圈扩散的水波。

新增【图层4】拖至最低层，在【点击】状态添加关键帧，绘制一个椭圆形，作为鼠标活动范围。见图5-36"fish"按钮的帧状态和图形。

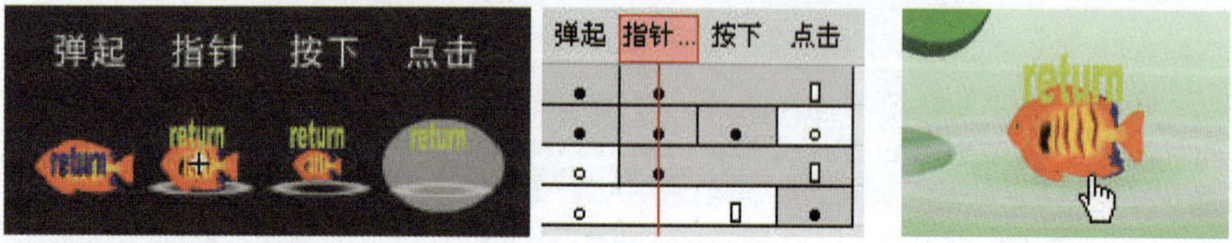

图5-36 "fish"按钮帧状态、图形，鼠标经过的水波效果

四、设置热区的隐藏按钮

实例"青蛙"第3帧画面播放了青蛙跳跃的影片剪辑，等青蛙跃入水中后吓跑了小鱼就没有内容了，这时返回第1帧的按钮设计为隐藏按钮，以便在画面中随意点击鼠标即可返回第1帧。

图5-37 "青蛙"场景第3帧画面

制作步骤

新建按钮元件，命名为"隐藏"。在【点击】状态添加关键帧，在舞台上绘制一个矩形作为鼠标交互的热区，参考图5-38"隐藏"按钮帧状态和图形。

图5-38 "隐藏"按钮帧状态和图形

图5-39 含有"隐藏"按钮的画面

"隐藏"按钮拖入场景后显示透明绿色范围框，选中并调整到与舞台大小相等或覆盖住舞台，见图5-39。

当这帧画面的青蛙点击后跳起来，一猛子扎在水中隐没时，水波又吓跑了小鱼，这时画面平静只剩荷花，"隐藏"按钮在这里发挥作用，鼠标在画面任意点击会返回主页面。

至此已经完成全部按钮的制作，下面给每个按钮添加语句。

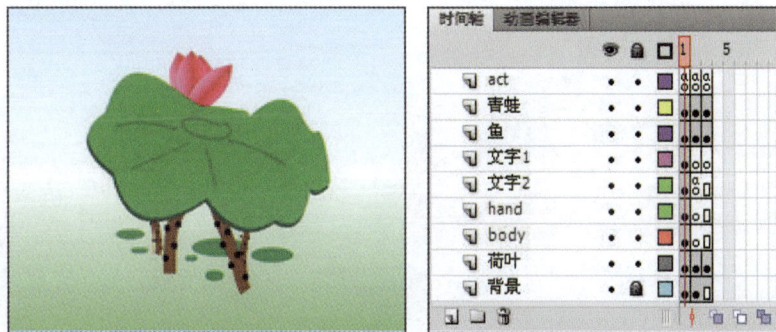

图5-40 最后的舞台效果（左）和"青蛙"时间轴（右）

五、按钮的语句

回到实例"青蛙"场景，在场景舞台上分别选中第1至3帧的按钮，为每个按钮添加跳转语句：

"button1"

```
on (release) {

gotoAndPlay(2);

}                                    //按下水珠按钮1，跳转并播放第2帧
```

"button2"

```
on (release) {

gotoAndPlay(3);

}                                    //按下水珠按钮2，跳转并播放第3帧
```

"frog"

```
on (release) {

gotoAndStop(2);

}                                    //按下青蛙按钮，跳转并停止在第2帧
```

"fish"和"隐藏"

```
on (release) {

gotoAndPlay(1);

}
```

　　鱼按钮和隐藏按钮的语句相同，都是要完成返回第1帧的动作，语句的内容是：

//按下按钮，跳转并播放第1帧

　　其他元件的制作以及图层的安排请参考光盘第5章//按钮1-青蛙。

文字的交互动画

Flash的文字交互动画应用范围很广，通常在网页中有文字菜单、表单的交互，在课件制作中有文字选择、判断类型的交互，在游戏中还有文字提示、统计的交互，在多媒体电子读物中有目录、标题、文章的交互等等。

文字的编辑通过文本工具来实现，文本工具的属性分为三种类型：静态文本、动态文本和输入文本。不同的文本属性决定交互动画的表现方式不同，静态文本为主的交互动画使用最为普遍，大多数文字的交互功能都可以使用静态文本，见图5-41。动态文本为主的交互动画则是将文字作为变量来控制，一般出现在滚动文本的交互动画中，见图5-42。输入文本的交互动画局限性很大，主要使用在程序控制语句较为复杂的动画中，需要用户具备一定的编程基础，熟悉Action Script语言和其他编程语言，见图5-43。

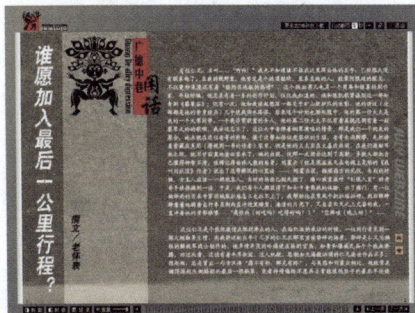

图5-41 静态文本制作的交互动画

图5-42 动态文本制作的交互动画

图5-43 输入文本制作的交互动画

本节内容安排两个文字交互动画实例：静态文本制作的"文字菜单"、动态文本制作的"重阳节"。两个实例的源文件见光盘第5章//按钮2-文字菜单和//按钮3-重阳节。

文字菜单在网页中充当重要的角色，不仅承担按钮链接跳转的功能，而且还要求有文本装饰美观的艺术效果和灵活多变的动感效果。实例"文字菜单"综合了一些Flash特效的元素，力求文字和图形有变化，文字和图形相互映衬，同时作为菜单使用又表现出独特的按钮形式，见图5-44。

文字滚动的交互动画制作方法比较多，动态文本可以在内部编写也可以从外部载入，实例"滚动文本"选取常见的内部编写方式，通过上下两个箭头按钮来控制文本文件在文字域中的显示位置，使大块文章的排版变得更加灵活，在有限的区域内显示更多的文字信息。该实例中的程控语句可以复制使用，文本的内容可以更换，以简化复杂的制作过程。

一、实例"文字菜单"的制作

实例"文字菜单"的设计分为三部分，一是文字设计，鼠标滑过某个按钮时文字放大；二是背景图案，鼠标滑过不同按钮会发生对应图案的变换；三是在前两者的变化中间加入"过场"的特效。

制作过程按照构思可分为以下几个环节

一是制作元件，打好基础；

二是安排图层，分层布局；

三是设置按钮的跳转语句；

四是测试、修改和发布。

图5-44 实例"文字菜单"

具体制作步骤

新建文档选择Flash文件（Ac 2.0），文件名：wzcd，文件大小：220×320像素，背景：深灰色，帧频：24fps。

1. 制作元件

● 图形元件

第一类：文字，新建元件输入文字，命名为"wz..."；

第二类：底图图形，导入图片，命名为"dt..."；

第三类：变换的图形，导入一些icon图片，为了区别底图图

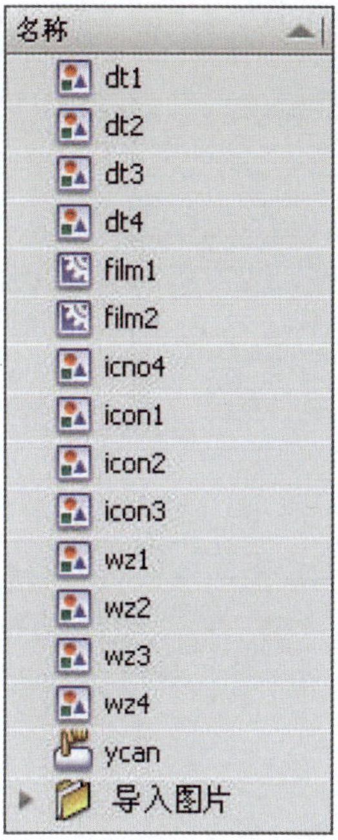
名称
dt1
dt2
dt3
dt4
film1
film2
icno4
icon1
icon2
icon3
wz1
wz2
wz3
wz4
ycan
导入图片

图5-45 库元件

形，直接将这些图片命名为“icon...”。

● **按钮元件**

做一个第4帧有图形的隐藏按钮，用于添加语句，命名为“ycan”。如图5-45所示。

● **影片剪辑**

“过场”特效设计为几个圆形，在鼠标滑过按钮时出现，一方面覆盖文字菜单的底图，一方面显示新的icon图形。准备2个影片剪辑，分别命名为“film...”。

“film1”中制作一个25帧小圆渐变为大圆的补间动画，最后一帧添加Stop语句。

“film2”中建5个图层，分别拖入7个“film1”，分布在中心点的左侧。当大圆出现后要覆盖住菜单，视情况有的图层可安排2个“film1”，在15帧中呈现梯形排列。在播放这些影片剪辑时，因时间顺序不一致，视觉上会产生有大小变化的感觉。最后一帧添加Stop语句，见图5-46。

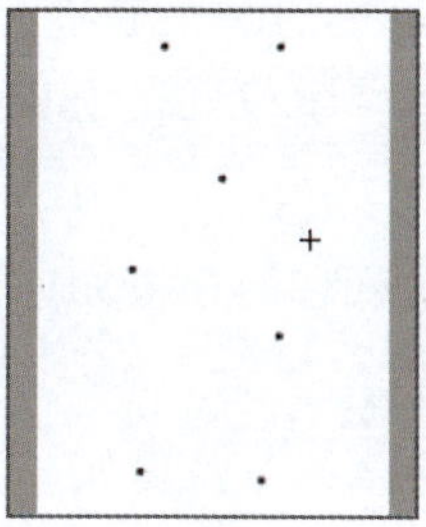

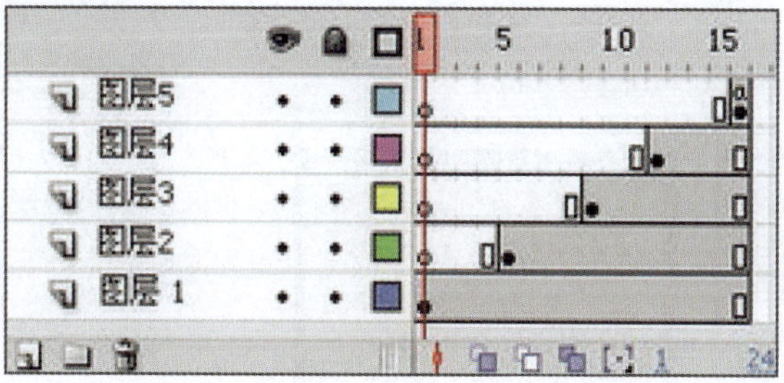
5
10
15
图层5
图层4
图层3
图层2
图层 1
1
24

图5-46 “film2”布局图及时间轴

2. 安排图层

先设置基本内容图层，然后由下至上分配图层，图层的具体内容安排如图5-47所示。

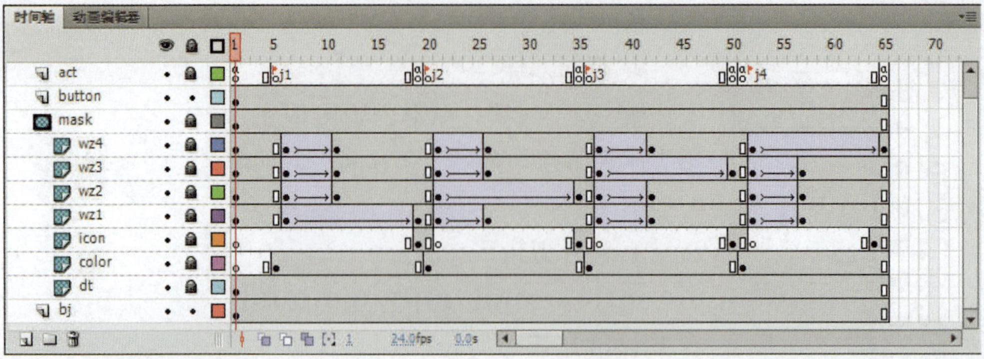

图5-47 实例"文字菜单"时间轴

● 层【dt】，图形层。放置文字菜单底层的图形，将第1帧拖入图形元件"dt1"至"dt4"，按照"蓝、黄、红、绿"顺序排列在舞台中间。这一层是文字菜单的基础环节，其他元件将按照这个排列进行布局。

● 层【wz1-4】，文字层。为文字"wz1"至"wz4"元件分配4个图层，在每一层里设置不同的帧段，其含义是当触发1个文字按钮时，这个按钮的文字由小变大，其他三个颜色变浅。

例如在层【wz1】中，第6至19帧的补间动画是元件"wz1"的文字放大，后面三个小帧段是其他文字放大时"wz1"颜色变浅的补间动画，以此类推布局其他的文字元件，见图5-36。

● 层【color】，影片剪辑图层。先在第5帧设关键帧，拖入影片剪辑"film2"放在按钮1中。分别在第20、36、51帧按F6设关键帧，将"film2"分别放在各个按钮中。注意舞台上只显示影片剪辑第1帧状态，由于圆点很小，要注意它们在按钮中的定位。

依次选中各帧的影片剪辑，在【属性】→【色彩效果】→【样式】中将其【色调】分别调整为"蓝、黄、红、绿"，完成"过场"特效的制作，如图5-48所示的是文字菜单按钮2的影片剪辑被触发的效果。

图5-48 "过场"特效

● 层【icon】，图形层。放置元件"icon1"至"icon4"，每个"icon..."占2帧，帧的安排参考图5-47。图形的显示效果见图5-49右侧的图示。

● 层【mask】，遮罩图层。为了使不同元件整齐出现，需要有遮罩。在层【mask】第1帧用矩形工具绘制4个略大于底图的矩形块，分别遮盖住4个按钮。鼠标右键菜单中将图层勾选为【遮罩层】，将下面相关的图层拖到【mask】之下，此时被遮罩层的图标变为绿色，并处于锁定状态，见图5-47。

提示：修改【被遮罩图层】的内容时需要开锁，包括本层和【遮罩层】都要开锁，此时最好将【遮罩层】设为"闭眼"状态，隐藏遮罩图层的内容，避免修改被遮罩内容时破坏了【遮罩层】的内容。

● 层【button】，隐藏按钮层。舞台上拖入4个"ycan"按钮元件，覆盖"dt"元件。调整隐藏元件范围的大小，最好略小于"dt"元件，见图5-49最左边图。

图5-49 隐藏按钮热区及按钮显示效果

● 层【act】，语句层。按照帧段设置从头到尾相关的位置上插入【空白关键帧】，添加Stop命令并为每个帧段插上标签，命名为"j1"至"j4"，见图5-47。设置标签是为按钮添加跳转语句使用的，设置标签的方法是先按F7设置空白关键帧，然后选中它，在【属性】→【标签】→【名称】菜单中命名，命名完成后按回车键，这个关键帧就插上1面小红旗，帧的名字出现在旁边。

3. 设置按钮的跳转语句

在层【button】中有4个隐藏按钮，需要分别添加命令，保证文字菜单的正常跳转工作。在舞台上选中第1个隐藏按钮（覆盖蓝色图形的），按F9打开【动作】面板，输入下列语句：

```
on (release) {
gotoAndPlay("j1");        //鼠标移入时，跳转到标签"j1"帧并播放
}
gotoAndStop(1);           // 鼠标移出时，停留在第1帧
on (release) {
getURL("#a");             // 鼠标点击时，跳转到指定的网页"# a"
}
```

以上语句可为每个隐藏按钮添加，只需修改双引号内的参数内容。例如，选中第2个隐藏按钮（覆盖黄色图形的），语句内容里只修改参数，注意对比这两段语句修改的部分：

其他按钮以此类推。

为什么不把文字元件作为按钮添加命令？这是因为文字按钮中需要单做响应鼠标的热区，非常繁琐，而隐藏按钮的做法充分发挥了Flash软件中一个元件可以重复使用的特点，使按钮制作简单又易于控制。

```
on (rollOver) {
gotoAndPlay("j2");
}
on (rollOut) {
gotoAndStop(1);
}
on (release) {
getURL("#b");
}
```

4. 测试、修改和发布

在制作过程中的每个环节都可以按Ctrl+Enter进行测试，观看动画的效果，在加入跳转命令后一定要反复测试超链接的效果。

作为网页中使用的动画，【发布设置】要选择低版本的播放器，以利于在网络中传播。本例选择的Flash播放器为：Flash Player 8，脚本选择：ActionScript 2.0 。源文件参见光盘第5章//按钮2–文字菜单。

二、实例"重阳节"的制作

实例《重阳节》主要表现在限制区域里通过上下按钮实现大段文字的滚动观看，见图5-50。源文件参见光盘第5章//按钮3-重阳节。

具体制作步骤

新建文档选择Flash文件（Ac 2.0）。文件名：cyj；文件大小：650×168像素；背景：浅灰色；帧频：24fps。

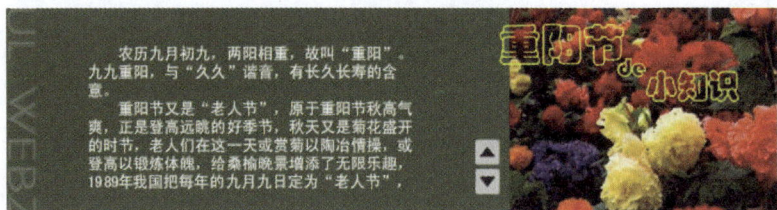

图5-50 "重阳节"画面

1. 主要元件的设计制作

● 文字元件"text"

新建图形元件"text"，进入元件编辑舞台，选择【文本工具】，先在文字属性菜单中选择【动态文本】，见图5-51左图，然后在舞台上拉出文本框，输入文章内容。

输入完成后选中文字，在文字属性菜单中对文字进行排版，可调整【字符】的字母间距、【段落】的格式和间距，最后在【段落】→【行为】中勾选【多行】，见图5-51右图。

勾选【多行】是很重要的一个环节，如果没有勾选，程序在读取动态文本时只显示一行文字。

图5-51 文字属性菜单

动态文本和静态文本有很大的区别，静态文本的编辑基本上是所见即所得，文字内容在输出动画后不能再修改，而动态文本则不然。动态文本在AC语言中是一个变量，程序语言对变量有强大的编辑功能，比如这个变量可以设置在文档内，也可以放在文档外；可以在程序中修改，也可以在外部修改。例如有的滚动文本是用记事本做的text文件，然后调入动画里使用。由于程序语言需要较高的编程基础，因此本例选择最简单的方式制作滚动文本，语句使用得少，逻辑关系简单明了，而且效果较好。

本例中的文字元件也可以用静态文本显示，但滚动的效果欠佳，其原因是静态文本在程序语言中作为"图形"处理，而动态文本作为一个"事件"处理，因此处理的速度是不一样的。

动态文本和静态文本的区别还表现在文字字符的输出方式不同，静态文本使用电脑中的字库字符显示，而动态文本使用编程中的字符显示，缺少字体的变化，为了文字设计的美观，在选择动态文本时还可以进行【字符嵌入】，见图5-52。

在【字符嵌入】对话框中选择"简体中文-1级"和自动填充，确定后文字的输出可以保持原样，见图5-53嵌入字符对话框。但同时输出的swf文件体积大增，因为文件中会包含中文字库，而中文字库比西文字库要庞大很多。真是鱼和熊掌不可兼得呀，这就是为什么要将滚动文本设置在外部的原因。

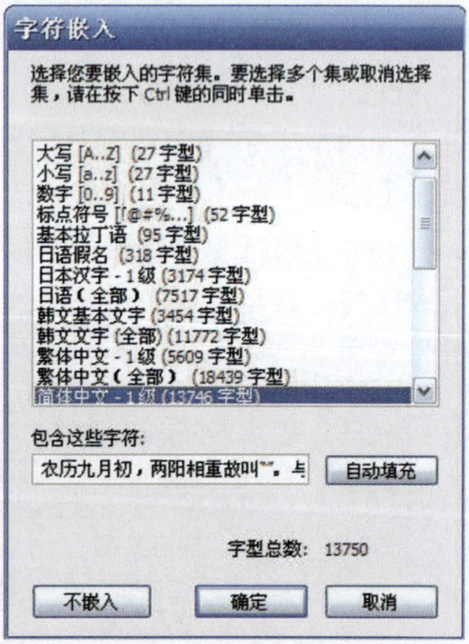

图5-52 属性菜单的字符设置（左）和嵌入字符对话框（右）

● **按钮元件"上"和"下"——"shang"和"xia"**

制作一个箭头向上的按钮，命名为"shang"，再复制一个命名为"xia"，将向上的箭头旋转180°向下。

● **影片剪辑"text-me"**

新建影片剪辑命名为"text-me"，在元件编辑舞台上拖入"text"元件，放在中心点的中间位置。在第2帧和370帧按F6分别设关键帧，中间补间动画，并将第370帧的文字全部向上移动到中心点上方。添加图层2，在第2帧设空白关键帧，加入帧语句：stop();

● **影片剪辑"mask"**

新建影片剪辑命名为"mask"，在舞台中心绘制一个矩形，作为遮罩层的蒙版。

其他元件是画面的背景内容，制作方法省略。全部元件的内容参见图5-53库元件。

图5-53　库元件　　　　图5-54　时间轴

2. 时间轴的设计

共安排2帧，见图5-54时间轴的设置。

主要图层设置和安排的内容一目了然。其中有两层的第1帧需要添加帧语句，语句在列表中标明。

文件夹【背景层】中存放标题、图片和背景颜色等。这些次要的内容不展开说明。

图层放置的元件和语句说明如下：
层wz2，影片剪辑"text-me"
层mk2，影片剪辑"mask"
层down，按钮"xia"，2帧
层up，按钮"shang"，2帧
层act1，选中第1帧F9打开动作面板，输入语句：
```
stop();
```
层act2，选中第1帧F9打开动作面板，输入语句：
```
text.setMask("mask2");
//text变量被"mask2"遮罩
```

3. 添加按钮语句

图层【up】和层【down】第1帧分别放置"上"、"下"按钮，按F6延长至第2关键帧，虽然2帧的按钮完全一样，但每帧的语句不一样，要特别注意它们之间的区别。

给按钮添加语句的方法是先选中舞台上的按钮，按F9 打开动作面板，在面板窗口中输入语句。

层up第1帧，"shang"按钮

```
on (rollOver) {              //当鼠标移入按钮时

with(text){                  //运行指定实例text

prevFrame();}                //返回并停止在前一帧

gotoAndStop(2);              //否则跳转并停止在第2帧

}
```

层up第2帧，"shang"按钮

```
on (rollOver) {              //当鼠标移入按钮时

with(text){                  //运行指定实例text

prevFrame();}                //返回并停止在前一帧

gotoAndStop(1);              //否则跳转并停止在第1帧

}
```

层down第1帧，"xia"按钮

```
on (rollOver) {              //当鼠标移入按钮时

with(text){                  //运行指定实例text

nextFrame();}                //退后并停止在后一帧

gotoAndStop(2);              //否则跳转并停止在第2帧

}
```

层down第2帧，"xia"按钮

```
on (rollOver) {              //当鼠标移入按钮时
with(text){                  //运行指定实例text
nextFrame();}                //退后并停止在后一帧
gotoAndStop(1);              //否则跳转并停止在第1帧
}
```

语句设置完成后需要反复测试结果，主要是调整文本滚动的速度，直至满意后发布成果。源文件参见光盘第5章//按钮3–重阳节。

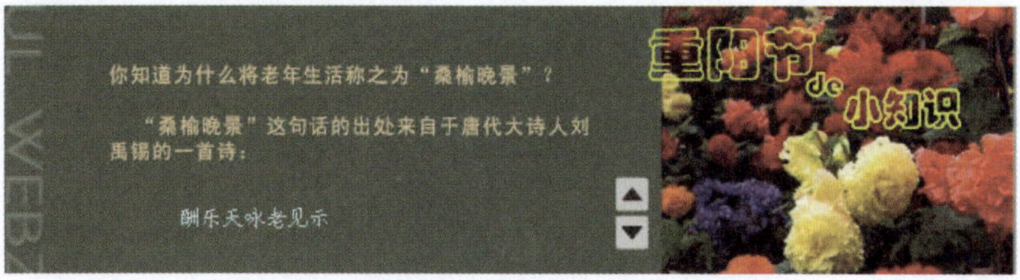

图5–55 文本滚动的效果

第六章
网络动画中的动态版式设计

　　随着互联网的广泛普及和网速的不断提高，由Flash制作的网络动画迅速流行起来，登录互联网，就可以看到大大小小的广告动画、游戏动画、MTV 动画等等，还可以在网络媒体中看到日渐流行种类繁多的电子多媒体刊物，例如电子杂志、个人相册等；在电子商务领域中看到采用Flash技术制作的企业或产品的宣传册、计划案例、电子书等；在科教领域中看到许多网络传播的教学、科技类的多媒体演示动画。

　　网络动画覆盖面很广，适用于多种领域，一方面由于Adobe公司打造的Flash技术功能强大，Flash动画兼容性很强，应用领域不断扩大，另外一方面就是伴随网络传播的动态多媒体形式越来越受到人们的喜爱，网络动画的内容和形式非常丰富，创意多元化和个性化，人机交互，生动有趣，从视觉、思维到操控等领域带给人们全新的体验。

　　Flash动画这种动态的表现形式，区别于以往静态的平面设计表现形式，无论是图像还是文字，在大小、色彩、清晰度、角度、速度等方面都可以变化，再加上声音、音乐和视频动画，做到图文并茂、绘声绘色，引人入胜。现在学习、掌握Flash技术不只是学会如何使用工具制作出一个动画，更重要的是把握Flash动画的动态设计思想，将多种元素和时间概念合理搭配，恰当安排图、文版面的动态布局，制作出主题突

图6-1 "培训广告"——巨幅广告

出、有条理性的、动感节奏协调，又充满趣味逻辑性的，有独特个性的作品。

本章从网络动画选取普及率较高的网络广告和电子杂志这两种有代表性的形式，来讲解动态版式设计的特点和规律，并安排两个广告实例——"纸艺DIY"和"软件培训"的制作方法。

网络广告的版式设计

对网络广告简单的理解就是通过网络载体传播的、以多媒体形式制作的广告，可以向消费者传递各种信息。网络广告覆盖范围较广，传递市场信息快捷，具有设计方式灵活和浏览时间持久的特点，且费用低廉，成为传统四大媒体（电视、广播、报纸、杂志）之后的第五大媒体，目前网络广告的市场正以惊人的速度增长，成为消费者普遍关注的一个领域。

一、网络广告的分类

目前网络中的网络广告呈现出多种形式，并且不断推陈出新，因此很难套用统一的标准进行分类，按照比较流行的广告形式划分，可以列举出以下几种：

图6-2 网络广告

（一）网幅广告

网络广告最初的形式是简单的468×60的横幅式网幅广告，也被称为Banner，通常作为一个网站的标志性片头动画，现在已经发展到包含通栏式广告、对联式广告和巨幅广告等形式，广告的尺寸也越来越大，有的可以占到半个电脑屏幕。网幅广告是网络中最常见的广告，见图6-2。

（二）文本链接广告

文本链接广告是以一排文字、一句话或关键字作为一个广告，点击后进入相应的广告页面。文本链接广告用文字提示，简洁明了，也节省版面，给受众者更大的选择性。

（三）电子邮件广告

电子邮件广告是投放到特定对象电子邮箱中的广告，广告的内容没有固定的模式。比如我们经常可以在邮箱中收到软件升级的通知、订阅刊物的通知、各种参展活动和教学培训的通知以及商品促销等方面的邮件。有些广告信息是用户同意接受的，有些则是未经许可、肆意滥发的垃圾邮件，见图6-3。

图6-3 文本链接广告（左）及电子邮件广告（中、右）

（四）插播式广告（弹出式广告）

插播式广告是指登录互联网时在页面或桌面中弹出一个广告窗口，强制播放广告内容。插播式广告出现的位置很灵活，可以在屏幕的中间，也可以在边角，见图6-4。由于弹出式广告过分泛滥，很多浏览器或者浏览器组件也加入了弹出式窗口杀手的功能，以屏蔽这样的广告，浏览者也可以选择关闭窗口不看广告。

图6-4 插播广告

（五）分类广告

分类广告是指根据网页内容的类别设置的一些广告，这类广告形式主要设置在相关内容的网页中，例如新闻网页中出现的图片式广告；在产品内容网页中出现的商品广告；在专题栏目的网页中出现的栏目广告、在友情链接页面中出现的标识广告等等。这类广告的设计经常成为网页的一部分，起到图文并茂的效果，因此这类广告在网页上通常没有清楚的界限，见图6-5。

图6-5 图片广告（左）、商品广告（中）和栏目广告（右）

（六）赞助式广告

赞助式广告常见的几种形式包括：内容赞助式广告，节目或栏目赞助式广告、事件赞助式广告、节日赞助式广告等。赞助式广告投放的针对性、时效性很强，广告的形式也很灵活，可以是上述广告中的某一种，也可以是以冠名等方式出现的一种广告形式，见图6-6。

图6-6 赞助式广告

二、网络广告中版式设计的要点

Flash动画目前已经被大多数网络广告所采用，在网络广告的版式设计中有一些基本要点需要掌握：

● 动画的颜色模式

颜色模式采用RGB色彩，最好是在256WEB色域之内，尽量使用网络安全色，以防不能正确显示图形使用的色彩。

● 动画的帧频

　　帧数一般设定在12帧/秒，需要画面播放质量高的，可以设定在24帧/秒至30帧/秒，选用30帧/秒的帧频播放会比较流畅，但对网速流量和计算机处理图形的要求提高。

　　● 网络广告的尺寸

　　网络广告的尺寸一般根据类别和在网页中的位置来设定大小，这里提供比较常用的制作尺寸供参考。

1. 巨幅广告

　　在宽带网络流行的今天，巨幅广告成为网络上的新宠，它能够突出醒目的宣传网站的内容，体现网站的宣传宗旨，制作精美的巨幅广告不仅是网站的引导页面而且能传递网站的大量信息，吸引浏览者的目光。

　　巨幅广告放在网页的顶端，尺寸一般要求宽度略小于网页的宽度，长度不限，二者比例合适即可。网页设计的宽度一般有以下两种。

　　按屏幕800×600尺寸，网页宽度在778以内。

　　屏幕1024×768尺寸，网页宽度在1000以内。

图6-7 巨幅广告

2. Banner广告或旗帜广告

　　这类广告属于细长条，可以放在网页的顶端、中部、底端。有的纯粹是商品广告的内容，有的是宣传网站自身的内容，尺寸有：410×80、392×72、468×60三种。

图6-8 Banner广告

3. 分类广告

大部分分类广告都以图片为主，一般形式为矩形块，尺寸有：360×360、430×260、256×256三种。

图6-9 分类广告

4. 插播式广告

插播式广告也以矩形块居多，尺寸有：400×300、400 ×160两种。

图6-10 插播式广告

5. 对联式广告

对联式广告分布在网页的两边，是对称的竖长条，尺寸有：90×300、100×240两种。

图6-11 对联广告

● 设计的元素

网络广告可用来设计的元素主要是文字和图片，一般由广告主提供广告的主要内容，其次广告设计者还需要考虑动画部分的下列设计元素。

（1）色彩色调（确定主色调和页面的配色）；

（2）可供选择的辅助元素（网址、名称、Logo、英文、时间、边框、按钮、背景图等）；

（3）需要添加的动画特效（图片特效、文字特效、按钮特效、转场特效等）。

手中的材料准备得越多可供挑选的余地就越大，选材精良制作就会锦上添花。

三、广告版式设计的原则

● 主题突出，脉络清晰

网络广告在网页中的篇幅有限，要吸引浏览者关注的时间也有限，因此对网络广告突出表现的主题要求较高。广告的主题可以是突出文字或突出图形，也可以图文并举，为了衬托主题，在版式的安排上一定要给主题留出空间，文字主题要大于其他文字，图形主题要在画面中占据主要位置，其他辅助材料要放在从属地位，叙事交代要分主次。

图6-12 网页欣赏一

在Adobe公司的网页广告中，主题的表现手法就是图文并茂的形式，见图6-12。

● 文字醒目，有视觉冲击力

文字主要指广告语，狭义的广告语单指广告的标题部分。广告语有时就是"一句话"，好的广告语能够深入人心，设计文字就是表达语言的力量，设计文字要从大小、字体、颜色、特效以及与图形的搭配等多方面考虑，设计好的文字在广告中可以使浏览者一目了然、过目不忘。

Olympus网页的广告语就设计得非常有意思，见图6-13。

图6-13 网页欣赏二

● 了解行业色彩的要求

行业色彩的划分没有一定之规，但大体上还是有约定俗成的一些要求。例如政府行政部门的网站选择冷色调的多，娱乐类网站选择暖色调的多，商品类网站冷、暖色调都有，例如汽车类的选择冷色调的多，而食品类则选择暖色调的多。制作广告动画时，在色调选择方面可以观摩和参考同类网站的设计。

从色彩分类看，政府部门选择红色系的多，IT行业选择蓝色系的多，三维影视动画选择黑灰色系的多，农业林业选择绿色的多，儿童卡通网站选用橘红色的多，餐饮类网站选择咖啡色系的多，饮料类网站选择蓝绿色系的多，化妆品类网站选择粉色系的多等等，见图6-14。

图6-14 行业色彩

● 控制广告内容节奏的变化

广告动画的播放首先要让浏览者看到，引起注意，其次要让浏览者看明白，也愿意仔细观赏，因此需要很好把握动画内容变化的节奏。

（1）动画主题内容的节奏要慢，要停留足够的观看时间。特别是文字的主题，不仅仅是突出字的大小变化，重要的是这些文字浏览者看全了没有，看明白了没有。

（2）一般内容之间的相互转换要快，使浏览者在有限的停留时间内能够观赏到全部内容。例如一些产品的广告，需要在同一画面集中表现某种产品的不同款式、型号或颜色时，这些内容的转换节奏就会比较快。

（3）把握快慢相间的节奏感，动画表现的内容有主有次，动画的节奏也应该有快有慢，除了前2点提到的快慢节奏外，还要注意控制不同元件之间的帧速度，设置不同的缓动速度，使各类动画元素在场景中有不同的节奏变化，从而增强动画的表现力。

节奏的快慢是相对的，不是绝对要求的，设计者基于对每个动画元素的不同理解会设计不同的帧速度。网络广告的动画内容相对比较简单，因此要注意把握住主要情节的节奏感。

● 广告与网页的合理搭配

网络广告在网页中要突出它的内容，吸引浏览者的目光，在广告安排的位置、广告的版式、色彩搭配等方面都要通盘考虑。例如哪一类广告在哪个位置出现，广告尺寸多大比较合理，广告的版式怎样设计更有特点，广告的色彩如何能够吸引浏览者的目光，文字口号怎样打动人心等等。在众多因素中主要需考虑的有以下几点。

（1）广告内容要符合网页

图6-15　网络广告欣赏之一

图6-16　金山毒霸网站http://www.duba.net/ext/googlesem/2_160.shtml

宣传的内容，如果与网页内容相去甚远，则不可能吸引浏览者的关注。

（2）广告在网页中要安排合适的位置，例如重要广告经常处于网页顶端最醒目的地位，栏目广告采用通栏标题的Banner形式比较多，插播的广告或在中间或在边角。

（3）广告的色彩与网页用色要有反差，利用色彩的变化吸引浏览者的目光。但要避免使用对比强烈的色彩，要在环境色统一的原则下突出广告的对比色彩，实现两者的相得益彰。

图6-17 网络广告欣赏之二

图6-18 网络广告欣赏之三

图6-19 网络广告欣赏之四

（4）广告集中出现的地方要整体包装，避免网页杂乱无章，令人眼花缭乱。

（5）广告不要满屏飞舞，网页中适当留些空间插入广告，阅读起来能赏心悦目。

● 文件大小和下载速度的要求

动画文件在网络传播中会受到网络流量的制约，经常遇见页面打开时不能及时出现画面，出现一块空白，影响观看，因此在制作广告动画时要严格控制文档体积的大小，以下几个地方是制作动画时需要注意的地方。

（1）避免同1帧中出现多个元件。尤其注意第1帧不要集中安排元件，在前5帧内平均安排才不会影响观看。

（2）减少元件的多层套嵌。套嵌层次越多计算机解析的时间就越长，播放时就会出现停顿的现象。

（3）减少大的位图和矢量图的节点。大的位图会占用很多字节，也是影响速度的原因。矢量图的文件一般都比较小，但如果矢量图的节点非常多时也会增加字节。

（4）减少每秒帧数。帧数越多受到传输速度的影响就越大。

（5）使用低版本的播放器。建议选择比新版播放器低2～3个版本的播放器，以利于浏览器的播放。

检查文档输出的情况可以在Flash【文件】→【发布设置】→【Flash】中设置，勾选【高级】→【跟踪和调试】→【生成大小报告】，就可以在发布时见到【输出报告】，根据每帧的输出状态对文档做适当的调整。

▦ 网络广告的版式设计实例

本节介绍两种版式的网络广告，一种是方形的分类广告，方形的版式在网页设计中比较常见，在版面中的位置比较灵活，也可以用在其他广告类型中；另一种是长方形的巨幅广告，一般设计在网站的顶端，在网页中处于显著的地位，除了广告的内容外还有导航的作用，通过添加跳转网页的按钮直接链接相关内容的网页。

网络广告一般的制作流程

（1）构思设计——初始阶段的策划。

（2）基础工作——文档设定和制作元。

（3）版式设计——组织舞台上的内容。

（4）动画制作——时间轴和图层的安排。

（5）合成发布——调试、修改动画和文件输出。

一、实例一：“纸艺DIY”

“纸艺DIY”属于分类广告，采用方形的版式。广告的内容比较简单，以纸艺为主题，对纸艺的分类分别介绍一下，并展示每个类别的示例图片。源文件请参考光盘第6章//Flash实例/纸艺。

步骤一

● 设计思路

"纸艺DIY"是宣传纸艺的分类产品，将纸艺的三种类型分别设计3个页面，每个页面配2~3幅图片，加上主题页（第一页）和纸艺效果页（尾页）共5个页面。广告的文字是表现的重点，需要修饰。画面上有一排可以跳转页面的按钮。

图6-20 文档属性

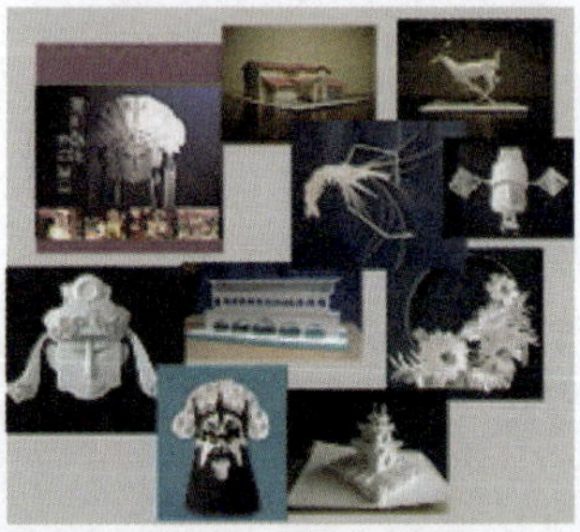

图6-21 图片素材

图6-22 镂空文字

步骤二

● 文档基本设置

新建文档："纸艺"。

大小：300×320。

FPS：12。

舞台：蓝色。

播放器类型：Flash Player 8.0。

脚本：ActionScript 2.0。

属性设置见图6-20。

步骤三

● 制作元件

导入图片制作图形元件

图片素材先在其他软件中加工裁剪后存放在一个文件夹，批量导入到Flash文档库中，分别选中单个图片制作成图形元件备用。素材内容见图6-21。

制作文字元件

文字部分按照标题的内容分别制作了多个元件，为不同标题设计一些不同的字体，有些文字添加不同的滤镜进行修饰，下面介绍3种文字特效的制作方法。

● 文字特效——镂空文字

元件"纸"的制作方法分为以下两步。

用【矩形工具】绘制一白色矩形块，用【文本工具】输入"纸"，字体设为"方正细珊瑚体–GBK"，字号72，黑色。

将黑字放到白色块中按Ctrl+"B"连续2次将文字打散，利用颜色差别再将黑色删除即可成为镂空文字，见图6–22。用此方法制作另一文字元件"艺"。

● 文字特效——投影

元件"文字副本4"中输入英文"pop-up paper"，选用字符名称为Impact，大小为48点，字母间距为1。选中字体后在文字【属性】→【滤镜】→【添加滤镜】中选择【投影】，设置参数详见图6–23。其中X、Y轴的参数要考虑字体大小来设置，品质选择"低"，角度可以调整。

● 文字特效——发光

元件"文字副本1"基本步骤同上，在【添加滤镜】中选择【发光】，颜色可以调整，不勾选【挖空】、【内发光】时，字体就是【外发光】的状态。设置参数详见图6–24。

制作按钮元件

简易制作方法：

从【公用库】中选择按钮"bar capped grey"，提取其中所需部分拷贝到新建按钮中，命名为"元件1"，在第1帧状态

图6–23 投影滤镜

图6–24 发光滤镜

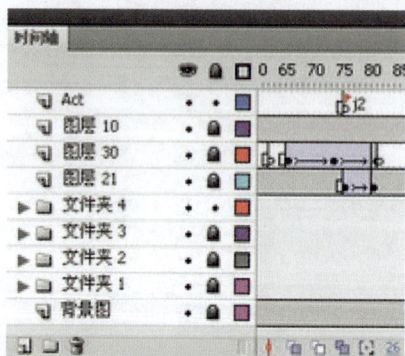

图6-25 按钮图

粘贴图形并调整图形为方形，在第2帧状态将图形由灰改为蓝色，新增图层2，添加数字。完成后复制5个，每个元件分别修改数字为1至5，见图6-25。

制作其他元件

制作渐变的"背景图"元件和衬托画面的"白纸"元件。

步骤四

● 版面设计

时间轴和图层安排

在时间轴上划分每个页面的帧段落和每个段落大致需要的时间。根据视觉短暂浏览的最佳停留时间为6～7秒来计算，选择6秒×12帧比较合适，由此设定每个帧段为75帧。

图层的设置按照页面内容设立4个文件夹，同一页面的图层集中在一个文件夹中，有利于日后的修改和替换，图层设置见图6-26。

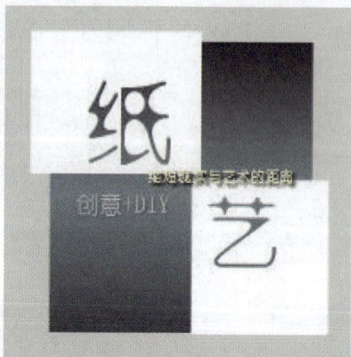

图6-26 页1版式局部图

页1

画面设计为先出主题文字和口号，后出图片，文字由内向外移动。版式呈现"田"字形格局，白色与深色图形相间。"纸艺"二字镂空，白色代表白纸；口号用立体感的小字，放在中间起轴心的作用。口号是贯穿整个广告的一个元素，在每页中的位置会随不同版面发生变化。本页重点是组合元件在时间轴上的运用。

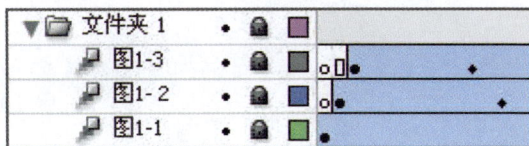

图6-27 文件夹1

● 文件夹1的安排

图层【图1-1】、【图1-2】放置的是"纸"、"艺"文字元件，设计为简单的上下移动补间动画。

图层【图1-3】中元件是【组合】的形式。具体做法是在第3帧设关键帧，拖入"t1"、"t2"图形元件，分别放在场景右上角和左下角，2个图形要同时做Alpha的补间动画，因此选中2个元件按Ctrl+G将其【组合】，再按F8新建元件"t组合"。

在时间轴上选中第3帧，在鼠标右键菜单中选择【创建补间动画】，在【属性】→【色彩效果】→【样式】中将Alpha值设为0，在第13帧将Alpha值设为100。参见图6-27文件夹1。

元件【组合】后如果不做元件特效，则可以直接设置补间动画，例如图层【口号】中将2个口号元件通过按Ctrl+"G"【组合】，不用再另外做元件，在移动这个【组合】时可以直接设置补间动画。

页2

白纸呈菱形状态衬托在画面中间，图形和文字由外向内集中，错落有致地排放。文件夹图层中的制作内容省略，版式见图6-28页2局部。

页3

上半部分的大字和底部的按钮不动，其他元件在中间部位上下移动，白纸由右边慢速横向进场。文件夹图层中的制作内容省略，版式见图6-28页3局部。

图6-28 页2局部（左）、页3局部（中）和页4局部（右）

页4

白纸斜方向进入版面，文字基本没有变化，图形由上至下出现，版式见图6-28页4局部。

● 文件夹4的安排

重点介绍图形元件注册点的使用方法。图形元件"t7"和"t8"在场景中要做由上向下展开的补间动画，这种做法需要调整元件的注册点。

"t7"元件注册点在元件编辑舞台的中间，见图6-29的左图，元件拖入场景时注册点也在中间。在文件夹4的【图层33】中第228帧设关键帧，拖入"t7"元件放在适当的位置，使用【任意变形工具】将其选中，再选中中间的注册点向上拖动到上方边线的节点上，见图6-29的右图。

图6-29 元件基本状态和场景中元件状态

在第233帧设关键帧，然后返回第228帧将图形选中，再从下方边线按住鼠标向上拖动图形，图形缩小后松开鼠标，在2帧中间设置补间动画，效果如图6-30所示。

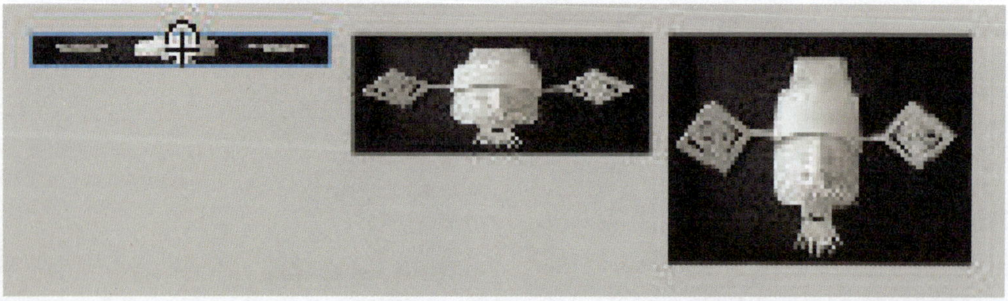

图6-30 图形由上向下展开

图形元件注册点如果移动到其他边线的节点或移动到其他的位置，那么补间动画的变化方向就完全不一样，如果注册点离开图形很远，图形变化的范围就会很大，可以在实践中体会一下改变注册点所产生的不同变化。

页5

直接显示一张完整的大图，不添加其他变化，只是将口号向上移开，完整地观看画面，见图6-31。

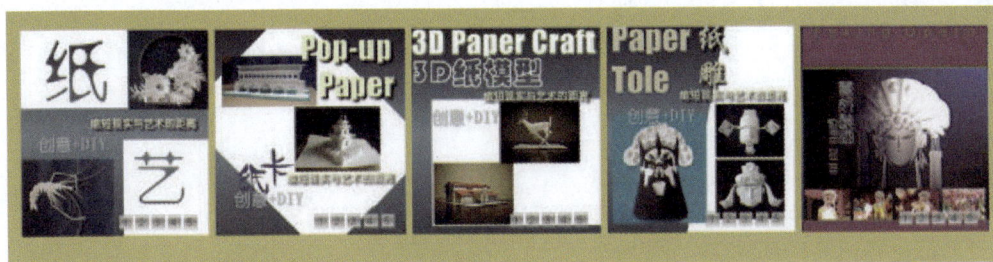

图6-31 《纸艺DIY》版式

步骤五

● 帧标签和按钮图层

在图层最上端设置【Act】层，为每个帧段设置帧标签。由于动画是循环播放和跳转播放相结合，因此在第1、75、150、225、300帧设关键帧，依次添加帧标签"j1"至"j5"。

在【Act】层下方设置【按钮】层，在第15帧设关键帧，分别拖入5个按钮放在场景外右侧，在【对齐】面板中选择排列方式，将其排列整齐，然后按Ctrl+G将其【组合】，在第32帧将【组合】的按钮拖入场景中合适的位置，在2帧中间设置补间动画。

● 添加按钮语句

在第33帧设关键帧，选中【组合】的按钮2次按Ctrl+B将其【组合】打散为单个按钮，分别选中按钮添加跳转语句，例如选中按钮3添加的跳转帧语句是：

```
on(release) {
gotoAndPlay("j3");
}
```

//按下按钮，跳转到"j3"帧并播放其他按钮1～5套用该语句，只是修改"帧"名称。

纸艺.swf 影片报告

帧 #	帧 字节	总共 字节	场景
1	394	394	
2	3800	4194	
3	18047	22241	
4	45	22286	
5	45	22331	
6	45	22376	
7	45	22421	

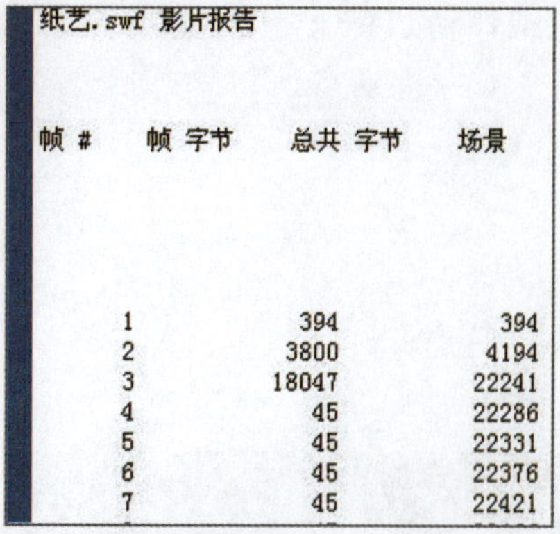

图6-23 发布文件的输出报告

步骤六

● 测试与发布

在【发布设置】→【Flash】中勾选【生成大小报告】，分析输出报告中帧字节大小，对集中在某个帧号上的多个元件要进行错位调整，例如图层【图1-1】、【1-2】、【1-3】的元件本来可以安排在同1帧中，现在分散在3帧中，也可以分散在6帧中。这样做不会影响视觉效果但可以提高动画在网络中的播放速度。

文件总帧数：375。

FLA 文件大小：322 KB。

SWF文件大小：123KB 。

使用一组图片连续播放的广告形式在网页中很常见，并且这种形式可以用在许多类型的广告中，使广告的信息量增加，动画的画面更加丰富多彩，将这一形式制作成模板后，可经常更新图片的内容。源文件请参考光盘第6章//Flash实例/纸艺。

二、实例二：“软件培训”

网幅广告“培训广告”表达的中心内容是课程设置和广告的口号：“实战——真正的学以致用”。该广告处于网站中培训网页的顶端，网址为：www.framemac.com，源文件参见光盘第6章//Flash实例/培训广告。

“培训广告”制作步骤如下。

步骤一

● 文档基本设置

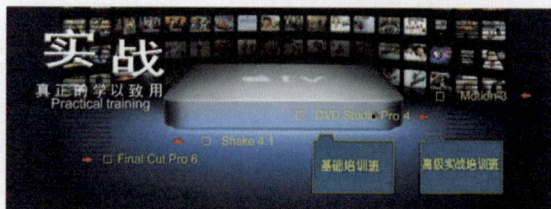

图6-33 《软件培训》节选图一

新建文档：“软件培训”

大小：770×250。

FPS：20。

舞台：深蓝色 #031424。

播放器：Flash Player 8.0。

脚本： ActionScript 2.0。

步骤二

● 设计思路

（1）广告口号的"实战"二字选用大号字体突出表现，"真正的学以致用"改用小号字，并将一排字做成轮流放大的影片剪辑特效。

（2）突出苹果软件的形象，选择一张苹果公司图片作为背景图，并在画面上添加方格、线条等软件设计常用的元素。

（3）将培训内容"软件条目"和"两个班级"放在广告中做成按钮，见图6-34，点击后直接进入相关网页。

图6-34　"软件培训"节选图二、三、四

步骤三

● 制作元件

一般元件的制作参考实例的源文件，本节重点介绍两种特殊元件的制作过程。

组合图形转为按钮元件

场景中的"基础培训班"图形是由2个元件组合的："班1"元件和"wjj"元件，见图6-35上面的图形。将它们组合一起完成补间动画后要添加链接语句，这时需要将这个组合图形转换为按钮元件再添加语句，具体制作分为以下三步。

组合转换——在时间轴上为组合图形单独设1关键帧，在场景中选中组合图形按F8转换为按钮，双击按钮进入元件编辑舞台，见图6-35。

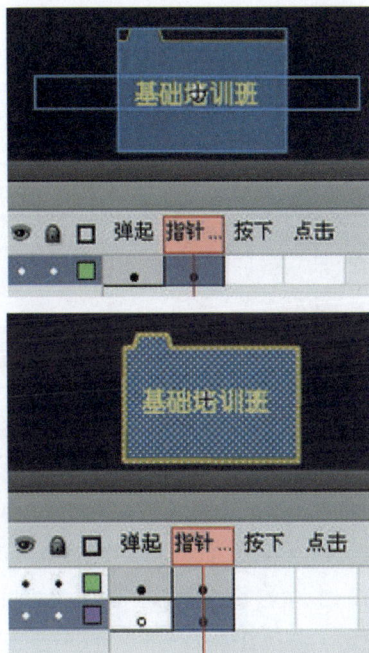

图6-35　取消组合（上）和打散图形（下）

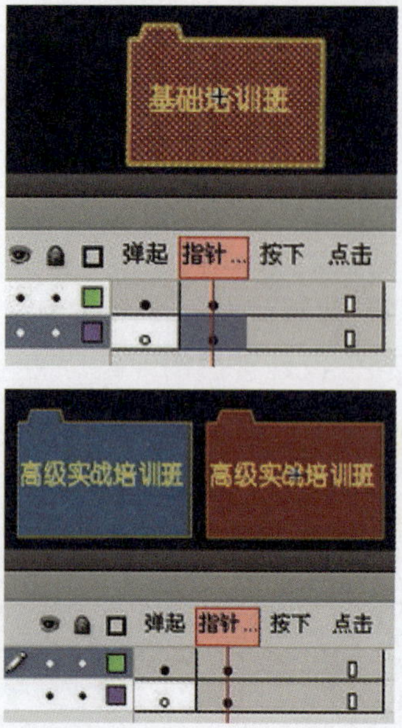

图6-36 按钮元件制作步骤——替换颜色（上）效果对比（下）

图6-37 影片剪辑"真正"

取消组合——按钮第2帧状态设关键帧，将组合元件按Ctrl+Shift+"G"取消组合。

替换颜色——选中文件夹图形按Ctrl+"C"复制后删除，新建图层2，点击鼠标右键选择【粘贴到当前位置】，将其按 Ctrl+"B"打散后更换蓝色为红色，在鼠标滑过时能变化颜色。 完成后将2个图层按F5至【点击】帧状态，按钮第1帧和第2帧的效果对比见图6-36。

影片剪辑的多层套嵌

"真正的学以致用"这一句口号要制作成一个字接着一个字放大的特效，就需要使用元件的多层套嵌，具体制作分为以下四步。

文字转换为图形元件——单独设一图层，按F6设一关键帧，在场景舞台上输入"真正的学以致用"7个字，设定好字体、颜色、大小，然后按Ctrl+"B"将其打散，选中单个文字按F8转换为图形元件，元件命名为"元件1"至"元件7"。

图形元件转换为影片剪辑——再次逐一选中每个文字元件按F8转换为影片剪辑，命名为"S1"至"S7"，统一放在库文件夹"st"中。

一组影片剪辑组合为一个影片剪辑——将舞台上做好的7个影片剪辑全部选中，按F8再次转换为影片剪辑，命名"真正"，见图6-37。这个元件在舞台上是最终使用的元件，一共设计80帧，双击库里的"真正"，进入元件编辑舞台，在时间轴上修改图层为【组合】，在80帧按F5设普通帧。

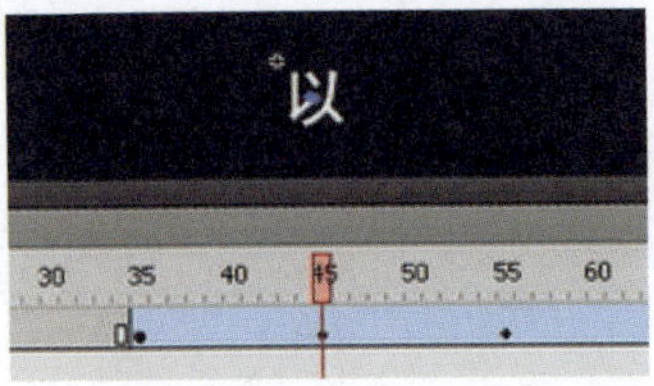

图6-38　影片剪辑"S6"

单个影片剪辑的特效——分别选中库里的"S1"至"S7"，在元件编辑舞台为每个文字做逐个放大变化的补间动画，帧数为80，见图6-38。

实际制作的过程是需要将7个字的变化帧数统筹考虑，每个字设计20帧的补间动画，字与字之间变化间隔的时间为5帧，7个影片剪辑的起始关键帧依次错后5帧，例如："S1"元件从第15帧开始至第35帧补间动画，第80帧结束；"S2"元件从第20帧开始至第40帧补间动画，第80帧结束……以此类推。

影片剪辑的具体设置以"S6"为例，在第35帧设关键帧，点击鼠标右键菜单选择"创建补间动画"，在第45帧处将文字放大，在【文字属性】面板中将宽度和高度按比例放大3～4个像素，在第55帧

图6-39　文字放大效果

结束。7个文字的影片剪辑设置完成后可先测试文件，在播放器中观看影片剪辑的动态效果：一行文字依次出现轮番放大并循环播放，文字放大效果见图6-39。

步骤四

● 版面设计

时间轴和图层安排

时间轴和图层的安排依然是分段设置文件夹，"软件培训"广告分为两段表现，第一段是背景图衬托主题口号的表现，第二段是出现2个培训班文件夹、4个软件名称和提示箭头。

第一段设置背景图向内收缩，口号从中心出现并由小到大向外扩张，稍做停留后转移到左上方。口号图层的内容安排在文件夹2中。背景图片小于版面尺寸，图片放大使用时比较模糊，因此设计有方格和线条的修饰作为补充，方格的动画设置

Flash CS4 动画应用

图6-40 第一段表现内容

集中在文件夹1，见图6-40。

第二段设置：2个培训班的文件夹图形由上方斜落下，4个标题分两侧依次进场，最后排列成阶梯形步步高的状态，随后出现小红箭头提示可以点击，红色箭头可以装点页面的颜色，见图6-41。

图6-41 第二段表现内容

时间轴和图层的具体制作步骤省略，见图6-42，可参阅光盘源文件第6章//Flash实例/培训广告。

按钮超链接语句

"软件培训"广告中的2个培训班的文件夹和4个标题都是按钮，每个按钮链接不同的网页，分别选中舞台上的按钮，添加超链接语句的内容如下。

```
on(release){
getURL（"http：//www.framemac.com"，"_blank"）;
}
```

//按下鼠标

//链接网页地址：http：//www.framemac.com，同时指定一个新窗口打开页面。

每个按钮链接的网页地址根据这个语句格式进行更改，将实际页面的地址替换即可。

"软件培训"测试和发布的过程可参考上一实例"纸艺DIY"的制作步骤，文件最后完成情况如下。

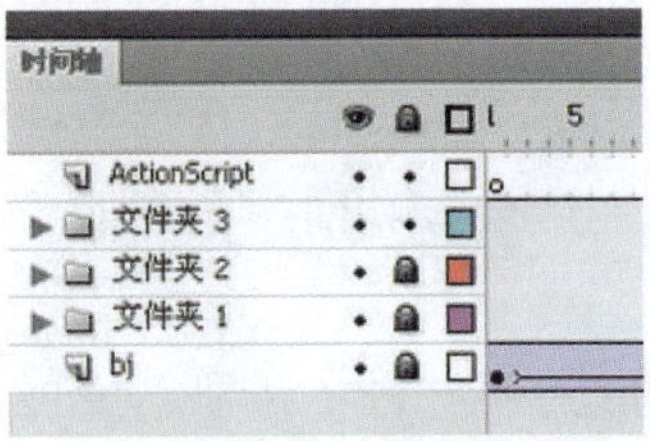

文件总帧数：175。

FLA 文件大小：324 KB。

SWF文件大小：49.2 KB。

图6-42　图层布局

图6-43　"软件培训"版面源文件

电子杂志的版式设计

电子杂志是指在互联网上发布的数字出版物的一种类型，是利用电子多媒体技术制作合成多种信息的数字杂志，是一种汇总了图、文、声、影等内容的有声电子书。电子杂志的应用领域包括产品多媒体演示、企业电子宣传册、企业内部电子期刊、电子书刊读物、个人电子相册等。

一、电子杂志概述

电子杂志是在互联网上继网页之后的又一大专业性很强的传播载体，它的种类繁多，题材大体分为新闻人物、文化艺术、娱乐时尚、影视音乐、动漫游戏、运动休闲、旅游健身、家居生活、商业财经、美食、汽车、宠物等。品牌电子杂志有《中国国家地理》、《中国汽车画报》、《计算机世界》、《数码前线》、《体育画报》、《时尚芭莎》、《瑞丽》、《开啦》等。

电子杂志是依赖网络为载体传播的，读者在电子杂志相关的网站上可以浏览到门类众多的各种杂志，杂志的内容涉及社会、生活、科学、艺术等方方面面，适合不同类型、不同年龄、不同爱好、不同兴趣的网民阅读。电子杂志具有传播速度快、信息面广的特点。目前国内几个主要杂志类网站上有上千本电子杂志，并提供大量的免费阅览。

电子杂志的前身是简单邮件投递形式的广告宣传册，发展到今天这种包含多媒体互动形式的杂志已经走过了差不多十年历程。国家新闻出版总署与艾瑞咨询集团在2006年4月发布了《中国网络杂志出版业调查报告》，报告的内容涉及以下五方面：网络杂志定义、网络杂志出版业现状、主要运营平台介绍、行业标准规范、监管建议。

| 开啦 |  博物 |  漫印象·音乐 |  开啦街拍 |  MiniClubman |
|  游 |  漫网周刊 |  玩 |  计算机世界 |  漫网周刊 |

图6-44 电子杂志

二、电子杂志版式类型

学习电子杂志的制作技术需要掌握一些不同种类的软件。一般要使用两类软件，一类是专门制作电子杂志的软件，这类软件以合成杂志的页面为主，提供便捷的、完整的杂志后期合成方法，并且在网络中可以免费下载；另一类是专业的图形、动画软件，如在杂志版式设计和页面制作方面依然使用的Flash、Photoshop等软件。

除了上述两类软件外，实际制作电子杂志的过程中，还会根据需要用到音频软件、视频软件等辅助性质的软件。在电子技术迅速发展的领域，博采众多软件的技术特长，是最终合成一本丰富多彩、有声有色的多媒体电子杂志的一个重要环节。在设计电子杂志版式之前一定要先了解所选用的合成软件对电子杂志尺寸的要求，不同的合成软件提供杂志的模板尺寸是不相同的，也有的合成软件支持另外设定尺寸。

电子杂志的尺寸

电子杂志的尺寸一般受合成软件中模板尺寸的限制，大致有以下几种规格：

（1）750×550像素；

（2）800×542像素　800×600像素；

（3）950×650像素　980×525像素。

不同规格电子杂志的封面和内页效果见图6-45至图6-47。一本杂志的容量大致在10MB到100MB之间，文件的容量不能太大，否则不利于网络传输和下载。杂志的播放器应支持满屏播放。

图6-45 800×542像素规格的电子杂志封面和内页效果

图6-46 980×525像素规格的电子杂志封面和内页效果

图6-47 950×650像素规格的电子杂志封面和内页效果

设计元素

电子杂志的主要设计元素包括：封面、目录、内容、封底、页眉、页脚。

封面由杂志名称、Logo、刊号、日期、内容提示等元素构成。刊号还可以包括总××期、增刊等内容。页眉、页脚根据版面需要添加。杂志的页数一般由合成软件自动生成。出版者的信息内容可以在封面也可以在目录页。单位名称等可以放在封底，也可以放在内页。

电子杂志的辅助设计元素包括：壁纸、按钮、菜单、标识、广告等。

壁纸的尺寸按电脑屏幕设置，一般有：800×600像素、1024×768像素、1240×1024像素。

按钮、菜单放在杂志上或下的位置，是为观看杂志设置的，标识、广告是电子杂志软件出版商要求加上的宣传内容。

● 电子杂志版式的式样

电子杂志版式的式样受文件尺寸的制约，构图时一般按照横向矩形的场景进行设计，大体有以下几种形式。

全景式

按照杂志的全景尺寸进行排版，一般用于大幅图片的展示。

图6-48 全景式

竖排式

将场景纵向划分，这一做法能够打破横向版面的限制。有的软件将杂志的页面设计为书本分页的形式，使页面可以按照1/2版面竖式排版。

图6-49 竖排式

横排式

横向排版运用比较多，横向可以有等分、不等分的变化，横排的重心可在上也可在下，还可以穿插纵向的变化，使版面设计活跃一些。

图6-50 横排式

斜切式

斜面的设计给版面带来不平衡的变化，产生不规则或不稳定的动感。

图6-51 斜切式

圆弧式

利用弧线柔和、优美的特点来设计版面，能够给画面增添灵秀的感觉。

图6-52 圆弧式

散点式

属于布局比较灵活、不拘一格的形式。

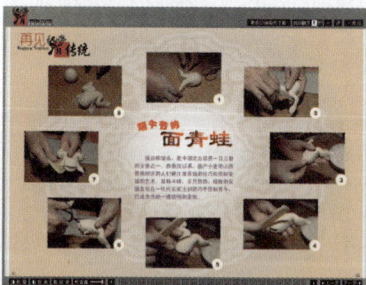

图6-53 散点式

上述版式划分大致罗列出这几种常用的形式，实际设计中版式是不断创新、不断变化的，希望这里总结归纳的版式能够起到抛砖引玉的作用。

● 版式设计的特点

静态为主，特效点缀

静态为主的杂志主要以画面征服观众，一方面，每个页面静态的平面设计已经非常出色了，不需要借助其他手段画蛇添足了；另一方面，杂志的内容决定不需要添加动态的表现，只需要一目了然，例如商品、展会、书刊的介绍或者教程、技术讲解等等。

这类杂志最为代表性的就是《CG》杂志了，每期CG杂志的容量都很大，版面内容有几大模块，有课程讲解、特效技术、介绍影片等内容，这些内容均以静态的图片为主无需添加额外特效。详细内容参见光盘第6章//电子杂志观赏/《CG》杂志2008年第2期。

图6-54 《CG》杂志插图

动静结合，相得益彰

动静相结合也是大多数电子杂志采用的风格，特别是以叙事、教育宣传、传统文化、财经商业为主的电子杂志中，更是适合运用动静相结合的设计风格。

图6-55 《文化中国》国画背景　　　　图6-56 《柒月》瑶族少女的胸饰

动静结合既能突出平面设计的完美表现，又可人机互动，将交互式的动态效果穿插其间，在静的设计中找到动的感觉，在动的制作中再现静的美感，不动声色地吸引读者进入了电子杂志营造出的独特视觉效果里。

如《文化中国》在国画、民族器乐的配合下，缓缓移动的文字，淡淡飘来的画面，极为生动地再现了中国传统文化的古朴、典雅美，详细内容请参见光盘第6章//电子杂志欣赏/《文化中国》2008年第21期。

另如《柒月》为叙说少数民族服饰的美，大量使用近似的鲜艳色彩，并运用流动的线条来呼应服饰的花穗，活跃了画面的内容。详细内容请参见光盘第6章//电子杂志欣赏/《柒月》2008年第8期。

动态为主，变换节奏

动态为主的电子杂志大多属于前卫时尚、影视娱乐类的杂志，页面节奏变换快，时尚动感极强，特效使用频繁，技术含量较高。观看这类杂志，页面中的图片、文字、线条、色块等几乎每个元件都在跃动，配合HipHop风格的音乐，杂志的活泼欢快之风扑面而来，迸发出青春时尚的情感。这可是在印刷类杂志中难以体会到的。

图6-57 《汽车族》动感效果　　图6-58 《时尚芭莎》时尚效果

《汽车族》给人速度和力量的感觉，动感的节奏很强，请参见光盘第6章//电子杂志欣赏/《汽车族》2008年第29期。《时尚芭莎》精美的图片转换节奏快速，大小、渐变效果运用自如，充满时尚多变的元素，请参见光盘第6章//电子杂志欣赏/《时尚芭莎》2008年第16期下。

在电子杂志大量动态效果的表现中，有的是摇滚类的快节奏，有的是行云流水般的中速，有的是慢板平稳的匀速。节奏快慢是根据内容需要决定的，多观看电子杂志就能够体会到不同节奏变化带来的不同效果。

电子杂志版式设计实例分析

电子杂志动态版式设计是有其鲜明特点的，一期杂志的内容很多，往往细分为章节或模块，一章内容又可以包含许多小节，一个小节的内容又是由几个版面组成的。杂志按照封面、目录、内页、封底划分，版面也被称为内页。内页页面的制作是杂志构成的基本元素，因此内页的设计就是本节重点分析的内容。

主题突出，层次分明

每个页面都有一个主题，主题的表现一定要突出、醒目、吸引目光，而不是在整个页面中堆砌一些文字、图片，平平淡淡看过后没留下什么印象。页面中的主题元素往往通过多种手法进行渲染，使其能够准确传达出主题思想，下面通过电子杂志《柒月》的一个页面（图6-59），分析一下烘托主题的表现手法。

版面突出：页面采取分页排版的方式，左边是页面重点，是文章的开端，标题就是页面要表现的主题内容，在标题"晋南清明祭品——面老虎"中突出表现"面老虎"三个字，3个字就占据1/3版面。

重点修饰：从标题中又提炼出"面"这个字，按笔划顺序

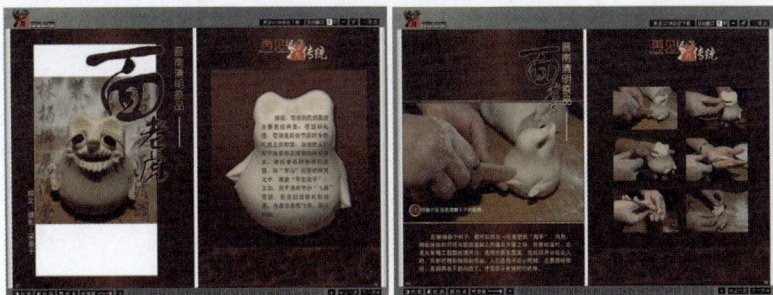

图6-59 《柒月》2008第7期内页

一笔笔出现，吸引读者的目光。"面"字后面紧接着是老虎二字，"老虎怎么用面做？面老虎做什么用？"文字一出现就很容易吸引读者目光，需要看看文章内容了。

分层表述：左页完成后出现右边页面的面团形状，然后在面团里显露出文字，最后用文字的表述回答了读者对标题的疑问。

由于主题突出，其他内容围绕主题表现，使读者很自然就将注意力放在页面的内容上，并对"面老虎"三个字留下深刻印象，避免了看杂志时走马观花式的一带而过。使用多种修饰方法来烘托主题的内容，能起到画龙点睛的作用。

主题一般以文字标题居多，标题出现时可以先用大字的表现然后再移动到其他的位置，类似这种突出主题的表现方法很常见。下图6-60的页面里为突出英文"Kuelap"——一个古城堡的名称，先出现标题，点出字义，然后在场景中间用大字再次表现"Kuelap"，随后逐渐出现背景的说明文字，"Kuelap"就移动至右下角的位置。

图6-60 《秘鲁风光》第4期内页

页面版式请参见光盘第6章// 电子杂志欣赏/《柒月》7期和第10章//《秘鲁风光》杂志欣赏/第4期。

前后呼应，环环相扣

电子杂志的内容由很多章节构成，章节与章节之间的内容会有明显的区别，但有时一个章节会包含很多同类的内容，使读者翻看杂志时看了后面就忘了前面的，因此在单个章节内容的制作时要注意每一节里面的内容有连贯性，要做到前后呼应、环环相扣、首尾兼顾。在动画制作中充分利用标识、页眉、标题、图案、颜色等元素的重复利用，就可以在章节内容的表现中起到串联、呼应的作用。

下面选取《画里游乡村》一个章节为例，题目是《沿溪水而建——唐模村》，页面中有统一使用的元素和统一使用的背景色彩，文章的标题也在其中穿插使用，形成前后呼应、自成一体的风格，给读者留下环环相扣的完整概念。

利用固定的页眉做统一的标志。页眉可以按章节特制，见图6-61B和图6-62。当它固定出现在章节里每个

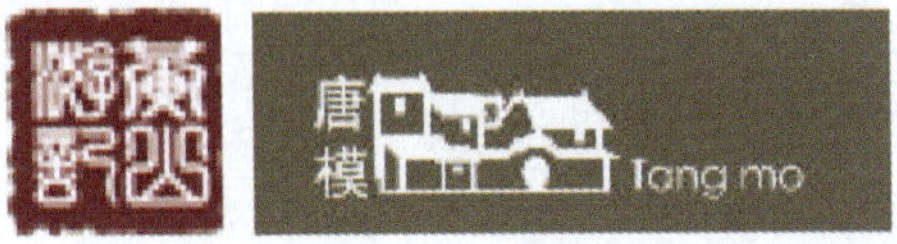

A   B

图6-61 图章和页眉

页面时，就有了统一的标志。除了页眉外还可以单独设计栏目的标识，添加杂志的期刊名称或期刊号。

利用图章巧妙点缀不同的画面。这期杂志是介绍黄山旅游的景点，将"黄山旅游"4个字做成图章，见图6-61A和6-62，不仅重复使用在文字的旁边，而且那一抹红色在画面中多次出现，格外亮眼，添色不少。

图6-62 标题页（左上）和内页（左下、右上、右下）

利用标题反复出现来提示页面文章的主题。将文章的标题做成有水纹状的动感文字，除了第一页出现外，还穿插在中间和后面的页面中，恰如其分出现的水纹标题可以不断加深浏览者对主题的认识，观后不觉乏味。

利用相同色彩和图案来表示同一章节的内容。在《唐模村》这一章里共8个页面，使用的背景色是统一的，一些边框的花边图案在Photoshop软件中也经过同色的处理，在不同页面出现时能够保持页面色调前后统一，构成一章完整的体系。

电子杂志的内容主要是图文混排，对页面统一使用的元素、辅助材料、素材处理以及构图排版等均可以先在Photoshop软件里设计，然后再转入Flash软件中做后期的动态特效制作。这样做的好处是在设计方面可以充分发挥Photoshop软件平面设计的优势，将杂志版面的各种元素先确定下来，对文字图片统一设计，对添加滤镜等特效手段统一使用，对页面风格统一美化，能够较完整地体现一个章节的独特内容，也为后期使用Flash制作页面内容带来极大的方便。页面版式请参见光盘文件夹第6章／／电子杂志欣赏/《画中游》第2期。

就地取材，突出特点

一期电子杂志可能有很多内容，各章节讲述不同的故事，因此可以考虑按单个章节的特点进行设计。在一个章节原来素材的基础上提炼一些辅助设计元素，例如背景图案、文字花边、颜色搭配等等，来完整体现该章节所表现的内容。这样做可以使页面风格统一，画面搭配协

图6-63 标题页

调，发挥自身特色，突出个性化的表现，见图6-63《柒月》"清白传家"的标题页。

下面选用《柒月》杂志里的一个章节来说明如何就地取材。

页面的色调色系取之于素材中。本章节的题目是《清白传家》，将题目的字体设计成"清白"图案的镂空字体，页面颜色以突出"清白"的蓝色和白色为主色调，提取图片素材中的深蓝色和浅蓝色作为蓝色系使用的颜色。

页面文字的颜色取之于素材中。页面文字色彩采用提取的深蓝色系，辅助说明文字采用桔红颜色搭配，桔红色也是取之于图中素材里的颜色。

设计风格也以"清白"为主，画面力求清淡不失典雅，空白不失内容，版面体现清白，颜色体现清白，保持《清白传家》的清爽感觉。

页面背景使用的扎染图案全部取自素材中。具体做法是在Photoshop中对素材进行过处理，将照片中的图案部分提取出来加工作为Flash的元件。这些图案在画面背景中由深至淡的动画设计，为本章内容增添了蓝花布的清韵感。

装饰的压条从图案中提取。使用深蓝色的压条放在画面白色区域的旁边作为对比，使页面有一种蓝白或是"清白"相间的稳重感，见图6-64。

图6-64《柒月》"清白传家"页面

对原素材中的元素恰到好处地发掘利用，不仅能够突出这个章节内容的特点，而且对重点图案变换角度的反复使用也能够加深读者的印象。几幅页面不同的背景图案全部从素材中提取，有了这些图案的衬托，画面显得丰满、别致，也突出了扎染花布的美丽。

页面版式效果请参见光盘文件夹第6章//电子杂志欣赏/《柒月》第8期。

时间顺序，合理安排

时间轴是动画的时间表，时间轴上每个元件出现的时间顺序和停留时间，对动画的展开叙事至关重要，时间轴上安排各个元件帧数的长短，直接影响到内容的播出和读者观看的效果。合理的、准确的布局元件出入场顺序，是制作中的一个重要环节，控制好这个环节的制作就能很好地表现动画的内容，有序地交代页面的叙事过程。

时间轴上元件出场顺序可以用树状逻辑图来展现，这样可以清楚地看到分段的元件在时间轴上所处的位置和合理的出场时间，为了简要说明常用元素之间的关系，下面的时间轴树状结构图显示有代表性的页面元件的出场顺序，见图6-65。

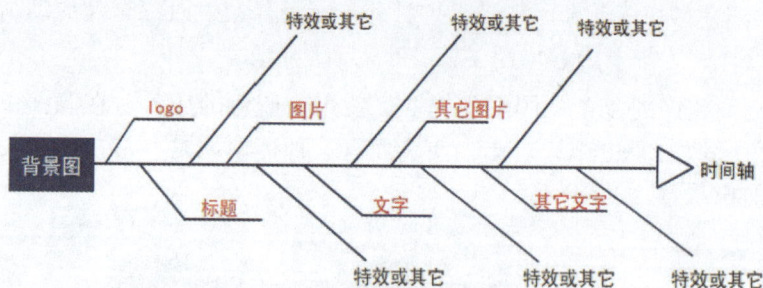

图6-65 时间轴树状图示

图中标明元件的顺序可随动画内容变化，特效、其他元件的安排也可随动画内容增减，抓住帧元件的主脉络很重要，注重理清思路和相互间的逻辑关系，合理安排好元件出场的顺序。下面是电子杂志《秘鲁风光》第2期的一个页面，注意各种元件出场的顺序，见图6-66。

图6-66 出场顺序图示

这个页面截取了3张图，其出场顺序如下。

图6-66（左）画面是该页首先出现的页面效果，按照顺序出现背景图片、标题文字、花纹，有说明文字从下方进入画面，接着右侧陆续出现一组图片，是可以点击的图形按钮。

图6-66（中）点击图形按钮后出现转场特效，由左向右出现幕布，直至覆盖图片的位置。

图6-66（右）是其他图片和说明文字随后出现的效果，一般为图片添加说明文字，一方面可以使读者了解图片的内容，一方面可以使读者停留在画面的时间延长。

页面版式效果请参见光盘第10章//《秘鲁风光》杂志欣赏/第2期。

制造意境，烘托气氛

Flash动画制作中添加一些特效手段和遮罩动画，可以为画面制造意境、烘托气氛，特别是根据内容构思出来的一些符合内容形式的特殊变化，更加能够切合主题和突出页面的意境。下面例子是《柒月》杂志"再见传统"栏目里《小花边边》的一个页面，画面内容表现传统制衣技术，右边有小图，点击后左边出现大图。为了体现花布制作技艺的氛围，对大图添加了一些特殊的表现效果，使浏览者的观感就像亲临其境一般，见图6-67。

一是为标题添加凤形的布纹图案；

二是周围添加白色的花边图案；

三是使用花朵形状的遮罩；

四是给图片增加倒影，就像缝纫机台面的反光。

图6-67　《柒月》"小花边边"页面

页面版式效果请参见光盘第 6 章// 电子杂志欣赏/《柒月》第6期。

● **可供参考的部分国内电子杂志网站**

ZCOM 电子杂志	http://zmaker.zcom.com
电子杂志网	www.dzzzw.com
POCO 电子杂志	http://read.poco.cn/
新浪杂志	http://mag.sina.com.cn/
杂志中国	www.zzchina.cn
源期刊网	www.qikan.com.cn
悦读网	www.zubunnet.com/site/magazineindex.html
杂志集	www.zazhiji.com
非凡网	www.6336.cn

● **可供参考的品牌类的电子杂志网站**

时尚杂志网	www.zazhi.com.cn
精品购物指南	www.stile.com.cn
瑞丽电子杂志	http://emag.rayli.com.cn

第七章
Flash 动画特效表现

▦ 动画特效主要表现方法与实例

近些年来Flash动画发展迅猛，动画的制作水平日益提高，动画的特效表现令人眼花缭乱，从Flash软件的技术层面上分析，可以将特效的表现方法归结为几类技术的运用。本章通过相关的实例重点介绍一些特效的表现方法，希望使用者能够举一反三，充分运用Flash软件提供的各种工具，发挥出自己精湛的制作技术，值得一提的是很多特效的表现不是光靠技术就能实现的，是靠制作人的奇思妙想，特效的表现就是：别出心裁的设计＋完美技术的表现。

本章提供的实例重点介绍有关特效操作的部分，其他步骤省略，详细的内容可参考光盘提供的Flash源文件。

一、遮罩动画

遮罩动画在Flash软件里是制作特效最常用的技术手段，许多Flash动画的特效如波纹、光束、万花筒、百页窗、放大镜等等，都是很简单的遮罩动画。

遮罩动画由遮罩层和被遮罩层构成，遮罩层里面的元件充当蒙版的作用，元件自身在动画播放时不显示，却将蒙版遮住的部分显示出来；被遮罩层里面的元件是在动画播放时要显示出来的内容，在显示的过程中受到蒙版的限制，只有被蒙版遮住的部分可以显示，没遮住的就不显示。

遮罩层中的充当蒙版的元件可以是三种元件形式，也可以是位图、文字，但有一定的限制条件，这些元件只能是取其形状变化属性而不能取其色彩变化属性，例如颜色渐变、模糊投影等。文字、线条要充当蒙版必须以图形的形式显示。文字蒙版效果见图7-1，图形蒙版效果见图7-2。

图7-1 文字蒙版效果

图7-2 图形蒙版效果

蒙版的形状变化是遮罩动画最值得精心设计和充分展示的一个环节，多样化的蒙版配合使用形状补间、动作补间、引导线动画等动画手段，使得遮罩动画成为变化多端的一个创作空间，可以施展无限想象力，达到别出心裁的动画效果，见图7-3。本节内容选择两例有代表性的遮罩动画实例，来具体了解蒙版多种技法的综合使用方法，实例中只详细讲解遮罩动画的制作过程，其他省略。

■ 蒙板的变化

图7-3 简单蒙版的变化

（一）遮罩动画实例一 ——"牡丹花"

源文件参见光盘第7章//Flash/牡丹花。

蒙版的设计

动画的内容是一幅牡丹国画图，用圆形蒙版遮罩2朵牡丹花，使其一前一后绽放容颜，见图7-4。

图7-4 遮罩动画"牡丹花"

制作要点

使用2个遮罩动画，分别显示2朵牡丹；

蒙版设计为正圆形；

添加渐变元件作为过渡。

1. 文档设置

文件名：牡丹花，大小：980 × 525，FPS：25，背景色：#996666，图形元件：牡丹花、蒙版、渐变。

2. 第1个遮罩动画

新建图层【红色】，拖入牡丹花图形元件。

新建图层【渐变】，拖入渐变图形元件，中间露出红色牡丹花，见图7-5。

新建图层【蒙版1】，拖入蒙版图形元件，蒙版的设计分两个阶段，见图7-6。

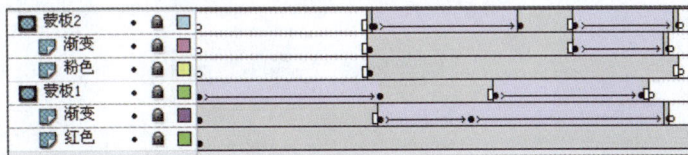

图7-5 蒙版和渐变元件

图7-6 遮罩图层的设计

第1段将第1帧正圆形缩小至红色牡丹花的花心位置，第37帧设关键帧，放大正圆形至整个红色牡丹花，中间设补间动画。注意牡丹花图形元件在【红色】和【粉色】图层中的位置要一致。

第2段从第60帧开始至第96帧，在第60、96帧分别设关键帧，第96帧将蒙版圆形扩大到整个牡丹花的画面，中间设补间动画。选择【蒙版1】图层，点击鼠标右键打开图层菜单勾选遮罩层，此时下方的【渐变】层自动被遮罩，图层的符号均改变颜色。选中【红色】层，向上拖动成为被遮罩层。

3. 第2个遮罩动画粉色牡丹花的制作

粉色牡丹花的制作参考第1个遮罩动画，见图7-6。蒙版变化的两个阶段是从第35帧至65帧开始为第1阶段，第76帧至96帧为第2阶段。

"牡丹花"实例参考光盘第7章//遮罩/牡丹花.swf。

（二）遮罩动画实例二 ——"泥湖飞彩虹"

动画的内容是5幅彩图，中间的转场使用动态的遮罩动画，遮罩层是由一组影片剪辑的蒙版元件构成的，蒙版采用S形的波浪色块。源文件参见光盘第7章//Flash/泥湖飞彩虹。

制作要点

单个影片剪辑的设计

一组影片剪辑的合成

动态蒙版、补间动画的运用

1. 相关内容的设置

文件名：彩泥，大小：950×650，FPS：24，背景色：白色，图形元件5个：图1至图5，影片剪辑2个：元件9、组合。

2. 影片剪辑"元件9"的制作

"元件9"包含两个内容，一个是舞台上绘制S形的色块，见图7-7中的"元件9"；另一个是将图层的第1帧通过按F5延长至30帧。

3. 影片剪辑"组合"的制作

"组合"的内容是将"元件9"排列为一个矩阵作为蒙版使用，见图7-8蒙版效果。

图7-7 "元件9"色块与背景图

第1步：新建影片剪辑"组合"，拖入"元件9"，在图层中第30、58帧分别设关键帧，中间设补间动画。在第58帧将图形变形，长度不变，宽度设为160%。

图7-8　蒙版效果与切换的图形

第2步：将"元件9"复制7层，将第1帧图形在舞台上重新排列组合，图形排列效果见图7-9。影片剪辑"组合"。第30、58帧设置同上，第58帧所有元件宽度扩大到160%时，图形必须重合在一起，形成覆盖面完整的蒙版。

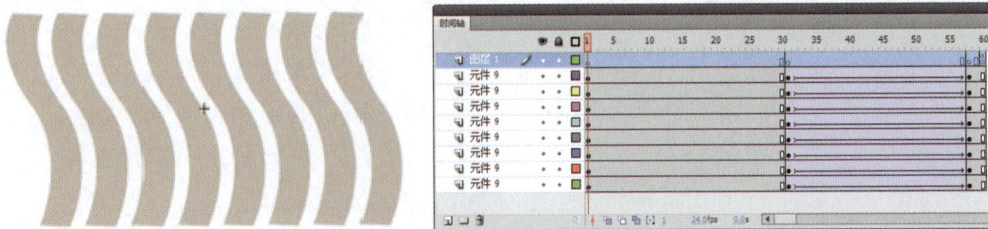

图7-9　影片剪辑"组合"色块与时间轴

第3步：新建【图层1】，在第60帧设关键帧，添加Stop命令。如果不添加停止的命令，影片剪辑在动画中会反复播放，就失去了遮罩的功能。

4. 遮罩图层的安排

在场景的时间轴中为每个图形元件建立图层。【图1】层是背景图"图1"元件，见图7-7中的背景图，【图2】至【图5】层开始放入其他4个图形元件，并为每个图层添加蒙版层，见图7-10图层分布。

以【图2】层和【蒙版1】为例，从第105帧开始在场景中拖入元件，"图2"元件在场景中间覆盖"图1"元件，蒙版元件放在场景上方，第135帧覆盖"图2"元件的画面，由上至下设置补间动画。

选中【蒙版1】图层，在鼠标右键菜单中勾选为遮罩层。其

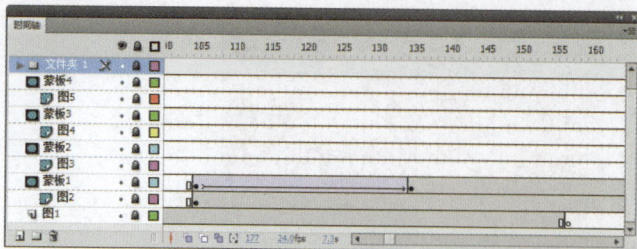

图7-10 图层分布

图7-11 遮罩效果

他3个遮罩图层的设置参考该图层。源文件参见光盘第7章//Flash/泥湖飞彩虹。

二、引导动画

引导动画是指通过引导层的引导线作为路径，被引导层的元件按照路径完成的补间动画。

引导层内的引导线设置是关键，引导线一般按照特殊物体运动曲线多变的规律来绘制，例如昆虫、鸟类的飞行路线，滑板、滑雪的滑行路线等等。下面通过"蝴蝶飞舞"的实例来讲解如何制作引导动画。源文件参见光盘第7章//引导/引导动画—蝴蝶飞舞。

引导动画"蝴蝶飞舞"共101帧，FPS：24，主要有以下三个重要制作步骤。

1. 设置引导线

新建图层，用【钢笔工具】绘制一条弯曲的路径，从场外画到花丛落下的地方，注意笔画起伏但不要间断，在第100帧按F5设普通帧，见图7-12。然后在鼠标右键菜单将图层设置为【引导层】。

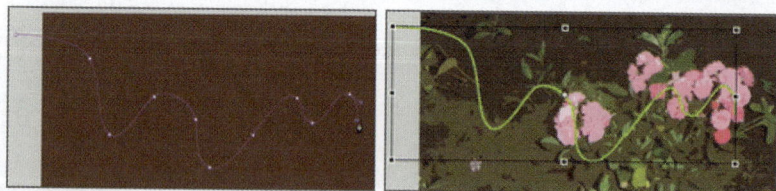

图7-12 引导线

2. 元件贴紧引导线两端

新建图层【蝴蝶】，将图层拖入【引导层】之下，成为被引导层。

在第1关键帧拖入影片剪辑"蝴蝶飞"，对齐引导线的起始点。使用【任意变形工具】将舞台上的蝴蝶选中，观看取景框中心点的位置是否与引导线的起始端在一起，如果不能很好地吸附在路径的线段上，再选择子工具【贴紧至对象】，使元件能够准确的吸附在线段的起始位置，见图7-13。

图7-13 元件贴紧引导线前端和变形

在第100帧按F6设关键帧，将影片剪辑"蝴蝶飞"拖动到引导线的末端，继续上面贴紧引导线的步骤，完成"蝴蝶飞"在被引导层末端的设置，在两个关键帧中间【创建传统补间】，见图7-14。

现在检查一下元件是否按照引导线的路径变化，按回车键测试。如果元件没有按照路径变化运动，就需要检查两点：一是引导线是不是完全连接在一起，二是元件贴紧线段的情况，只有保证元件完全贴紧引导线才能很好地完成引导动画。

图7-14 元件贴紧引导线后端和贴紧工具

3. 调整被引导元件的状态

蝴蝶入场到花朵的距离比较远，可以根据情况对第1帧的元件进行缩小和变形，补间动画的【缓动】参数设置为-100%。蝴蝶随着引导线飞舞的状态也不能只是一个方向，需要根据情况在100帧之间添加若干个关键帧进行方向性的调整，使蝴蝶飞舞的姿态比较自然。见图7-15时间轴设置和图7-16元件的方向转折。

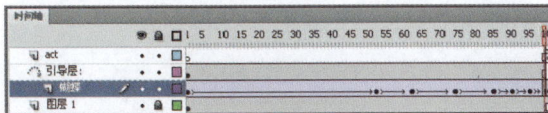

图7-15 时间轴设置

图7-16 元件的方向转折

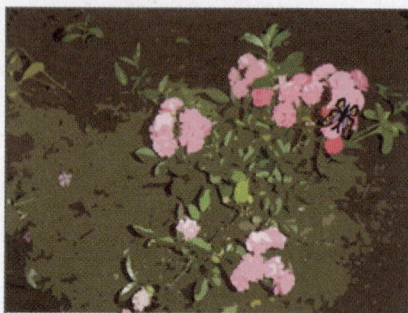

图7-17 "引导动画——蝴蝶飞舞"

最终完成的效果如图7-17所示，源文件参见光盘第7章//引导/引导动画—蝴蝶飞舞。

三、变形工具

动画中的角色往往需要添加夸张、变异、扭曲、倾斜等变形动作，【任意变形工具】是制作特效必不可少的重要工具，【任意变形工具】附带5个子工具，见图7-18。其中子工具【贴紧至对象】在引导动画中经常使用，【旋转与倾斜】、【缩放】是一般常用工具，如需精确调整图形可使用【变形面板】，见图7-19。这些工具的使用参考本书第2、3章的有关内容，这里主要介绍最后2个子工具【扭曲】和【封套】的使用方法，见图7-20。

图7-18 变形工具的子工具

图7-19 变形面板

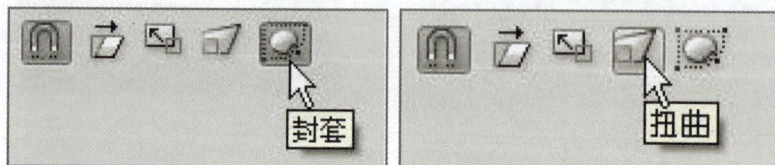

图7-20 子工具封套和扭曲

【扭曲】和【封套】可以对图形做一些特殊的调整，调整图形的方法是通过拖动调节手柄控制节点发生变化，达到改变图形的效果，下面通过实例"变形——海底游弋"来介绍这两种工具的使用方法。源文件参见光盘第7章//变形/变形——海底游弋。

【扭曲】鱼的扭曲变形

新建元件"鱼变形"，在舞台中央粘贴已经绘制好的矢量图形——鱼，原型见图示7-21，选中鱼图形将其打散成形状，选择【任意变形工具】的子工具【扭曲】，在图形周围出现调节框，鼠标靠近时出现白色三角箭头，选中边角的调节点进行拖动就可改变图形，见图7-22鱼的扭曲变形。对称状态的改变可以按住Shift键再拖动调节点，见图7-23　鱼的对称变形。

图7-21　鱼和矩形条纹原型

注意原图形经过变形调节后不能还原，因此在使用该工具之前要多备份原图形，以备实验多种变形。

图7-22　鱼的扭曲变形

【封套】矩形条纹的封套变形

1. 绘制图形

新建元件"wave"，在舞台上使用【矩形工具（R）】绘制一排不同颜色的矩形条纹，用来做水中的波纹，矩形条纹原型见图7-21中的背景条纹。

图7-23　鱼的对称变形

2. 使用【封套】工具

矩形条纹全部选中后先将其倾斜，然后选择【任意变形工具】，点击子工具【封套】，在图形周围出现调节边框和调节点，见图7-24封套工具的调节节点。

3. 调整节点

鼠标移动到节点上会变成白色三角箭头，按住鼠标向外拖动，在节点处出现调节手柄，此时松开鼠标，继续调整可直接拖动手柄，直到图形变形到合适的位置，见图7-25。

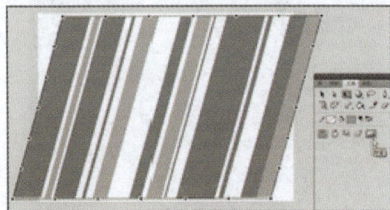

图7-24　封套工具的调节节点

图7-25　水波封套变形

源文件参见光盘第7章//变形/变形——海底游弋。

图7-26 "变形——海底游弋"

四、位图转换为矢量图

Flash动画主要以矢量图图形为主，而矢量图只能人工绘制完成。为了更加便捷地完成动画的创作，有时需要直接选用一部分位图图形，但位图的写实风格和矢量图的绘画风格有明显的差别，两者需要协调为统一的风格。

位图一般指以像素为单位的图片，通常数码相机拍摄的图片和常见的JPG格式图形等，都是位图。

Flash软件中有位图转换矢量图的特殊功能，位图经过转换矢量图的处理后，可以代替大量的手绘图形，运用在背景、远景、配角和其他装饰物等图形的设计中。充分利用位图图片直接转换矢量图的功能，不仅能简化绘画的过程，提高工作效率，为动画创作带来极大的便利，同时又能够较好地保留原图的基本形态、色调和立体感。

位图转换矢量图的方法比较简单，关键在于设置转换的参数。图7-27是将风景照片转换为矢量图的效果对比，图7-28是

图7-27 风景图转换对比

图7-28 花卉图转换对比

将花卉转换为矢量图的效果对比，由于两幅图片设置的参数不同，图片转换后的效果就不同。

本节内容以一幅海边拍摄的图片转换为背景矢量图形为例，详细说明各项参数的设置过程，见图7-29。源文件参见光盘第7章//转换/转换矢量图。

1. 选中位图使用转换命令

导入"海边"的照片至舞台中，将其选中，选择主菜单【修改】→【位图】→【转换位图为矢量图】命令，此时弹出【转换位图为矢量图】的参数设置对话框。

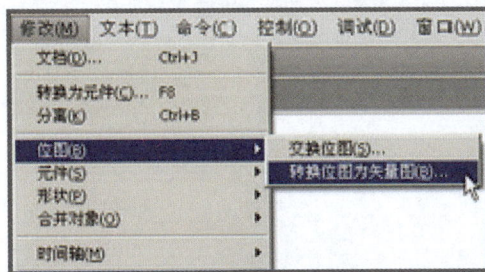

2. 设置参数

对话框里一共有以下4个可调整参数。

● 【颜色阀值】这是重要的可调参数，初始值为100%，调整范围为0至500，颜色阀值设置越低保留的色阶就较多，设置越大颜色保留的成分就越少，一般调整范围在30至100比较合适。如图7-28花卉图的颜色阀值设置较低，为30%；如图7-27风景图的颜色阀值为80%；"海边"的颜色阀值为100%。

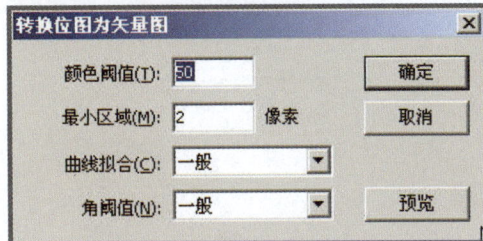

● 【最小区域】这是设定位图转换矢量图后线条的像素。可根据需要转换的风格设定，需要图形精细的可以设置1像素，需要图形简化的可以设置到50像素以上。如图7-28花卉图转换的参数为1像素；"海边"图的转换参数为5像素。

● 【曲线拟合】这是设置转换矢量图的曲线与原图形拟合的状态值，有一般、像素、非常紧密到非常平滑等选项，"海边"图设置为一般。

● 【角阀值】这是设置曲线转角的状态值，有一般、转角多或少的选项，"海边"图设置为一般。

上述参数设置完成之后可以选择【预览】，见图7-30。如

图7-29　位图转换命令、参数设置

图7-30 "位图转换——海边"

不满意就继续调整参数，也可以在图形转换之前多复制几幅，分别设置不同参数观看对比的效果，最后确定最佳的转换图形。下面的两幅图是不同参数设置的转换效果，应用在电子杂志中。

提示

1. 转换使用的图片要有一定的质量，要考虑图片取景的情况和光感的质量，如果图片清晰度不够可以事先在Photoshop软件中进行修饰。

2. Photoshop软件也有位图转换矢量图的功能，对图片的修饰可以充分利用Photoshop软件中其他滤镜的功能。

源文件参见光盘第7章//转换/转换矢量图。

图7-31 转换效果应用图示

▦ 动画特效的综合运用

在初步掌握Flash软件技术和一些特效制作方法后，需要进一步提升动画制作的统筹安排能力和综合运用能力，对基础元件在时间和空间方面的布局、对补间动画运行速度和节奏的调节、对图层和时间轴纵横方式的安排、对画面内容组合形态表现的设计、对色彩调节多种手段的使用等方面，都需要在实践中不断探索。本章介绍一些综合运用Flash技术提高动画制作水平的方法，希望读者从中能够举一反三，提高自己的动画制作水平。

一、速度变化

时间轴是控制元件速度变化的，设定不同的帧频、不同的速度和速率，元件表现的运动节奏感就会不一样，利用不同的帧频、速度和速率变化是制作动画基本的表现方法之一，见图7-32。

1. 根据动画内容设定不同的帧频

Flash动画的应用领域非常宽广，广告动画、网络动画、视频动画、MV动画、游戏动画等等，对不同的动画形式需要选择不同的帧频，帧频关系到输出文件的质量，每秒视频高的文件就大，每秒视频低的文件就小，一般情况下网络动画可以设定在12帧/秒左右，视频动画设定在24帧/秒左右，对动画质量要求较高的可以设定在30帧/秒以上。

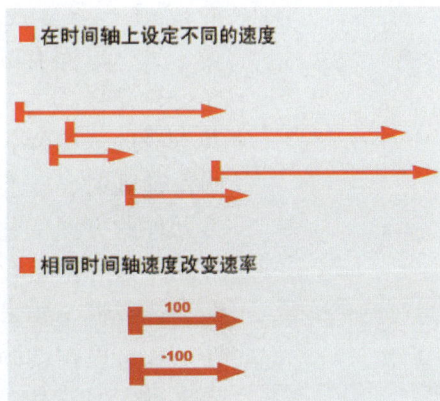

图7-32 速度变化图示

2. 安排不同元件的速度

在时间轴上可以控制不同元件的速度，有的元件移动距离短，运行时间长，速度表现较缓慢，运行时间短，速度表现就快捷；有的元件移动距离长，运行时间短，速度变化就飞快，反之，速度就缓慢。设定好不同元件的速度，动画的表现就更加充分。时间轴上不同元件的速度设定见图7-33。

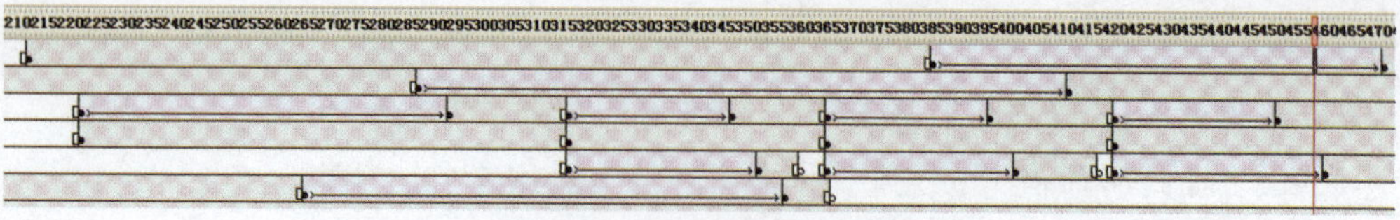

图7-33 时间轴图示

3. 补间动画的缓动设定

元件补间动画的缓动速率是可以设定的，在相同元件相同时间的情况下，通过改变缓动的设定就可以使它们表现不同的速度。也就是说在相同的时间轴速度中，改变缓动速率就可以体现元件之间不同的变化。

二、方向变化

方向变化是指元件进入舞台的角度可以是360°全方位的，安排不同元件从不同方向由场外进入场内的这种变化，可以使动画有全方位的视觉感。元件的方向变化一方面可以拓宽视觉的范围，丰富视觉的感受，另一方面有的元件方向变化受场景的制约，有其自身的规律性，因此在制作动画时，既要考虑各类元件的方向变化，又要考虑元件方向变化的合理性。选择哪个角度安排元件一般会根据动画的内容来设置，但还是有一定的规律可遵循的，见图7-34。

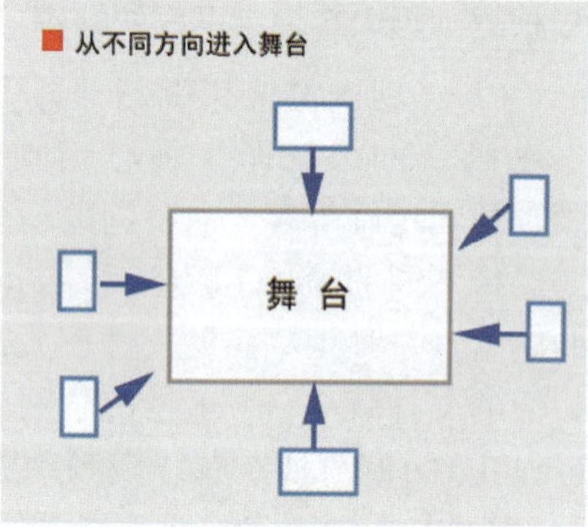

图7-34 方向变化

（1）多个元件入场的方向尽量统一，避免东一榔头西一棒子的零散现象。例如一组图片进入舞台可以保持大致的一个方向，再细分角度变化，见图7-35。

（2）简单元件可以选择双向角度入场，以丰富视觉的变化。例如一组文字拆分为双向进入舞台，在中间汇合为一体，就给人平视之中有动态变化感，见图7-36。双向角度可以分左右、上下、斜角对称。

图7-35　方向变化

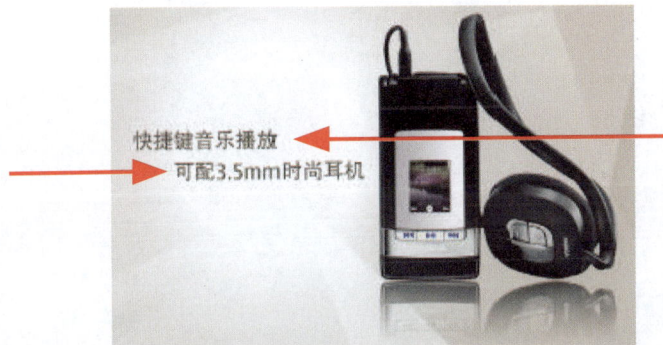

图7-36　双向入场

　　（3）以图形、文字、按钮等元件为主的动画中，可以按照类型设计方向变化的角度。这方面的变化形式不多举例，制作者可以发挥丰富的想像力。

　　（4）根据画面重心安排入场角度，受场景内容限制的元件要特别注意方向的选择。例如画面重心在底端，元件一般由上至下出现；画面重心在左侧，元件一般从右侧入场。鸟类一般从舞台上方出现，偶尔从舞台下方出现时，给人的观感就不一样了。人物是正面、侧面还是背面形象，入场的方向是会不一样的。设计动画时对这些细节需要特别留意。

三、形状变化

形状变化是Flash动画常用的一种动态表现方法，形状变化指的是元件或图形在第1个关键帧保持原形态，第2个关键帧则改变原形态，两关键帧中间设置补间动画的一个过程。补间动画有两种基本形式，一种是动作补间动画，另外一种是形状补间动画。两种补间动画的对象不同，形状发生变化的方式也不同。动作补间动画对元件或组合图形的动作形状进行改变，可以使用【变形】面板和【任意变形】工具对其形状进行大小、倾斜、旋转的改变；而形状补间动画主要在两种不同图形对象之间进行形态方面的改变，可以由方形变圆形、由字形到图形，见图7-37。下面分别分析两种补间动画产生的形状变化。

1. 元件形状的补间动画

元件（包括组合）的形状变化可归纳为以下5种：

元件的形状发生大小变化；

元件的形状从左右方向挤压和扩展；

元件的形状从上下方向挤压和扩展；

对元件形状进行横向或纵向的倾斜；

旋转变化。

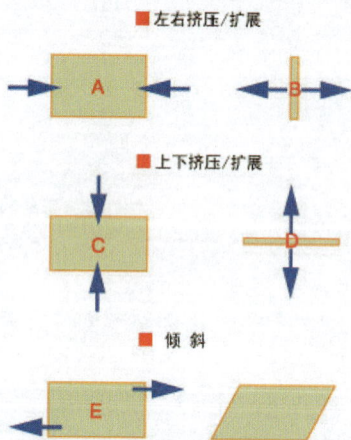

图7-37 形状变化示意图

形状变化最简单的方式就是大小发生变化，单个元件可以有大小的变化，一组元件也可以有大小的变化。这里的大小变化比静态的大小变化包括的范围更广泛，在动画的制作过程中需要对大小变化重新进行动态的考虑并对变化的过程进行设计。

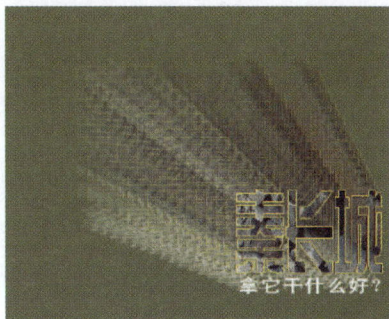

图7-38　单个元件大小变化的效果　　　图7-39　文字和图形分别变化的效果

　　单个元件的变化一般是单向的运动过程，多个元件或一组元件的变化就可以多个方向同时或不同时发生，因此，形状变化不仅要设计单一元件的动态变化，见图7-38，还要设计多个元件的多个发向的变化，见图7-39，通过多层次的形状变化展示出动画的多种表现效果。

　　有了元件大小变化设计制作的思路，就可以举一反三运用其他的形状变化方式。这些简单的形状变化方式只要运用得当，仍然能够给动画注入生动的活力，表现出丰富多彩的动画内容。

　　元件形状改变的主要工具是【任意变形】工具和【变形】面板中的部分功能，一些特殊形状的变化参考前文中关于封装变形的内容。

2. 图形形状的补间动画

　　图形在这里特指可以打散成形状的图形和文字，打散后的图形和文字作为一种图形形态，通过形状补间动画可以对图形的轮廓也就是外形进行改变。形状补间动画对元件或组合图形

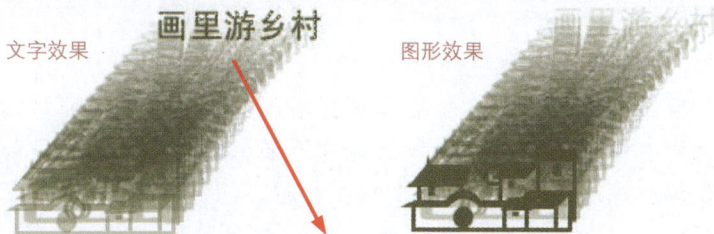

文字效果　　　画里游乡村　　　　图形效果

图7-40　形状补间动画的变化

不起作用，用于打散成形状的图形只能是矢量图绘制的图形，如果是图片，打散后只能是矩形块。图7-40中形状补间动画是经过打散成形状后的文字向图形变化的渐变效果。

四、明暗变化

明暗变化是指通过补间动画改变元件的色彩显示效果，常用的方法是改变Alpha值的透明度和亮度的参数。明暗变化可以区分动画内容的层次，增加画面的景深，也可以起到聚光灯的效果，突出显示的重点，也可以作为图形一明一暗的转场特效。明暗变化的调节主要依靠属性面板上【色彩效果】的对话框，其中Alpha值和亮度都可以通过拖动滑条进行设定，见图7-41。

选择Alpha值的调整主要是产生透明度的感觉，当一个元件的Alpha值淡化后可以显示出另外的内容，当一个元件的Alpha值饱和后，这个元件能够完整地显现。利用元件透明度的渐变变化，能够丰富动画内容的表现力。

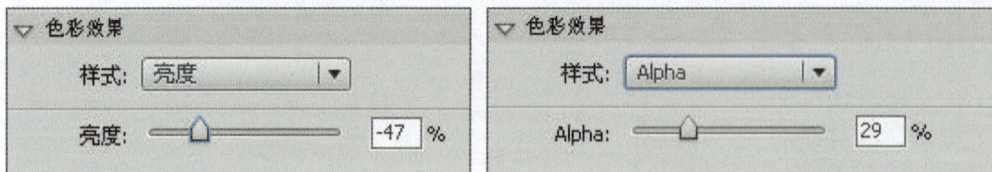

图7-41 色彩效果

亮度可以调整元件的色阶，使元件的色彩由暗（黑色）——全彩色——亮（白色）产生变化。亮度调整不同于Alpha值的调整，Alpha值调整的是真色彩（RGB）中的灰度色阶，亮度是对颜色强弱的色阶进行调整，也就是色彩的丰满度和精细度。

在画面明暗关系的特效调整中，Alpha值调整常用在多个元件相互叠加的显示中，可以使画面呈现透明层次的多种变化，还可以利用半透明的图片增添朦胧效果、利用透明逐渐显示图中之图、利用透明作为转换另外一个画面的过渡，等等。

下面图7-42中分别显示了两种的Alpha值的透明效果。

图7-42　透明效果

在画面明暗关系的调整中，亮度调整主要是加大色彩的反差，从光线的角度表现一种强烈对比的效果，这种效果可以单独用于一个元件的变化中，例如按钮状态的变化，也可以用于一组元件的表现中，例如为了突出显示重要内容，往往将其他内容降低亮度，等等。下面图7-43中的例子就是为了突出前景的文字，逐渐降低背景图片的色彩亮度。

图7-43　亮度变化

反之，下面图7-44中将要显示的主要商品逐个由暗色过渡到亮度，也给人眼前一亮的感觉。

图7-44　明暗对比

通过明暗关系的精细调整，画面内容从模糊到清楚、从黑色到亮色逐渐表现出物体的质感、光感，物体的透视关系与结构不断地展现和完善，使动画的内容既生动又符合我们的视觉印象。

五、色彩变化

动画的色彩变化可以说是极富感染力的，一方面得益于Flash软件具备多种与色彩相关的工具，有颜色面板和颜色工具进行选色、上色、配色、混色等操作；另一方面根据色彩构成三要素——色相、明度、饱和度的色彩原理，在属性面板中专门设置了调整【色彩效果】的功能选项。充分运用电脑软件对图像色彩处理的强大功能，从多个角度调整色彩的变化，就能使原有画面内容重新赋予生动的色彩表现。

色彩变化涉及的内容比较多，上一节已经提到的明暗关系是调整色彩的明度，还有色调、色相和饱和度的调整选项将是本节内容涉及的重点。尽管色彩学的理论知识很庞杂，色彩搭配千变万化，色彩设计方法五彩缤纷，但利用Flash软件调整色彩变化的方法还是有基本规律可循的，下面就从三个方面把握色彩变化的基本调节方法：

1. 对色调变化的调整

色调变化改变色彩的纯度，利用这一特效可以非常简便地从一个元件复制出不同颜色的更多元件，图7-45"菊花图"的例子中只有一朵蓝色的菊花，改变色调的参数后，新增加3种颜色，将这些不同色调的花朵进行大小、多少的组合后，画面就丰满起来，而整个动画其实就是一朵花的元件演变。

具体做法：选中场景中的蓝色花朵元件，将其复制1朵，在属性面板【色彩效果】中选择【色调】，改变参数见图7-45中图A，使花朵颜色为青绿色；再使用一个蓝色花朵元件复制1朵，改变参数见图7-45中图B，花朵颜色改变为白色；继续选中蓝色花朵复制1朵，改变参数见图7-45中图C，颜色为淡蓝色，效果如图7-45。

"菊花图"例子对色调的变化仅仅局限在蓝绿同色系中进行，还可以变化其他色系的颜色，希望读者通过光盘中的实例继续

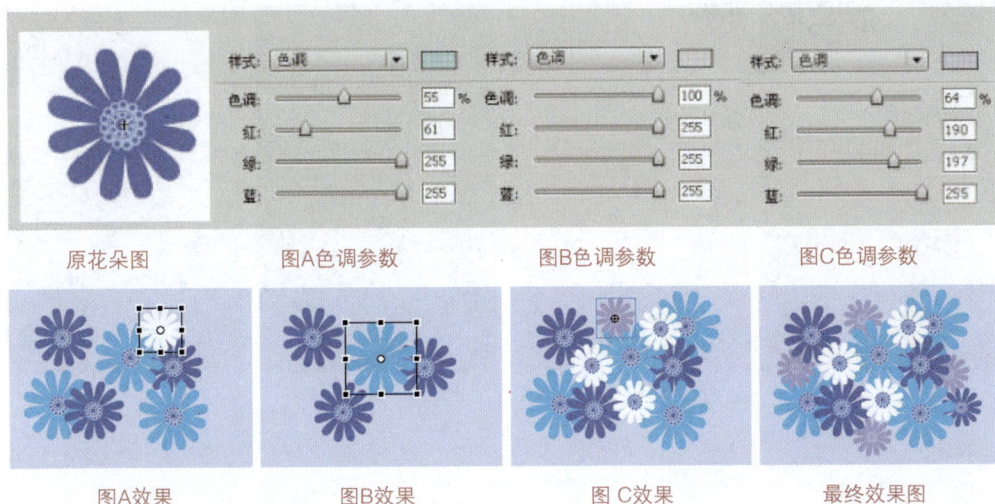

原花朵图　　　　图A色调参数　　　　图B色调参数　　　　图C色调参数

图A效果　　　　图B效果　　　　图 C效果　　　　最终效果图

图7-45　色调变化

进行色调变化的实验，源文件参见光盘第7章//Flash/菊花图。

2. 对色相变化的调整

色相变化主要是调整元件色彩的三原色比值，使图形元件的颜色可以在红、绿、蓝三色间发生转换，改变画面的单一色调，逐渐过渡到其他色彩的变化中，丰富视觉感。色相变化一方面可以变换元件的色彩或动画中的环境色，另一方面可以用于网页或图形的配色技巧中。

图7-46中背景图的颜色与标题色比较接近，可以通过对背景元件进行色相变化的调整，增加画面色彩的动态变化，源文件参见光盘第7章//Flash/色相变化——背景，具体做法如下。

在背景层中将命名为"背景"的图形元件分别设置4个关键帧：第1、50、100、150帧。分别选中后3个关键帧在属性面板【色彩效果】中选择【高级】，分别调整红、绿、蓝三色间百分比的色值，调整的效果图和参数变化如下：后3个关键帧的元件颜色分别调整为红色、绿色、蓝色，在4个关键帧之间分别插入补间动画，就完成了"背景"元件由原色向红、绿、蓝色的色相变化。

从参数图中可以看到红、绿、蓝三种颜色调整时，各自的百分比设置均为100%，其他色值做了相应的调整，但没有改

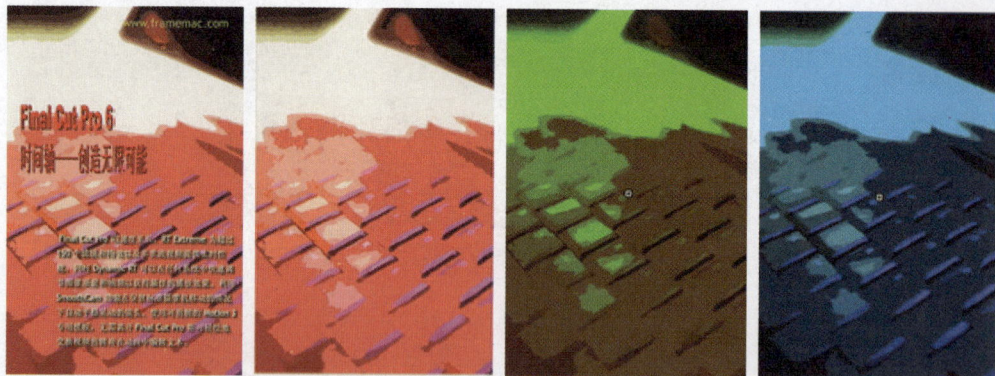

| 原 图 | 红色值为100% | 绿色值为100% | 蓝色值为100% |

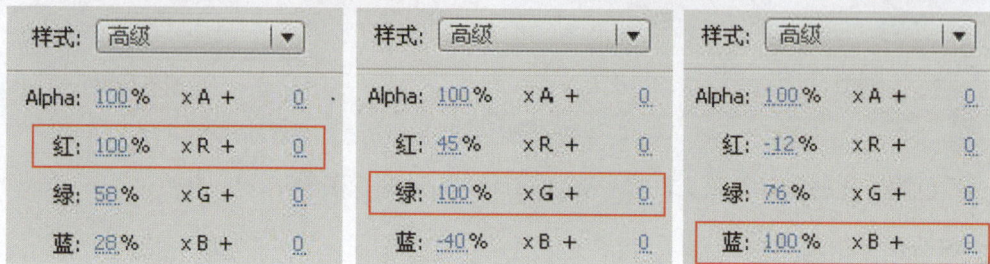

图7-46　色相变化

变Alpha值的参数，因此调整后的颜色对比效果比较强烈。如果降低Alpha值，颜色的饱和度会发生变化，色彩对比的效果会变得柔和一些，这一步的调整希望读者通过光盘中的实例继续进行，亲自体验色相之间的无穷变化，源文件参见光盘第7章//Flash/色相变化——背景。

3. 对饱和度的调整

在图片为主的动画中，经常可以看到色彩由灰度过渡到彩色的变化，这是运用了色彩饱和度的调整方法，降低图片色彩的饱和度就是去掉了图片的颜色，留下的就是灰度的图片色彩。灰度的颜色包括黑色向白色之间的过渡色，是很有特色的一个色系，通常黑白照片都属于灰度色系的，黑、灰色有厚重暗色的魅力，能很好地衬托自然颜色的明亮、欢快色调，两者的变换常用于黑白到彩色的对比、新旧对比、冷暖对比、不同场景对比、时空对比的动画中。

图7-47中照片的色彩处理就很有代表性，画面先出现黑白

照片，随即过渡到彩色照片，视觉上给人带来由清新淡雅到色彩艳丽的不同感受，也很好地映衬两幅人像一静一动的对比效果。源文件参见光盘第7章//Flash/杂志节选——人像。

图7-47　饱和度效果

将彩色照片处理为黑白照片的方法很简单，需要掌握两个要点：

一是元件的属性必须是【影片剪辑】。

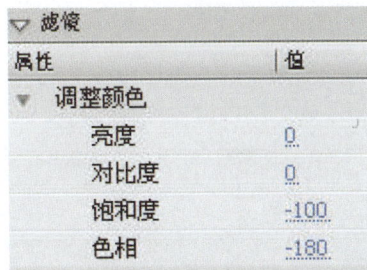

图7-48　滤镜参数的设置

二是使用【属性面板】→【滤镜】→【调整颜色】的功能。将制作成影片剪辑的图形选中，降低彩色图片的饱和度，也就是进行去色处理，便可以出现灰度的图片，调整参数见图7-48。

提示：利用滤镜制作动画特效的种类非常多，除了上面介绍的基本知识以外还有很多如风、雨、雪、碰撞、破碎、爆炸等特效的制作方法，有些可以通过Flash自身制作动画来实现，有些可以借助外部的工具软件，如后期合成类软件及相关插件进行特殊效果的制作。

第八章
Flash 音视频

⬛ 声音

$\mathbf{F}$lash作为主流的多媒体应用软件，除了动画、交互之外，还可以在项目制作中添加音频和视频。对于利用Flash创作的动画作品，音效是非常重要的元素。音效包括了背景音乐与配音、声音特效等。一个成功的动画作品除了剧情、动画表现、角色塑造等画面元素以外，利用音效用来烘托背景气氛也是非常重要的。

Flash可以支持主流的数字音频格式，如何将音效导入到Flash中并与制作好的作品一起输出，关键在于掌握一些关于数字音频的基础知识，学会对声音文件的编辑。才能够正确处理所需的声音文件，下面先了解一些相关的数字音频知识。

一、数字音频基础

利用电脑将模拟音频经过转换转变成数字音频就称作采样，其过程所用到的主要硬件设备便是模拟/数字转换器（Analog to Digital Converter，即ADC）。采样的过程实际上是将通常的模拟音频信号的电信号转换成许多被称作"比特（Bit）"的二进制码0和1，这些0和1便构成了数字音频文件。数字音频技术越来越多地应用于各种专业领域，从广电系统到网络多媒体，普及程度之高绝不亚于数字影像技术，其中也包含着大量的专业知识。

应用在商业领域的音效特别注重文件大小和音频品质，这对视频也是一样。熟悉并适当地使用Flash 应用软件中提供给你的音频模块，选择适当的格式及压缩编码输出你的文件，都会使得工作的效率提高很多。而常见的音频格式包括：

AIFF，这是音频交换文件格式；

WAV，这是IBM开发的应用PC机器上的标准音频格式；

MP3，如果机器里面安装了Quick Time 3.0以上的版本就可以使用这些附加的音频格式；

ASND，这是Adobe SoundBooth 本机的音频格式。

这些格式也都是Flash所支持的音频文件格式，具体包含的类型还可以查阅帮助文档获得。

数字音频无论是哪种格式都包含了一些音频文件特有的参数属性，这些属性值确定了音频文件的质量、文件大小等，如关于音频文件采样、压缩的采样及采样率参数等。

采样——将模拟音频信号转换成 数字音频。

采样率——每秒钟的音频被分解成多少份数据样本，决定了音频文件的频率范围。

采样率越高，数字音频的波形越接近于原始音频的波形；而采样率越低，则数字音频的波形越背离原始音频的波形，从而造成失真。CD最高可以产生22050Hz频率的声音，超过了人类听觉的频率上限——20000Hz。

位深度——采样率决定频率范围类似，位深度（bit depth）决定音频动态范围。当进行音频采样时，每个采样点近似于原始波形的振幅值。高比特位深度可以提供更多可能性的振幅值，从而产生更为广阔的动态范围，降低噪音，提高保真度。

下面列举一些常用的数字音频采样率。

品质	采样率	频率
AM广播	11025HZ	0~5512HZ
FM广播	22050HZ	0~11025HZ
CD	44100HZ	0~22050HZ
DVD	96000HZ	0~48000HZ

图8-1 不同音频品质的基本采样率及频率对比

压缩编码

音频文件包含文件头以指示出音频采样率和位深度。音频文件的尺寸通常比较大 。数字信号的优势是显而易见的，而它也有自身相应的缺点，即存储容量需求的增加及传输时信道容量要求的增加。以CD为例，其采样率为44.1KHz，量化精度为16比特，则1分钟的立体声音频信号需占约10M字节的存储容量，也就是说，一张CD唱盘的容量只有1小时左右。在网络上应用的Flash文件本身对文件大小就会有更加多的限制。所以需要对音频文件进行不同格式的压缩，根据目的用途不同选择不同的压缩编码，这也就是为什么包含这么多种不同的数字音频文件格式了。如一段采样率22.5kHz、16位、6.6秒的立体声WAV格式音乐利用MP3格式的不同码率压缩时原文件大小为486KB，利用压缩码率为16KBps，单声道进行压缩后的文件大小约为12KB左右。

在使用MP3压缩时，在相同码率的情况下，单声道和立体声所占用的存储空间是相同的。但是，立体声的文件在播放时可能会占用更多的CPU资源，因此如果没有特殊要求，网络动画制作过程中没有必要使用立体声。

一般来说都是利用现有的音频文件和音效文件。很多大的公司和工作室都是利用现有的音效素材。常用的音效文件读者也应该有一个属于自己的音效文件库。如图8-2所示，像"HOLLYWOOD EDGE"这样的网站就是专门的音效素材网站。

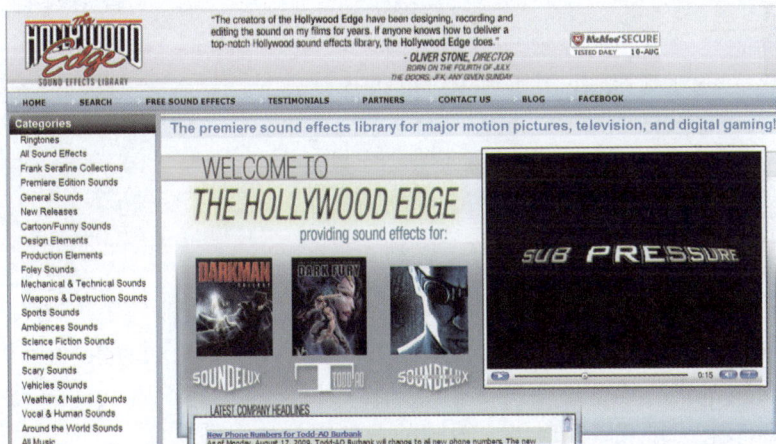

图8-2 Hollywood edge

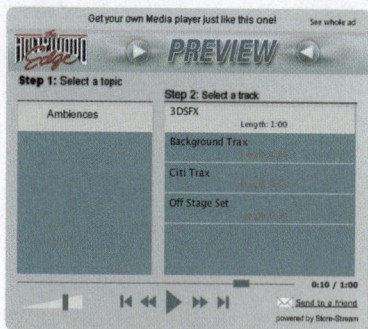

图8-3 音频素材效果预览

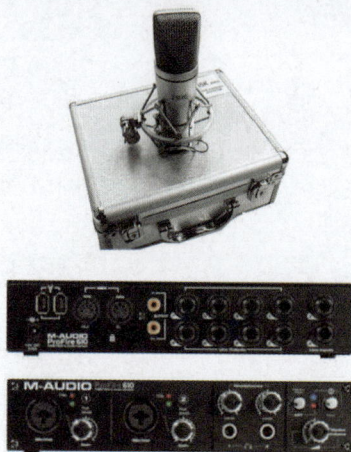

图8-4 话筒和音频接口

除了利用现有的音效素材，很多时候我们还需要自己动手创作音效。自己动手创建新校的方法即录制音效。首先是设备方面，你需要一个话筒，还需要一个音频输入接口，也就是声卡。

音效录制软件如CoolEdit，Adobe Soundbooth等，当然可以是专业的软件也可以是业余的，只要能够录制并编辑声音素材，输出Flash可识别的音频格式即可。如果安装了 Adobe Soundbooth，则可以使用 Soundbooth 编辑已导入 FLA 文件中的声音。在 Soundbooth 中做出更改后，若保存更改后的文件并覆盖原始文件，则 FLA 文件中会自动反映这些更改。

如果在编辑声音后更改其文件名或格式，则需要将声音文件重新导入到 Flash 中。有关一起使用 Flash 和 Soundbooth 的视频教程，请参阅www.adobe.com/go/lrvid4100_xp_cn。

二、导入和使用声音文件

● 创建声音文件：导入音频文件到库。

利用文件菜单下【导入到库】命令为库里添加一个声音文件。在导入对话框中打开文件类型可以看到Flash支持的常用音视频格式。选中所需的乐曲点击【打开】就可将声音文件导入到库中，并可以同时导入不同的音频文件格式的乐曲。

导入的声音文件在库面板中可以看到音频文件的波形曲线，通过右上方的预览按钮可以播放声音文件，检查导入后的效果。

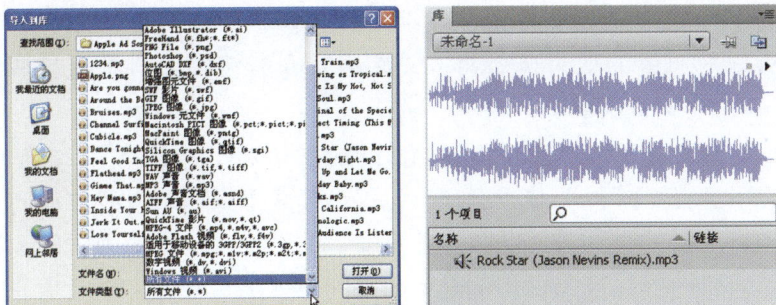

图8-5 导入不同类型的音频文件

● 创建图层：使用声音文件。

在Flash动画中最常用的是背景音乐，添加背景音乐是使用声音文件最基本的方法，将声音直接添加在时间轴的关键帧中，声音便可随动画一起播放，主要掌握以下两个环节。

声音文件的单独图层与关键帧

在时间轴上要给声音文件单独创建新的图层，一般放在语句层之下的顶层位置。在图层中要设置关键帧专门放置声音文件，需要背景音乐在哪一帧出现就设置一个关键帧，然后将库里的声音文件拖入舞台中央，就完成了背景音乐的设置。在关键帧上可以看见音乐的波幅图示，动画播放时背景音乐从相应的关键帧开始播放。

编辑声音的方法

选中背景音乐的关键帧，打开帧属性编辑面板，可以看到【声音】菜单中声音文件的各项参数设置，从【效果】的列表中可以选择修改声音文件的音效，使之出现常见的声音淡入、淡出等效果，并可以压缩或者延长声音播放的时间，但声音文件的原始效果也随之被破坏掉了。此外，点击【编辑声音封

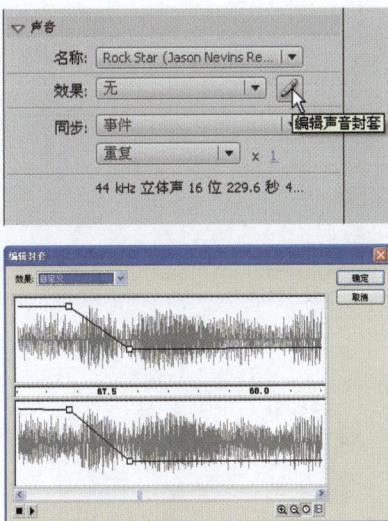

图8-6 声音效果自定义编辑

套】（铅笔图标）按钮，在编辑封套窗口中通过图形调整也可以对声音的效果进行修改，在声音左右波幅窗口中直接调整2个节点，如图8-6所示。

从【同步】列表中需要确定播放音频文件的模式，一般情况下选择"事件"和"循环"。这种模式下乐曲可以脱离时间轴自主播放直到关闭动画。"重复"的设置可根据动画时间和乐曲时间的长短设定，如果乐曲时间短可重复几次。网络播放的动画一定要选择"数据流"，这种模式能够保证动画和乐曲同步播放。

声音播放的开始时间与图层中声音关键帧的设置有关，跟整个动画的停止时间无关，因此可以根据动画的需要设定声音是事件还是数据流，是循环播放还是重复播放，是重复一次还是重复多次，这些都可以自行设定。

从【同步】列表中需要确定播放音频文件的模式，一般情况下选择"事件"和"循环"。这种模式下乐曲可以脱离时间轴自主播放直到关闭动画。"重复"的设置可根据动画时间和乐曲时间的长短设定，如果乐曲时间短可重复几次。网络播放的动画一定要选择"数据流"，这种模式能够保证动画和乐曲同步播放。

声音播放的开始时间与图层中声音关键帧的设置有关，跟整个动画的停止时间无关，因此可以根据动画的需要设定声音是事件还是数据流，是循环播放还是重复播放，是重复1次还是重复多次，这些都可以自行设定。

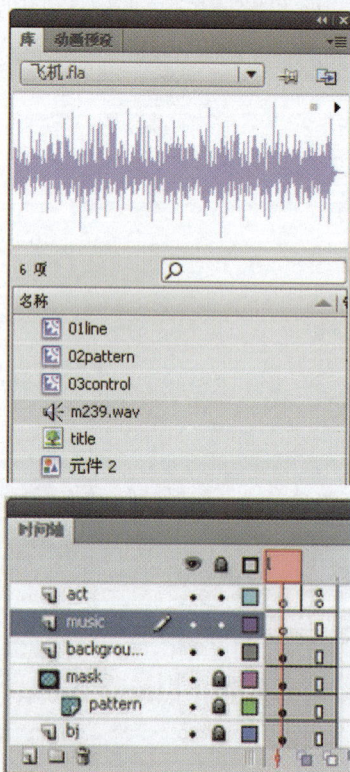

图8-7 库面板（上）和图层（下）

● 实例操作：为"飞机"添加背景音乐

第一步，导入声音文件入库。打开已经制作完成的"飞机"fla文件（可参见光盘第8章//背景音乐/飞机.fla），导入声音文件"m239"入库，库面板可见波形图，见图8-7库面板。

第二步，声音文件的设置。新建【music】图层，见图8-7图层。选中第1帧关键帧，从库里将"m239"元件直接拖入舞台中央，见图8-8拖入声音文件。

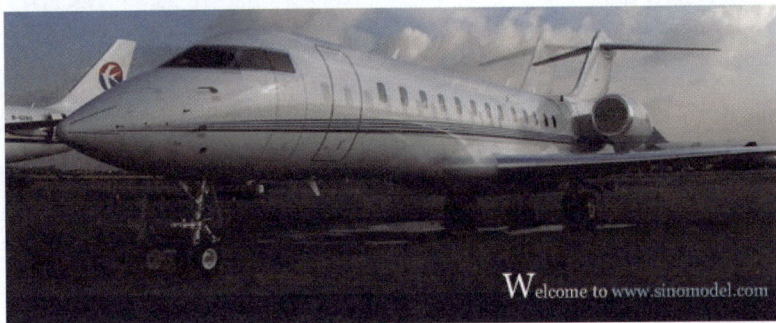

图8-8 拖入声音文件

第三步，设置声音属性。"飞机"动画一共2帧，设计有光线变化的影片剪辑，见图8-9。影片剪辑和声音文件（事件）都可以独立于时间轴播放，因此将声音属性设置为【事件】→【循环】。至此完成背景声音的设置，可观看音画的配合情况，力争使线性变化与声音变化巧妙地结合在一起，源文件参见光盘第8章//背景音乐/飞机。

图8-9 光线变化与声音结合

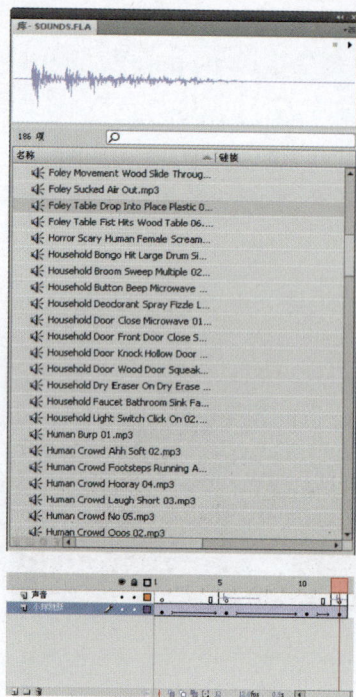

图8-10 素材库的使用

图8-11 设置声音属性

● 使用公用库的声音素材

在Flash的公用库【声音】中提供了一些作为音色库来使用的音效素材，打开【窗口】菜单【公用库】，选择【声音】得到如图所示面板。依次选中这些声音播放，得知都是模拟叫声或响声的短小声音文件，这些作为音效使用的素材片断也可以使用上述方法将声音文件添加到时间轴上，并且可以利用关键帧来控制其素材出现的次数及时间长短，见图8-10素材库的使用。

例如小球落地的声响可以通过添加多个关键帧进行控制。源文件参见光盘第8章//背景音乐/小球。

三、为按钮添加声音

除了在关键帧中添加背景音乐、音效素材外，最常见的声音添加形式是给按钮添加声音。按钮声音的添加方式与背景音乐的添加方式稍有不同，按钮的声音是添加在帧状态中，一般在【指针经过】、【按下】状态的关键帧中添加，选中【指针经过】或【按下】状态的空白关键帧，然后将声音文件拖放到舞台中心，就完成了为按钮添加声音的过程。

【按下】状态添加声音

在时间轴上需要单独创建新的图层用来设置声音，新建【图层2】，在【按下】状态添加一空白关键帧，选中这一帧，将库里的声音文件直接拖入编辑舞台。此时【按下】状态的空白关键帧显示为波幅的图示，见图8-11，表明在这一帧状态有声音事件响应。

【指针经过】状态添加声音

以电子杂志目录页中的声音按钮为例，在指针经过每行标题时会发出短促的声响。设计思路是设计一个隐形按钮，在完成目录文字的基础上，利用隐形按钮为每行标题创建遮罩。在隐形按钮中添加声音事件，鼠标经过时发出声响，见图8-12。

图8-12 目录页面

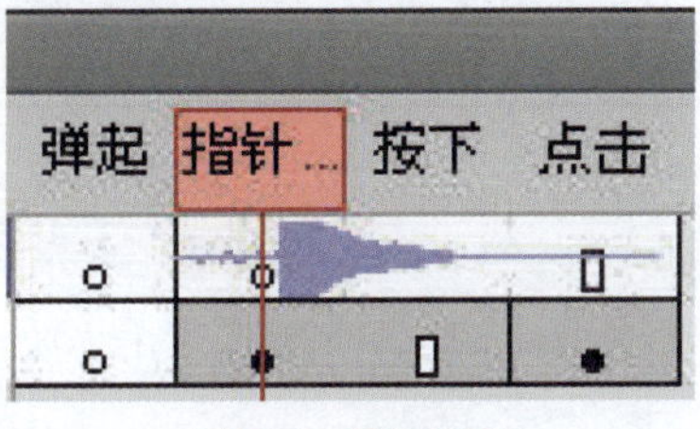

进入按钮元件编辑状态，在【指针经过】的【图层1】设置关键帧，舞台中绘制一矩形色块。新建【图层2】设空白关键帧，在舞台中心添加素材库里面的音效元件，然后按F5延长至【点击】状态，声音属性【同步】的设置为事件，见图8-13。

图8-13 按钮声音

完成后将按钮复制一批覆盖在每行标题上，发布后鼠标滑过的文字栏都会出现音响的效果，源文件参见光盘第8章//背景音乐/目录。

● 事件类型与数据流文件类型的区别

事件类型：将声音和一个事件的发生过程同步起来。声音是在起始的关键帧开始播放的，并能够独立于时间轴完整播放这个声音，即使 SWF 文件的动画停止，声音仍然会继续播放。

例如，播放动画的过程中当用户单击按钮时，由按钮控制的声音文件作为一个事件会响应，即播放出声音。如果声音没有播放完毕，而用户再次单击了按钮，则声音播放作为一个事件会再次响应，这时会听到2个不同时播出的声音，出现声音混乱的现象。这说明声音是作为独立事件响应鼠标动作的，只要点击就会播放。

数据流：将声音与数据的播放同步，通常用在网页的SWF文件里，有利于网页的传输和动画的播放。使用这种类型，Flash 将强制动画的数据和音频流同步，音频流随着 SWF 文件的停止而停止，音频流的播放时间绝对不会比帧的播放时间长，这点与事件声音不同。

提示：删除声音的方式是将声音的关键帧删除或在声音属性面板中，声音类型下拉菜单中选择"无"。

四、声音控制的方法

声音控制指的是在播放过程中通过按钮控制声音的停止、再播放等事件，在 Flash 软件里可以在按钮中使用 Action Script 程序语言创建交互功能实现声音的播放控制，也可以使用Flash 的组件功能控制声音事件。前面介绍过声音素材可以添加在帧或按钮中，那么声音控制的方法也分几种，下面从帧控制、按钮控制、组件控制这三个方面介绍声音控制的方法。

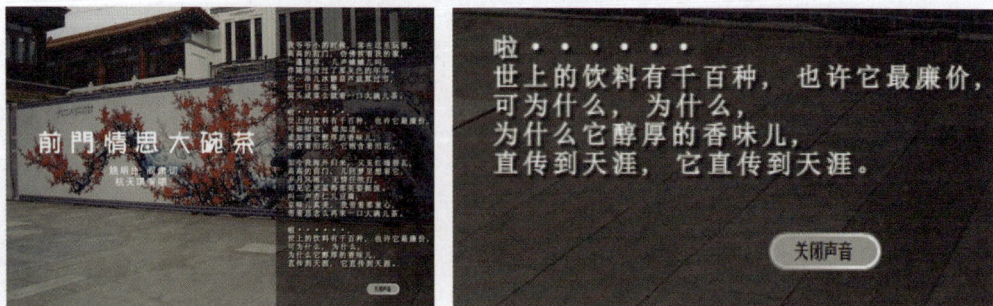

图8-14 声音文件"前门"和声音控制按钮

1. 帧控制

如果FLA文件中只使用一个声音文件，并且是在帧上添加的声音，可以使用这个方法。

控制方法的思路是在动画中添加一个关闭声音按钮，点击后可以关闭掉时间轴上的声音播放事件。下面以实例"前门"为例详细说明，源文件请参见光盘第8章//控制声音/前门.FLA。

打开事先做好的"前门"文件，在时间轴上已经有背景音乐—— 一首歌曲，从共用库里选择一个按钮拖入舞台中，修改按钮文字为"关闭声音"，如图8-14，然后选中舞台上的按钮在【动作】面板中输入以下语句。

```
on(release){
stopAllSounds();    //关闭所有的声音

}
```

按钮制作完成后可测试效果，当点击了"关闭声音"后，应该停止声音的播放，并且不能再播放。由于这个按钮控制的是主场景动画帧的声音播放，因此称为【帧控制】。源文件参见光盘第8章//控制声音/前门.FLA。

那么希望声音关闭后还能够再播放该怎么控制呢？可以再添加一个按钮控制声音播出，请看下面【按钮控制】的方法。

2. 按钮控制

利用2个按钮控制声音播放的方法与一个按钮【帧控制】的思路不同，为了不影响时间轴其他动画的播放，可以将按钮控制声音的过程单独制作为一个影片剪辑，利用影片剪辑独立于时间轴播放的原理来处理声音事件，具体做法如下。

打开事先做好的"舞蹈－a"文件，库里导入一首"wonderland.mp3"音乐乐曲，从共用库里选择2个按钮拖入舞台中，修改按钮【弹起】、【指针经过】状态的图标如图8-15所示，按钮的具体修改内容参见光盘第8章//控制声音/舞蹈－a.FLA。

图8-15 声音按钮和声音文件"舞蹈-a"

按钮的图标解释：三角表示播放声音，四方形表示停止播放。第1个黄色按钮【弹起】状态为三角，【指针经过】为四方形，第2个紫色按钮的帧状态与此相反。

用黄、紫两种颜色区别两个按钮相互之间的功能，是便于掌握按钮正确的使用方法，也可以用同样的颜色制作按钮，这样在画面里好像是一个按钮在控制声音。

制作影片剪辑：将影片剪辑命名为"anniu"，时间轴安排2帧、3个图层。

【butten】图层第 1 帧放黄色按钮，第 2 帧放紫色按钮，2个按钮位置重叠在一起。

黄色按钮输入如下语句。

```
on(release){

gotoAndStop(2);

}
```

紫色按钮输入如下语句。

```
on(release){

gotoAndStop(1);

}
```

【music】图层第 1 帧舞台上拖入 "wonderland.mp3"。

在【act】图层第 1 帧和第2帧分别输入如下语句。

```
stop();            stopAllSounds();
```

影片剪辑制作完成后拖入舞台测试效果，应该是打开动画就有声音播放，点击一次按钮声音停止，再点击一次按钮声音又开始播放，如此往复。源文件参见光盘第8章//控制声音/舞蹈－a.FLA。

3. 组件控制

组件控制的方法是利用Flash软件自带的控制声音播放的Media组件功能，为动画添加声音控制，可以将组件看做是声音播放菜单，菜单里面播放按钮、进度条、音量控制等功能齐全，菜单可以打开可以折叠，并且最大的好处是声音文件不必导入FLA文件中，但必须将声音文件与之放在同一文件夹中。

打开事先做好图形和文字的 "舞蹈－b" 文件，按Ctrl+F7或在【窗口】命令中打开【组件】菜单，选择【Media】项下的【MediaPlayback】，见图8－16，这时库里增加了 "MediaPlayback" 元件。

图8－16 Media组件

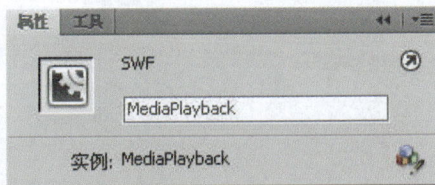

图8－17 "MediaPlayback" 属性设置

将 "MediaPlayback" 元件拖入舞台，打开属性面板，将实例名称 "MediaPlayback" 输入到名称窗口中，见图8－17 "MediaPlayback" 属性设置，这一步完成后打开右下角的【组件检查器】图标，在弹出的【组件检查器面板】中继续设置与播放器关联的参数。

图8-18 文件夹

图8-19 组件检查器

从文件夹中找到声音文件"08 El Turron.mp3"，见图8-18 文件夹，在组件检查器参数设置中完成如下选项，见图8-19 组件检查器。

勾选mp3；在URL中输入名称；勾选 Automatically Play；Control Placement 选项中勾选一项即可；Control Visibility 选项中勾选 Auto。

Control Placement 的两个选项效果如下图。

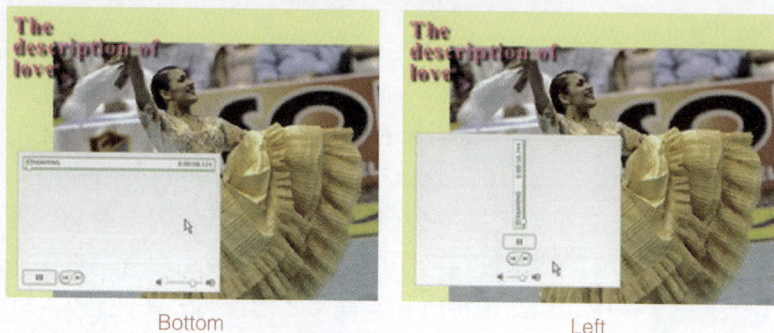

Bottom

Left

图8-20 组件的两种形式

经过比较，最终选择Left的菜单模式。

图8-21 组件使用效果

组件和组件检查器设置完成的输出效果如图8-21，鼠标滑过折叠的播放器菜单时，可以打开播放器控制声音播放，可以观看播放进度和调整音量大小。源文件参见光盘第8章//控制声音/舞蹈-b.FLA。

视频

今天的互联网已经被各种各样独特的想法和富有创造性的新奇的形式所覆盖。也有很多人开始一年一度地总结好像时装设计一样的网站设计及Flash设计的趋势。不可否认，人类的天性就是追求无止境的完美和有趣新奇的设计概念。设计元素是多元化的，但视频带给人们的冲击永远最强烈也是最直接的。这一切都使得Flash与动态影像之间的关系越来越密切。

一、Flash 与动态图像

　　Flash网站中出现的视频也不仅仅是作为一个单独的视频播放区域出现的，多元化的设计、无处不在的视频、超大清晰的视频图像甚至成为了很多网站主页的背景主要内容，当然这一切都得益于网络传播速度的提高，同时也是一个必然的趋势所在。视频内容的添加可以让人们更直观地了解网站的内容，无论是以整个视频播放的形式还是视频片段局部如人物动作作为网站或者动画设计的一部分，或者是整个视频作为大的背景，了解和学习如何在Flash中添加视频文件都是非常重要的。

　　创建视频片段在网站中播放。如图8-22所示的是三星ST 50相机的宣传网站。

图8-22　相对比较传统的视频应用　http：//www.samsungcamera.com/st50/

图8-23 Wrangler品牌服饰宣传网站 http：//eu.wrangler.com/

网站视频单元背景全部是用黑白影像展现激情人生。

在图8-24所示的美国拳击联合会官网中，精彩激烈的比赛视频、全程跟踪的选手专访、第一时间的专业人员评论都是以视频的形式呈现在该网站中的。

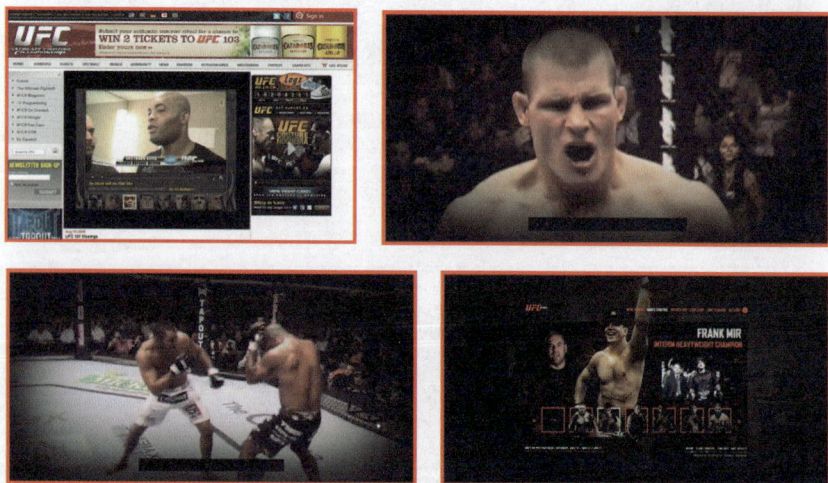

图8-24 美国拳击联合会官方网站 http：//www.ufc.com/

在图8-25所示的Nokia手机体验式网站中，不同角色的精彩视频体现手机人生。专业人员讲解手机配件及性能。

图8-25 Nokia手机体验式网站 http：//www.nokia.com/framesets/nonstopliving

二、*Flash* 导入视频文件

视频文件的格式非常的多，根据创建视频文件的载体不同所得到的文件格式也是千差万别。但是在互联网上传播的视频文件有着严格的文件大小限制，不可能像在电脑上播放的电影文件一样动辄是1G左右大小。所以这就需要能够有适应网络传播的视频文件格式。一般的视频文件需要选择不同的播放器才能够进行播放，对于本地计算机没有安装相应播放器的用户来说，这些视频无法观看。对于解决播放器和容量的问题Flash可以将各类视频文件转换成Flash视频文件。利用在浏览器中的Flash播放器可以直接播放视频。视频文件大小也可以根据转换时的设置转换成非常小的视频文件，那么这种Flash视频文件是什么呢？

FLV就是网络上最为通用的一种视频文件格式。它利用Flash Player作为平台，是一种文件小、播放流畅的流媒体视频格式。在Flash中创建视频的过程就是将从不同的途径所获得的不同类型的视频文件转换成这种通用的视频文件格式并整合到Flash中。

视频常见格式及压缩编码如下。

1. 流媒体——在网路上播放的流媒体视频文件

RM格式： 这是由Real Networks公司开发的一种新型流式视频文件格式。

MOV格式： MOV也可以作为一种流文件格式。QuickTime能够通过Internet提供实时的数字化信息流、工作流与文件回放功能，为了适应这一网络多媒体应用，QuickTime为多种流行的浏览器软件提供了相应的QuickTime Viewer插件（Plug－in），能够在浏览器中实现多媒体数据的实时回放。

ASF格式：这是由微软公司开发的流媒体格式，是一个在Internet上实时传播多媒体的技术标准。

2. 影像格式——本地磁盘上播放的影音文件

AVI格式：这是由微软（Microsoft）公司提出，具有"悠久历史"的一种视频格式。

MOV格式：这是由苹果（Apple）公司提出的一种视频格式。无论在网络上还是本地机器上播放都是一种非常好的视频文件格式。

MPEG/MPG/DAT：这是由国际标准化组织ISO(International Standards Organization)与IEC(International Electronic Committee)联合开发的一种编码视频格式。MPEG是运动图像压缩算法的国际标准。它包括了 MPEG-1、MPEG-2 和 MPEG-4。

以QuickTime影片为例看看视频文件的常用参数。

图8-26 SCANLINE公司Quicktime格式演示影片

选择窗口。选择影片检查器，如图所示参数选项。格式：使用压缩编码压缩，512×270尺寸大小视频，上千万种颜色。影片FPS：影片每秒播放的帧速率为25。数据大小：文件总体数据大小为18.18MB。数据速率：网卡每秒接受和传送该类型视频文件数据的速度。

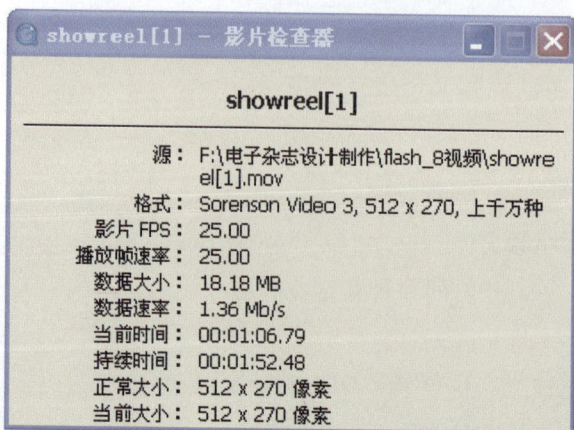

图8-27 Quicktime视频文件属性

导入视频。Flash CS4 对视频有了非常好的支持，支持的视频格式有64种。支持格式所涉及的领域非常广泛，从视频到高清，从网络格式到手机多媒体等不同领域对视频的格式标准要求都可以支持。导入视频是利用视频导入窗口进行操作。具体操作如下：使用Adobe Media Encoder实现工作效率最大化，它现在是Flash CS4 Professional随附的一个单独软件组件，支持H.264。在后台进行文件编码，同时继续创意制作。设置多个项目进行编码、管理优先级并控制每个项目的高级设置。Flash CS4 Professional使用Adobe Media Encoder实现更高质量的效果并且控制性更强。Adobe Media Encoder可以轻松将多种文件格式转换为高质量的H.264视频(MP4、3gp)或Flash媒体(FLV、F4V)文件，包含 MPEG、XDCAM EX 等附加文件格式导入插件。

　　Adobe Media Encoder具有标准的Adobe CS4 风格界面，且在Adobe其他视频处理软件(如Premiere Pro CS4 、After Effects CS4)上也能发现Adobe Media Encoder的身影，更新后已经支持H.264编码与批量处理，也添加了Two-pass编码与可变比特率编码方式，这使其更接近专业的编码工具了，或者是说Adobe Media Encoder足够胜任标准的WEB视频编码任务。其实为了更加完美地完成视频转换任务，最好是安装一些解码器，如K-Lite Codec Pack等。

　　导入视频文件，打开视频编辑向导对话框，选择在Adobe Media Encoder进行编辑。可以将视频格式转换成Flash专用的H.264 或Flv。

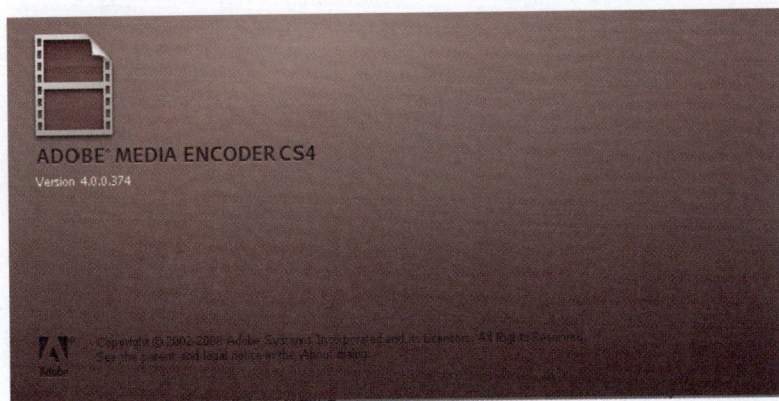

图8-28 Adobe Media Encoder视觉编辑器

步骤一：转换视频文件

以Mov文件为例，将其转换为Flash FLV文件的过程。打开Adobe Media Encoder CS4。

编辑窗口里点击"Add"添加视频文件，添加后左边面板显示视频文件路径、目标文件格式以及相应的格式设置。这里面可以选择高清或者适合网络的流媒体尺寸及编码格式。如果需要手动进行编辑设置参数的可以双击Preset打开导出视频编辑窗口设置，如图8-30所示。

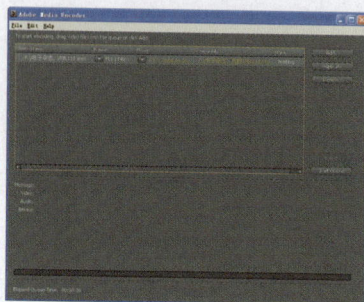

图8-29 视频文件添加面板　　图8-30 Artbeats 动态影视素材

点击"Preset"下面的橙色文字部分可以打开输出设置面板。该面板中左边两个标签式面板分别为原始素材的显示预览和输出素材的显示预览。在该区域中用户可以自定义对原始素材进行剪切设置。可以调整输出视频文件帧速率、尺寸大小及不同的压缩格式。可以对音视频同时进行调整，甚至为视频文件添加模糊滤镜。

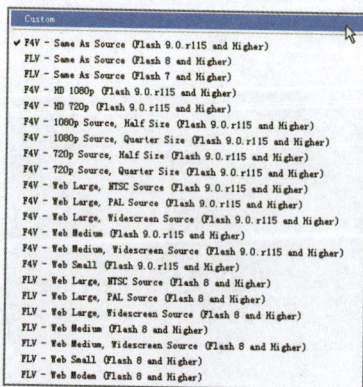

图8-31 Adobe Media Encoder输出文件的类型及其压缩格式

FLV：FLV文件格式利用On2 VP6编码支持Flash8.0以上播放器或者Sorenson Spark编码支持Flash7.0以上播放器。

F4V：F4V文件格式利用H.264视频编码格式支持Flash9.0以上播放器。

两种文件格式都是高压缩比但是视频质量相对很好的视频压缩方式。选择文件格式设置为

"F4V"并且设置与原素材相同选项。虽然都同样是F4V文件格式，根据尺寸大小的不同设置选择也有所不同。用户也可以自定义文件格式。

图8-32 滤镜设置以及视频文件格式、压缩编码设置

可以将滤镜中的模糊选项打开到20，格式面板中可以选择压缩编码（只对FLV文件格式有效）。确定文件尺寸为720×486，输出文件的尺寸大小也可以在左边的输出面板中找到。还可以调整音频文件的压缩格式和压缩频率和质量等。确认后回到输出面板中点击"Start Queue"开始渲染。输出路径是默认的素材文件存在的路径，如果需要修改也可以调整上面的"Output File"的文件存储位置。

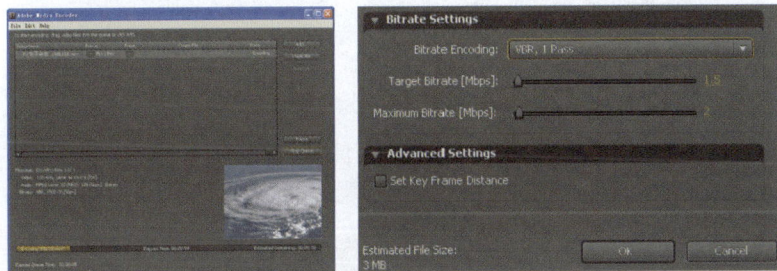

图 8-33 视频文件渲染输出

输出的文件大小为3.41M，原始的文件大小为67.9M。利用Flash播放器播放视频其视频文件质量还是相当高的。如果需要修改文件尺寸，我们可以在输出设置窗口中的视频面板区域中修改"Bitrate Settings"，目标比特率越低，文件大小也

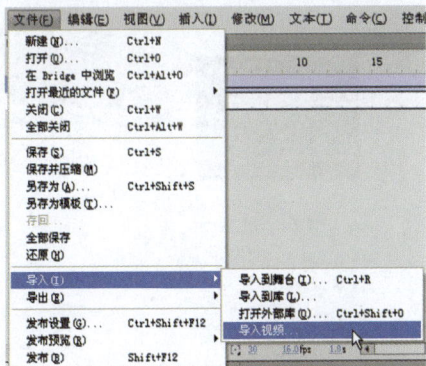

图8-34 Flash中导入视频

就越小，最终的文件尺寸可以在下面确认按钮左边看到预估的文件大小。

步骤二：Flash视频导入之向导窗口

在Flash中选择导入—导入视频。弹出的对话框中选择使用回放组件加载外部视频。

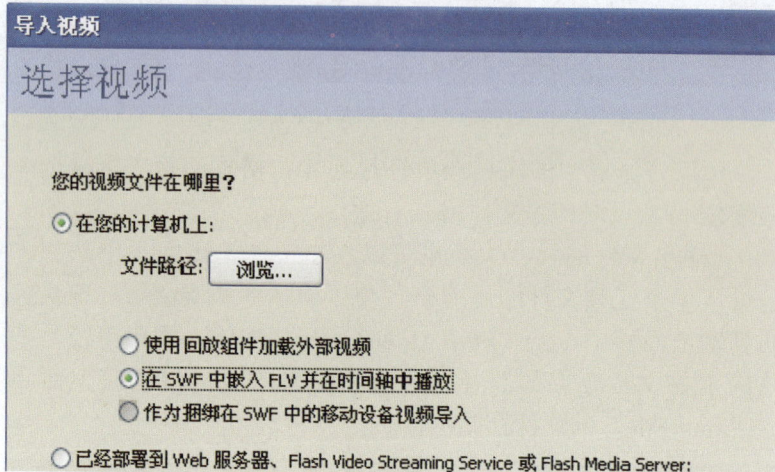

图8-35 视频文件导入向导面板

在外观面板中选择视频控件的外观和位置。外观的形式和颜色可以修改。完成导入。改变文件尺寸的大小可以直接利用变形工具设置。发布后我们可以看到一个控件形式存在播放器，可以点击播放和暂停。

图8-36 选择视频播放控件类型

还有一点需要注意的是在输出视频文件时，需要注意检查文件分辨率大小，由于输出设置不同，可能会导致输出视频文件上下或者左右带有黑色的边框。如果带有黑色的边框可以通过输入面板中的裁剪选项确定保留的视频文件的大小，也可以通过自定输出文件尺寸来避免黑色边框效果。

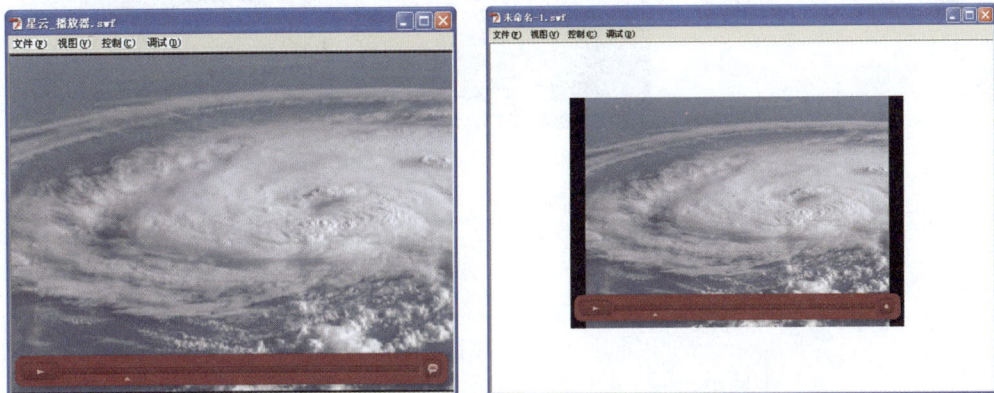

图8-37 视频文件输出窗口

带有Alpha通道的视频文件导入

Media Encoder除了可以导入各种文件格式的视频文件外还可以导入到有通道的视频文件。这样通过三维软件制作的动态序列帧也可以带有通道导入到Flash中，这为Flash动画设计实现更加丰富的效果提供了无限的可能。同时也为多图层的视频文件在Flash中进行合成提供了可能。原始的素材文件的Alpha通道可以通过转换成FLV文件On2 VP6编码方式记录通道。

图8-38 带有通道的三维渲染文字

图8-39 带有通道的三维渲染文字

完成视频导入后在当前选定的图层上会添加视频文件，场景中视频文件如图所示。预览文件会看到影片，如果是三维渲染或者视频文件本身带有通道，在最后格式转换之后也会包含原始的Alpha通道。当然你可以选择带有边框的控件形式，也可以选择"无"只导入视频的部分，这样和背景整合在一起就是前后涂层遮挡的效果。

图8-40 合成效果

修改视频控件

组建面板中有用户界面组件及视频组件，当我们需要对视频组件进行参数添加或者修改的时候，需要里面的FLVPlayBack里面有两个非常重要的参数选项可以进行修改，一个是视频文件的路径修改，另一个参数是皮肤面板的参数调整，都在组建编辑器中。

在组建面板中也可以直接创建与视频文件有关的FLVPlayBack，然后根据需要添加或者修改相应的参数。如直接添加视频文件。绘制和修改视频文件的遮罩利用Action Script 3。

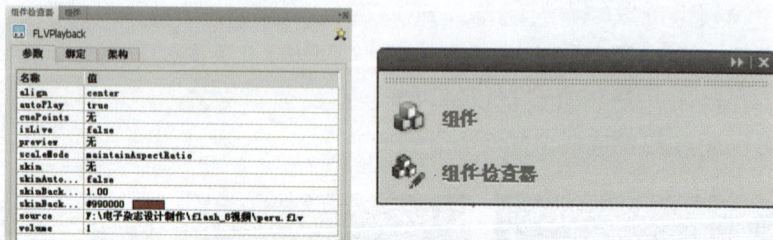

图8-41 组建检查器

▦ Alpha通道

一、Alpha通道视频

网站中人物和背景结合在一起的效果需要制作带有通道的人物素材整合到Flash当中。人物素材需要从后期软件中进行抠像。如利用Adobe After Effects创建带有通道的视频。

图8-42 标清素材文件

http：//www.hollywoodcamerawork.us/greenscreenplates。html

在After Effects中利用抠像插件将背景颜色去掉。这里选用"The Foundy"公司出品的Keylight抠像插件。选择Effects—Keying—Keylight(1.2)特效插件。参数如图所示，主要包括去除背景绿色，调整屏幕对比度及颜色纯度值。调整抠像物体颜色与背景区别加大以得到效果较好的Alpha通道。

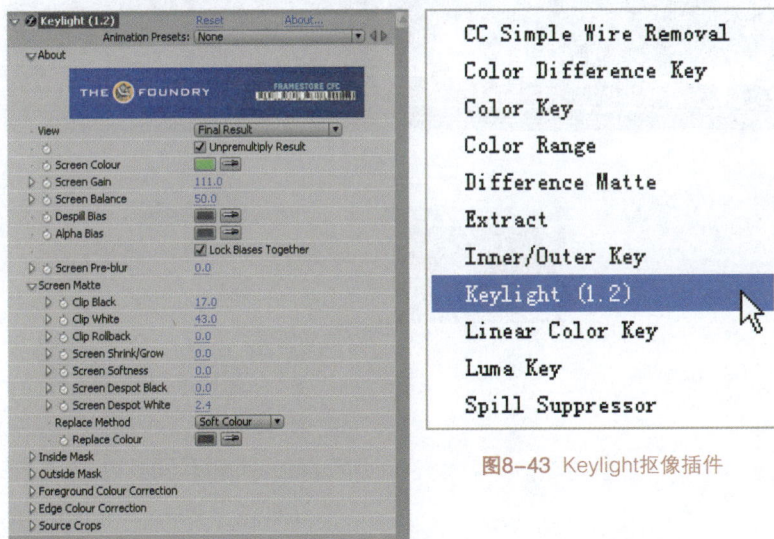

图8-43 Keylight抠像插件

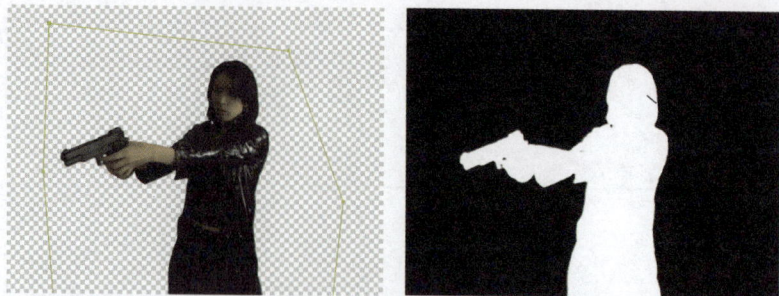

图8-44 抠像效果及其Alpha通道

　　介绍两种导入Flash中带有通道的方法，一种是我们之前讲过的输出带有通道的视频文件，然后利用AME（Adobe Media Encoder）进行转换，将文件转换成带有通道的FLV文件再导入到Flash中。另外一种是在AE中直接输出带有通道的FLV文件。FLV文件类型是经过压缩的，所以文件质量损失比较严重，建议保留一个高质量视频文件的备份。

　　二种方法是直接在视频处理软件中输出序列帧，然后将带有通道的序列帧导入到Flash当中。

图8-45 Flash中抠像素材合成窗口

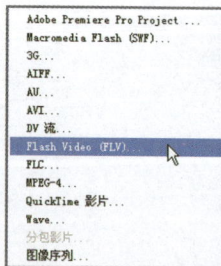

图8-46 AE中输出Flash Vedio及其设置

　　在AE中直接输出的方法可以在主菜单中选择Flile→Export→Flash Vdeio。输出FLV视频文件，参数选择与AME中设置相似。不同的AE版本输出Flash视频的对话窗口有所不同，注意选择"Encode alpha channel"带有通道即可。

如果在导入视频文件时选择视频关联，如图所示，可以将视频文件在时间轴上进行播放，带有通道的视频文件在舞台上的显示也是以背景透明的形式显示的，可以方便进行位置、大小的调整。注意这种方式嵌入的视频必须是FLV文件类型的视频文件。

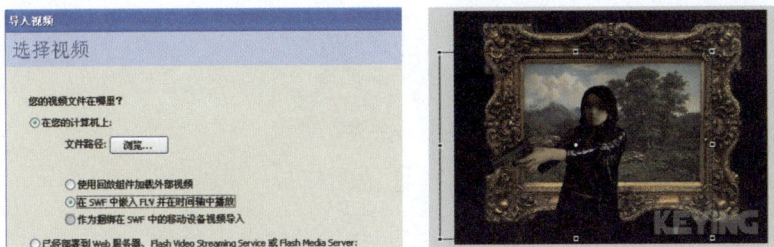

图8-47 Flash中导入视频及抠像合成效果

二、序列帧

除了直接导入视频文件外，Flash还可以导入顺序排列的序列帧。Gif是最常见的序列帧。如果需要导入带有通道的序列帧可以选用PNG文件格式。将视频或者创建的素材在后期软件中转换为序列帧，序列帧命名以数字作为文件名的结尾最后是文件的后缀名，这样命名的文件在导入到Flash中时，选中第一帧导入，软件会提示是否需要导入序列。选择文件→导入→导入到舞台。序列帧导入后是直接导入到舞台上并在时间线上以关键帧的形式存在的。

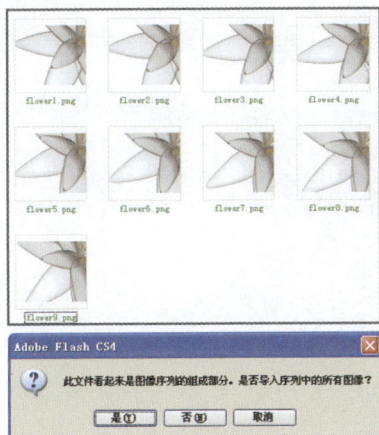

图8-48 Flash中导入序列帧

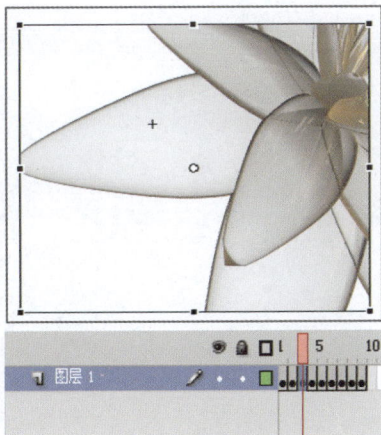

图8-49 时间轴上序列帧设置

　　将序列帧图层关键帧复制到新建的原件中，并命名该元件为"花瓣元件动画"，给该元件添加颜色及亮度调整如图8-50所示，将该元件与背景图层进行整合效果如图。注意：PNG序列帧包含透明通道，其他序列帧格式导入的文件格式均不包含通道。具体查看帮助文档中关于插图导入的部分。

图8-50 包含透明通道序列帧合成效果

　　Flash与AE的结合是非常紧密的。Flash制作的动画如果是在电视上或者制作成动画电影的最后都要导出成swf或者相关格式的动画在后期软件中进行合成。后期软件中的最后合成工作可以进行多个图层的整合，创建摄像机、动画片段的透视效果，还可以增加画面的细节，整体把握动画的颜色。After Effects强大的插件库以及滤镜效果为动画创作增加了无限的可能。

第九章
Flash 3D 动画

Flash中的3D效果

一、Flash中的3D效果

在Flash制作的动画中实现3D效果并不是什么新鲜的事情，立体效果的添加确实可以给Flash制作的动画或者其他作品中增加很强的视觉效果。3D效果的实现有很多种不同的方法和途径，根据制作的要求选择有效的工具或者方法帮助实现突出的效果。

传统的Flash动画中3D效果相对比较简单，利用软件自身的功能或者外挂的插件往往就可以实现，需要掌握一定的技巧和制作经验。网站中应用的3D效果确实是非常的灵活，效果也是非常好，而这类立体效果往往都是利用三维软件进行制作，然后将立体的素材导入到Flash中进行合成。有部分网站其交互的主界面就是展现三维空间立体感效果，以日本网站居多。以下是部分三维效果网站鉴赏。

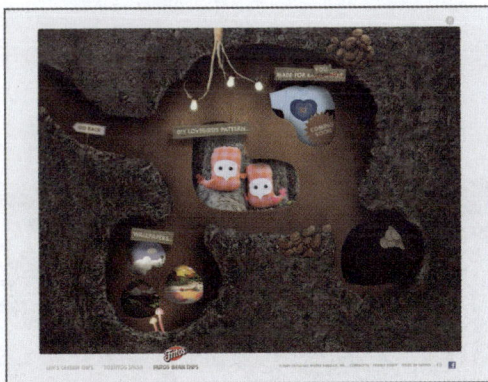

http://madeforeachother.com/ 休闲食品公司 美国

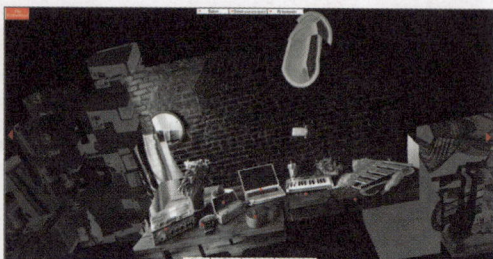

http://thinkingspace.economist.com/#/mercedes-bunz 媒体网站 英国

http://hf3.coca-cola.com/ 可口可乐快乐工厂 美国

二、Flash中的三维效果

首先介绍在Flash中制作三维立体效果。严格来讲Flash并没有真正意义上的3D，Flash中制作的立体效果往往都是模拟的2.5D效果。之前版本的Flash由于缺少三维坐标，所以很难实现立体感和纵深感。Flash CS4中添加了3D功能使得我们可以创建空间立体效果并且可以制作动画效果。

创建照片元件，在图层中第1和第24帧的位置创建关键帧，创建补间动画。在第24帧位置选择元件，工具栏中点选3D旋转

图9-1 舞台效果

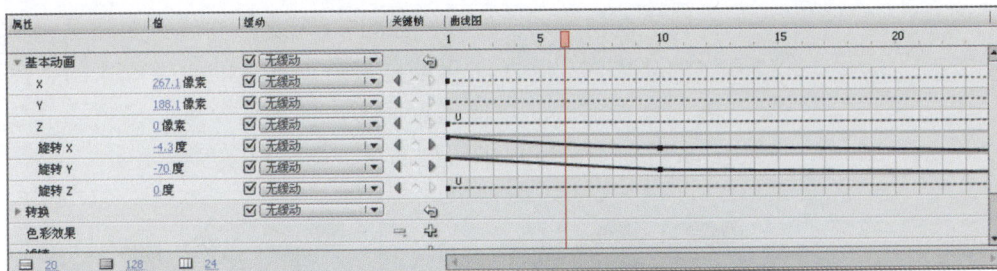

图9-2　利用编辑器面板调整动画

工具，在舞台中围绕Y轴旋转照片。最好不要只创建两个关键帧让物体旋转360°。可以在中间添加关键帧作为过渡。

　　如果希望图片还可以在其他轴向进行旋转，选中时间线上的补间动画，点选时间轴编辑器面板。在编辑器中对旋转X、Z进行关键帧的设置和调整。如果直接在舞台中利用工具对图片进行旋转很容易出现图片旋转过度的效果。利用编辑器面板调整动画效果使其更直观准确。

（一）渐变阴影模拟

图9-3　平面效果

　　利用颜色渐变可以创建阴影及相应的立体效果。打开文件如图9-3所示。物体被创建之后填充的颜色和边框色效果非常平，虽然添加了阴影，但是阴影的效果也很不自然。

　　给前景填充色添加渐变效果，利用"F"打开渐变编辑器，可以通过改变渐变中心点的位置、渐变控制范围、旋转渐变方向等几个方面创建最适合的效果。由于黑紫色的渐变效果还要应用于其他的茄子，还可以通过"添加样本"的方式将该颜色效果保存。

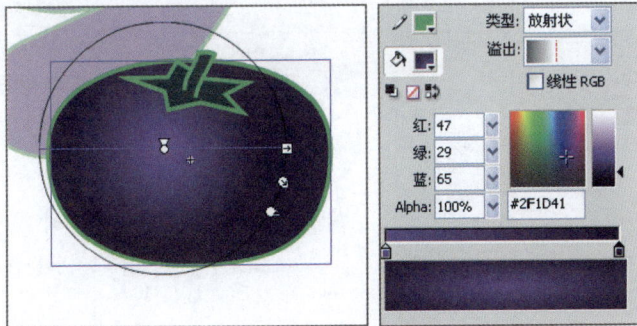

图9-4　渐变颜色

为影子也创建渐变效果，如图9-5所示。立体感加强了，不过真实的立体效果影子不可能是有着如此死的边缘效果的，需要给阴影添加随着离物体远近而形成的虚化效果。将阴影部分转换成元件，为元件添加模糊滤镜，调整相应参数。

图9-5 模糊阴影

除了阴影效果我们还可以为物体创建高光。茄子的整体形态类似于球体或者圆柱体，按照基本几何体高光添加的方式，创建高光的白色圆形几何体，将其转换成元件并应用滤镜效果，并将元件透明度进行适当的调整应用与最上面的图层。注意所有物体的光源的方向应该一致。

图9-6 绘制头部阴影效果

图9-7 身体渐变效果添加

（二）3D卡通立体效果创建

利用颜色的变化可以创建3D立体效果的卡通角色。创建卡通角色头部整体的渐变颜色，然后创建头部阴影。在头部元件中新创建一个图层，创建一个黑色半透明效果的侧面阴影形状。也可以在头部形状为编辑状态时，利用笔刷工具在头部形状内部绘制阴影。

除此外头部下方、眼睛、嘴巴都可以创建立体效果。全身创建渐变颜色，按照头部光源的方向创建身体的阴影效果。

创建一个新的图层作为阴影图层。创建在地面上的投影。可以直接将整个物体创建成为一个元件，然后复制该元件在新的图层。给该图层的元件添加滤镜效果，对于颜色进行调整，降低亮度和颜色对比度使其成为黑色效果，变形该元件得到透视效果的阴影。也可以将复制的物体进行分离整体填充阴影所需的颜色创建阴影效果。

图9-8　立体效果

三、三维摄像机，透视，景深

　　Flash中并没有提供摄像机功能，所以场景中的物体如果需要实现摄像机的运动效果如推拉摄像机是很困难的。这也使得很多关于摄像机的动画效果需要借助后期合成软件完成。分层似乎是今天创建动画的一个必不可少的词汇，分层创建角色、分层创建前景背景，制作人员可以通过分层创建来实现摄像机的景深，实现对物体大小变化、位置遮挡关系的调整，还可以单独调整颜色。由于新版的Flash中添加了3D模块，尽管我们不能直观地在三维空间中调整物体，但是我们已经可以通过参数调整物体与物体在"Z"方向上的距离从而实现景深的效果。并且也可以通过给场景中的物体深度值创建动画从而得到摄像机的推拉效果。

　　以摄像机动画为例，利用Flash创建摄像机变焦的动画效果。新建文件，场景中包含小女孩、火车、远山及蓝天白云。分别以影片剪辑的形式创建元件（Flash对于影片剪辑类型的元件可以创建3D变换的动画）。

图9-9　摄像机动画图层设置

创建图层，并将物体按照景别分图层添加，在第一帧添加关键帧并给需要创建补间动画的图层创建补间（有些图层如天空并不需要，而白云可以不需要深度方向的动画设置）。女孩图层创建动画将前10帧保持不动，从第11帧开始创建关键帧并创建补间，将动画拉长到35帧。同时在第30帧创建一关键帧并同时缩放该元件大小，模拟摄像机推进时的效果。

图9-10 创建关键帧

其他的图层处理方式相同，模仿摄像机变焦的效果关键是焦点的位置。将焦点设置在小女孩与火车之间，需要注意不同的物体由于景别的不同其缩放动画设置也不相同，如远山的动画相对于前景就不能创建放大的动画效果而应该创建物体变小，并且之后的远景也都应该创建带有透视的、拉远的效果。利用动画编辑器来控制关键帧的数值以及摄像机运动的慢起慢落的效果。

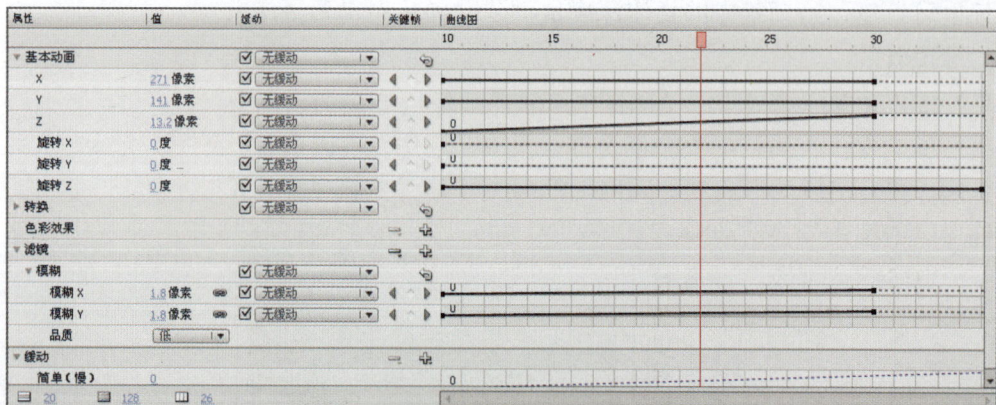

图9-11 调整动画曲线

创建完成后可以将远处的物体添加模糊滤镜，这样可以更好地实现景深的效果。

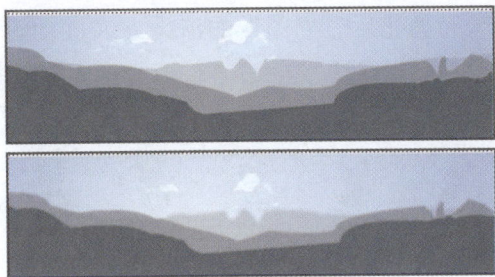

图9-12 远山模糊

最后将变焦前后的场景动画做对比。这里创建Flash模拟的摄像机动画效果，需要注意摄像机不同景别的效果，并且物体运动开始和结束时要模拟摄像机的慢起慢落。注意不时预览动画效果以便及时进行调整。

图9-13 变焦前后画面对比

Flash外挂3D插件

在Flash中可以安装如swift 3D的外挂插件，插件会启动swift 3D,在该软件中我们可以通过导入绘制的线框文件，利用三维的放样，创建凸凹和斜角来创建三维几何体并赋予基本颜色或者贴图。

同时可以利用该插件实现更加复杂的三维渲染效果和动画效果。软件中自带的材质库和动画库可以非常方便地调整动画效果。通过修改时间线上的动画关键帧可以自定义设置动画效果，并且最终可以以

图9-14 创建三维物体

矢量图形序列的形式或者光栅化后序列图像的渲染方式进行输出，最终再导回到Flash中继续制作。

图9-15 渲染三维文字及动画效果

Flash与3D应用软件

主流的三维应用软件可以生成画面效果细致的像素图像，可以通过利用三维应用软件如Maya、3DMAX等生成动画序列帧并将这些序列帧导入到Flash中实现真正意义上的三维渲染效果。

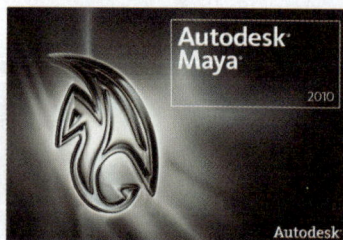

并且可以利用三维软件中的摄像机实现任意角度角色及场景的渲染，这种透视效果的实现非常的便捷而真实。

在Maya2010中可以选择菜单中的Window→Render Settings

进行渲染设置。你可以将输出设置为QuickTime影片类型，序列帧类型或者swf文件类型。设置输出序列帧可以避免在渲染时发生错误而导致整个输出文件不可用。如图所示设置输出文件的路径及文件名，渲染文件的序列帧时间长度。

图9-16 动画场景

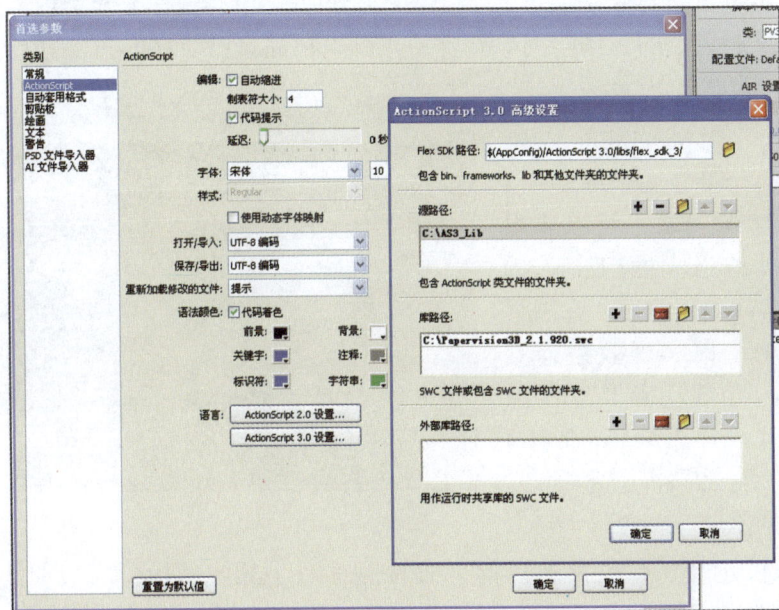

图9-17 渲染菜单

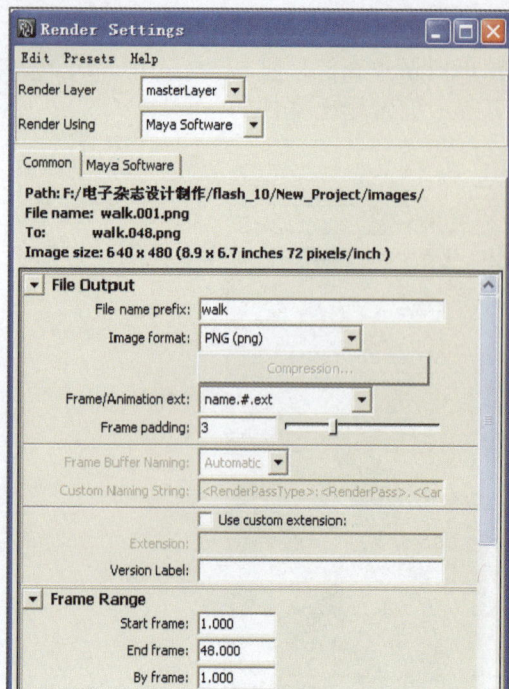

图9-18 渲染设置面板

渲染时设置输出文件格式为PNG或者TGA等支持Alpha通道的文件格式，这样在导入Flash中时图像序列会带有透明通道。如图所示的动画序列导入Flash中可以自己添加绘制的背景图案进行合成。这一点和导入QuickTime影片时需要带有通道是一样的。支持透明通道的图像也可以在Flash中实现半透明的效果。导入到Flash中需要以序列帧的形式导入到舞台，最好创建一个元件，然后将序列帧导入到影片剪辑元件中，这样可以整体调整序列帧的位置和大小。

在Flash中想要实现更多的3D交互功能需要利用ActionScript脚本语言实现。前面介绍的方法导入到Flash中的是图形序列，是三维应用软件渲染出来的2D的图像序列。3D的交互功能则需要将完整的三维模型导入到Flash中，这样才能实现真正意义上的三维空间，并且用户可以根据自己所需的角度进行浏览。

Papervision 3D是一个基于ActionScript的3D引擎，可以实现功能强大的Flash 3D Web应用程序。在网页中可以实现效果逼真的三维动画及三维游戏设计。ActionScript 3发布后，基于此的Papervision3D

图9-19 Flash中实现3D及其半透明效果

在功能上有很大的提高。如今很多个性化的网站都是利用Flash+Papervision 3D进行开发的，强调交互性的同时最大限

度地体现了三维空间的立体效
果。更多的实例效果及交互网
站应用效果可以在http://www.
smashingmagazine.com网站的《探
索Papervision 3D：最佳学习及实
践案例》中浏览。

图9-20　Plug-In Media创建的Papervision 3D交互游戏
http://www.pluginmedia.net/clients/bigandsmall/
phase1c_release/game/#

利用PV3D可以实现基本三
维几何体的创建，可以利用其他
三维软件制作模型及动画导入到
Flash中，并可以利用PV3D中相应
的类库进行交互式的编辑。实现
贴图、灯光、三维空间摄像机及
粒子动画等物理特效。现将模型
导入部分简单介绍，因为需要部
分Action Script 语言实现，所以可
以作为参考，如果需要深入学习
也可以从流程上有一个初步的了
解，根据需要有针对性地深入。

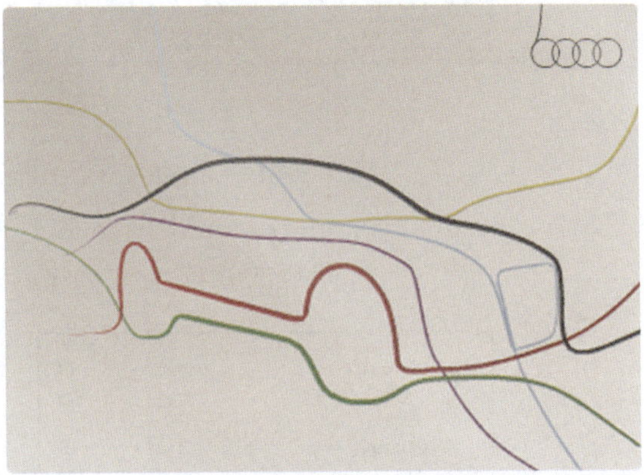

还以三维卡通角色作为基本
模型将其导入Flash中，注意这次
导入的是三维的模型，可以通过
程序让模型在网页中进行自动旋

图9-21　PV3D实现Audi A5"线之韵"3D风格网站

转。在三维应用软件中需要安装一个插件，这个插件可以在应
用程序中将模型动画等支持的数据以*.dae文件格式导出，这样
PV3D 中的Collada类可以在Flash中读取导出的模型动画等数据
并在Flash中重新绘制并显示。

Maya中安装了（安装程序OpenCOLLADA_Maya_1.1.0_x
86.msi）插件后，在其Window菜单→Settings/Preferences→插
件选项中包含了导出Collada文件格式的新插件，勾选该选项
框并确定。

选中需要导出的模型或者全部选中场景中的物体在菜单中
选择导出选中物体，并打开后面的参数面板，在相应的导出设
置面板中调整输出的模型为三角形，并勾选相对路径选项。如

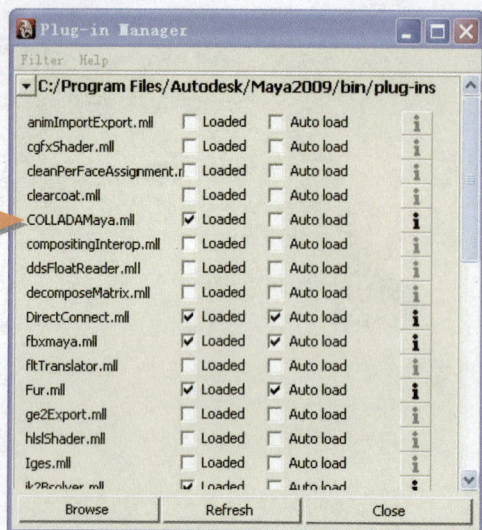

图9-22 Maya创建控制器

果不勾选以三角面片的形式将模型导出的选项，在Flash中将无法显示几何体。

选中需要导出的模型或者全部选中场景中的物体在菜单中选择导出选择物体，并打开后面的参数面板，在相应的导出设置面板中调整输出的模型为三角形，并勾选相对路径选项。如果不勾选以三角面片的形式将模型导出的选项，在Flash中将无法显示几何体。

在Flash 中首选参数选项中对ActionScript3.0进行设置，将从http://code.google.com/p/papervision3d/网站上下载的最新版本的PV3D库文件放到在C盘创建的相应文件夹中，并在源路径中设置路径指向。这样在

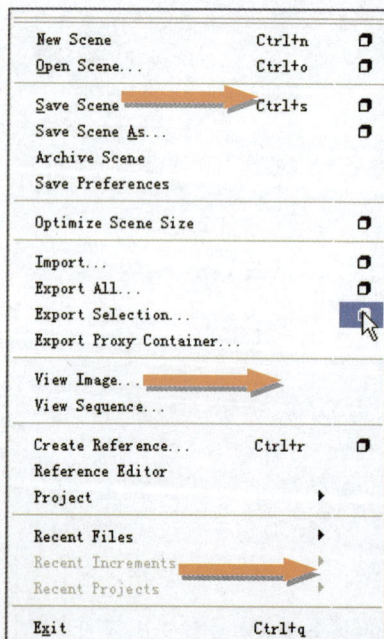

图9-23 导出设置

Flash中调用PV3D的基本类库就可以实现基本几何体绘制及其他三维渲染引擎的基本功能。新创建一个character.fla文件，并将其保存在PV3D文件夹中，同时创建一个ActionScript 3.0文件，并将其命名为PV3D.as。这个文件名也是在程序中调用的构造函数的名称。

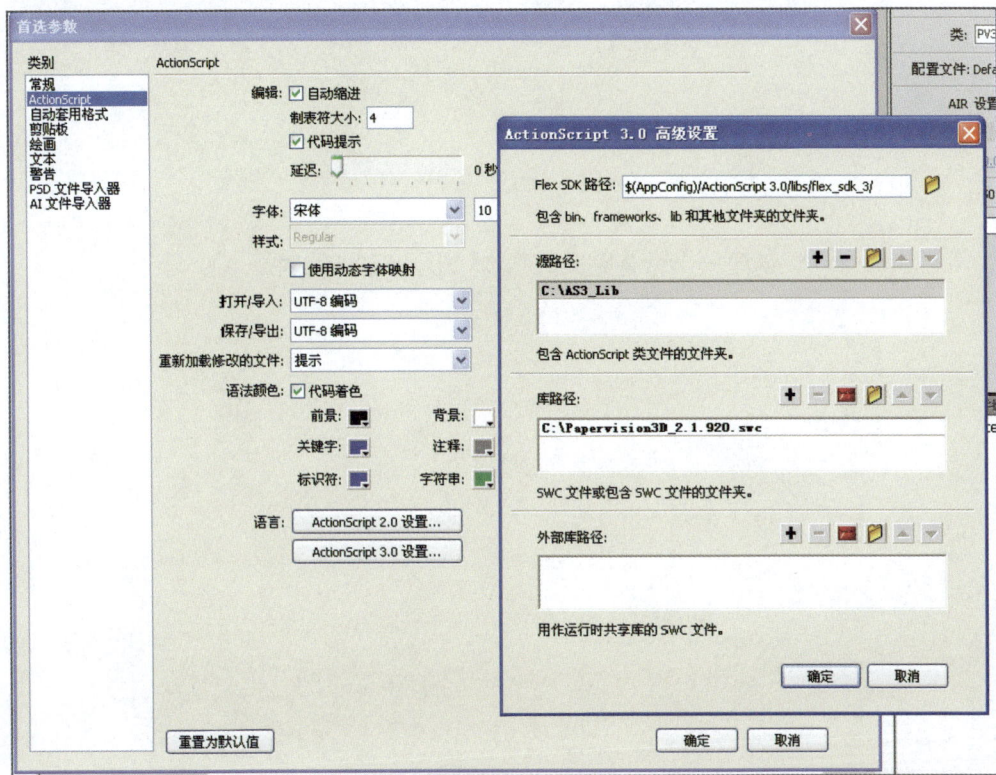

图9-24 首选参数

　　无论是复杂还是简单的脚本，其文件大的框架结构都是包含四大类基本信息，从简单的类似于"Hello World"的三维小球显示开始介绍程序框架结构及编写方式。构建一个Papervision3D场景有几个关键的类：Scene3D（3D场景类）、Viewport3D（3D视窗类）、Camera3D（摄像机类）和BasicRenderEngine（渲染器类），整体的框架结构也是以这四大类为基础的。AS3程序的基本类结构如下，构造函数名称以脚本名称创建。

```
Package{

public class PV3D extends Sprite {

public function PV3D ():void {

}

}

}
```

创建一个带有贴图的基本球形几何体的过程

```
package{

import Flash.display.Sprite;

import Flash.events.Event;

import org.papervision3d.view.Viewport3D;

import org.papervision3d.scenes.Scene3D;

import org.papervision3d.cameras.Camera3D;

import org.papervision3d.materials.ColorMaterial;

import org.papervision3d.objects.primitives.Plane;

import org.papervision3d.render.BasicRenderEngine;

import org.papervision3d.objects.primitives.Sphere;

import org.papervision3d.materials.BitmapFileMaterial;
```

```
public class PV3D extends Sprite

{

private var viewport:        Viewport3D;

private var scene:           Scene3D;

private var camera:          Camera3D;

private var material:        ColorMaterial;

private var renderer:        BasicRenderEngine;

private var sphere:              Sphere;
```

```
public function PV3D():void

{


//viewport = new BasicRenderEngine(width, height,

scaleToStage, interactive);

viewport = new Viewport3D(550, 400, false, true); //初始化

视窗大小550*400

addChild(viewport);


//instantiates a Scene3D instance

scene = new Scene3D();//初始化三维场景

//instantiates a Camera3D instance

camera = new Camera3D(); //初始化三维摄像机
```

```
//renderer draws the scene to the stage

renderer = new BasicRenderEngine();//初始化渲染器


//ColorMaterial, doubleSided draws the color on both

sides of the geometry normals

sphere= new Sphere(new BitmapFileMaterial('test.

jpg'),100,30,30); //初始化创建球体，四个参数分别为贴

图，半径大小，x方向分段数，y方向分段数。


scene.addChild(sphere);//添加到场景中


//set up enterFrame event

addEventListener(Event.ENTER_FRAME, onEnterFrame);

//创建触发器


//define enterFrame Method, render the PV3D Scene and

animate the primitive

function onEnterFrame(e:Event):void//回调函数，用于显

示动画

{
```

```
sphere.rotationY+=1;//旋转球形物体

renderer.renderScene(scene, camera, viewport);

}
```

```
            }
        }
    }
```

图9-25 球形几何体贴图动画

　　如果模型是从3D应用软件中导入Flash中，而不是利用库函数中的基本几何体，我们只需要对上边的程序稍作修改即可。利用插件从Maya中导出man.ade模型文件。在初始化创建变量时添加：

　　private var bitmapFileMaterial:　　　　BitmapFileMaterial;

　　private var collada:　　　　　　　Collada;//用于添加Collada类变量

添加模型贴图及导入ade文件类型的模型程序代码

```
//BitmapFileMaterial, doubleSided draws the color on both
sides of the geometry normals
bitmapFileMaterial = new BitmapFileMaterial('man.png');//
角色贴图man.jpg，存储于本地目录下
bitmapFileMaterial.doubleSided = true;
```

```
//MaterialsList acts as an object array that holds all the
related materials
var matList:MaterialsList = new MaterialsList();


matList.addMaterial( bitmapFileMaterial, "lambert4SG" );
//材质队列中添加贴图类型的lambert材质，材质网络与maya
中相同


collada = new Collada("man.dae", matList , 0.5);//导入文
件，制定材质，缩放0.5
scene.addChild(collada);
```

　　如果感兴趣可以添加trace跟踪调试过程。也可以参考更多
的PV3D编程实现导入模型与用户的交互式体验效果。

```
hello
Papervision3D Public Alpha 3.0 - PapervisionX (18.09.08)
BitmapFileMaterial: Loading bitmap from man.png
DisplayObject3D: polySurface18
```

图9-26 显示结果

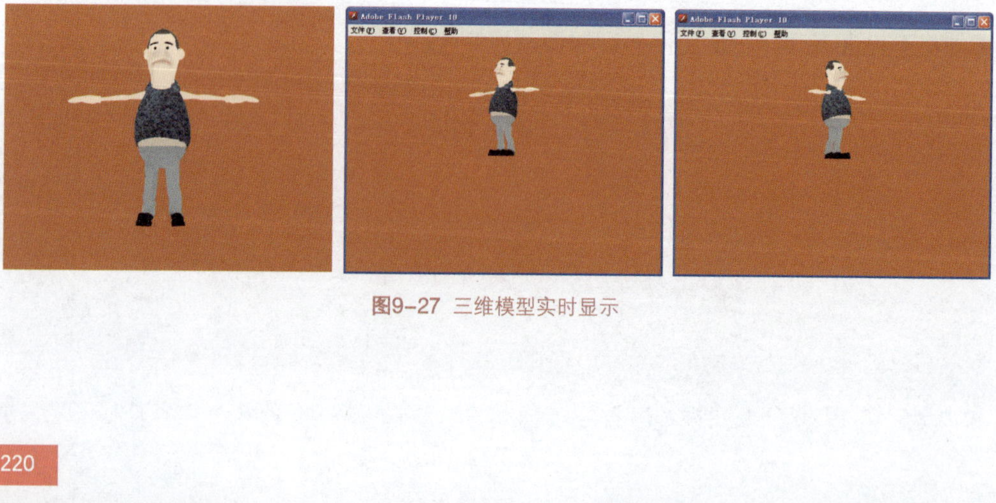

图9-27 三维模型实时显示

第十章
Flash 制作电子杂志实例全解析

在第6章的"电子杂志的版式设计"一节中已经简要介绍了作为广泛传播的网络出版物——电子杂志的相关内容，一本电子杂志的制作技术涵盖了图形软件、动画软件、音频软件、视频软件、合成软件等多种类型的软件，所以电子杂志也被称为数字化的网络传播媒体。

本章通过一期电子杂志《秘鲁风光》的制作实例，详细介绍Flash软件在电子杂志页面制作环节中的具体运用，特别是软件综合处理多媒体素材的优越性。电子杂志封面、封底的设计涉及平面设计软件的运用，目录和其他辅助素材则涉及电子杂志合成软件的运用，在专门的章节中一并进行介绍。

电子杂志《秘鲁风光》简介

电子杂志《秘鲁风光》以介绍该国的自然景观、风土人情为主，秘鲁是世界上最具观光价值的国家之一，拥有安第斯山脉、亚马孙河、多样的气候、古老的印加文化等等，电子杂志《秘鲁风光》（如图10-1所示）每一期都选择不同的主题、不同的角度汇集大量精美的图片，经过Flash软件的动态表现，再现大洋彼岸的迷人风光。本书收录了1至4期杂志，请参见光盘第10章//《秘鲁风光》杂志欣赏1-4。

图10-1 电子杂志封面

本章重点介绍电子杂志《秘鲁风光》的第一期。第一期的内容是以海、山、云的自然风光为主题，展示了大量的自然风光图片，封面、封底使用平面设计，前言、目录、后记及内容部分全部由Flash软件制作，在后期合成中还添加了音乐、壁纸、Logo等辅助材料。为了详细讲解这一期杂志的制作全过程，将重点内容划分为以下四类。

第一类：封面、封底设计制作

主要讲解封面、封底设计元素，分析杂志封面、封底的设计类型并以实例说明封面、封底的制作方法。

第二类：内页制作案例

《秘鲁风光》的第一集内页共分三期，每一章节的内容又分几个小节，由不同的页面组成，根据本章案例制作的需要挑选部分页面，分如下三个层次讲解Flash动画的多种表现方式。

第1层： 内页制作案例一以简单页面为主，通过第3章的标题页和第一节的3个页面展现元件组合、蒙版多元化、转场特效、图文搭配等基本的制作方法。

第2层： 内页制作案例二以交互表现形式为主题，通过第3章第三节和第四节的各2个页面介绍按钮控制画面跳转的多种方法以及图形按钮元件的几种设计形式。

第3层： 内页制作案例三以多层次的页面结构为例，通过第1章第三节的2个页面讲解页面层次的布局、补间动画节奏感的综合表达方法。

内页的三个章节是如图10-2所示。

第1章 海的乐章　　　　　第2章 山峦重奏　　　　　第3章 云海飞舞

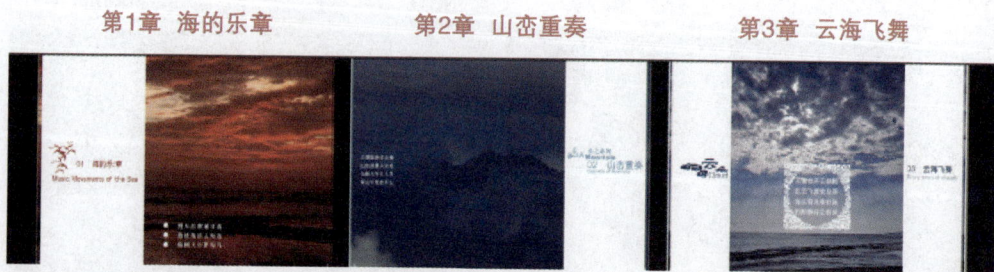

图10-2 电子杂志内页

第三类：目录制作和链接方式

电子杂志的目录设计除了设计元素、设计版式外还包括链接方式，根据电子杂志合成软件对目录链接方式的不同要求，这一节内容里选取3种合成软件的目录设计进行讲解。

第四类：后期合成及发布电子杂志

后期合成主要讲解使用电子杂志合成软件合成《秘鲁风光》第一期。发布电子杂志主要讲解如何在网络上发布个人制作的电子杂志。

《秘鲁风光》第一期杂志尺寸：950×650 像素，FPS：12，页面SWF文件：30个，总页数：60 页，实例效果参见光盘文件夹第10章//Flash实例《秘鲁风光》有关章节。

建议在学习过程中按照章节的内容，打开光盘里Flash实例的源文件(*.fla)，逐一对照学习。

封面、封底设计制作

电子杂志的封面、封底设计一般都采取平面设计的方法，封面、封底设计元素和期刊杂志的要求基本一致，因为有的电子杂志本身就是期刊杂志的网络发行版。

电子杂志封面、封底设计和期刊杂志最大的区别在于颜色模式不同。期刊杂志使用印刷色CMYK，电子杂志使用光源色RGB或网络安全色。此外电子杂志网络宣传版不像印刷版有较大的尺寸，因此封面、封底的设计尽量主题突出、简洁大方、色彩醒目，以吸引读者关注。

图10-3 电子杂志封面

一、封面、封底的设计元素

● 封面设计元素

封面设计主要有五大元素：杂志名称、期刊号、内容提要、刊物Logo、背景插图。

图10-4 《秘鲁风光》第1期封面

其他可以添加的元素包括：

出刊日期、网址、期刊条码、总期刊数、副标题等。

所有元素的安排都是根据封面设计需要来决定的，主要元素不可缺少，次要元素可以分开设计，有的元素可以放在封底或目录页中。内容提要的文字部分可以中英文混排，见图10-4。

● **封底设计元素**

封底的设计没有一定之规，五花八门各显其能，但表现的主题有一个：杂志的结束画面，见图10-5。

既然封底的作用相当于结束语，留给读者最后的内容一般有下列基本元素：Logo、期刊名称、期刊号、图片、设计出版单位、联系方式、网址等。

封底设计的要求比较简单，除了一些基本元素外，可以添加其他内容。由于电子杂志不占纸张，页面充分展现的内容很多，因此封底就不用设计得太复杂，往往一个Logo、一个名称、一句话、一幅图也是可以的。

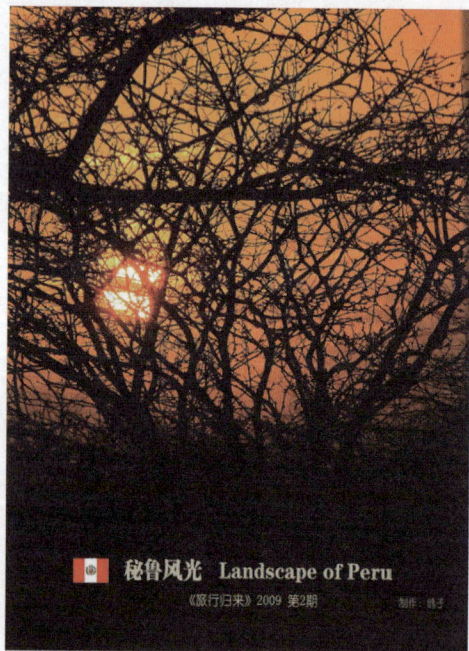

图10-5 《秘鲁风光》第4期封底

封底设计虽然很简单，但最简单的设计也不要忘记告诉读者他们现在看到的是什么杂志。

二、封面设计的类型

网络中大多数电子杂志门户网站提供的杂志分类主要有：新闻人物、文化艺术、娱乐时尚、影视音乐、动漫游戏、运动休闲、旅游健身、家居生活、商业财经、美食、汽车、宠物等。在杂志封面的设计中，首先需要考虑的是这期杂志所属的类型，其次再考虑杂志设计的风格。在浏览众多的杂志时仔细观察，可以发现不同类型的杂志各有自己特色的封面设计，归纳起来大致可以分为如图10-6所示的几种。

M电影杂志

澜

类型一：突出人物造型

以人物造型特别是明星、模特的特写为主，这类封面设计主要用在时尚潮流、人物明星、娱乐影音类杂志中。

中国通信

鉴赏

类型二：突出杂志内容

以本期杂志中的图片做为设计的元素，可以醒目地提示杂志里最值得观看的内容。一般在商业财经、文化教育、体育运动、旅游休闲类的杂志中使用较多。

游民部落   网游派

类型三：突出设计效果

选用平面、三维的精美设计图直接用于封面，产生绚丽科幻般的效果，在IT领域、数码产品、网络游戏类杂志中运用较多。

瑞丽·家   中国汽车画报

类型四：突出专业、个性化

专业或个性化的杂志涵盖面很广，包括汽车、服装、家居、美食、宠物等等，这类杂志的封面突出展示行业的特色，使人一看封面图片便知道是什么内容的杂志。

图10-6 杂志封面的分类

三、封底设计的类型

封底设计相比封面设计比较简单化，除了一些基本的设计元素外，需要表现的设计理念就是充分利用这最后一页传递一些重要信息，可以刊登广告宣传语，也可以令人回味无穷地留下一些精美图片，由此可以划分出封底设计的几种类型，见图10-7。

● **封底设计的几种类型**

封底设计好之后可以固定为模板的形式，也可以不固定。固定模板的好处是每期都使用，保持风格统一，只需替换每期的图片、颜色、背景等元素即可。不固定模板的好处就是每期的设计都花样翻新，令人有耳目一新之感。

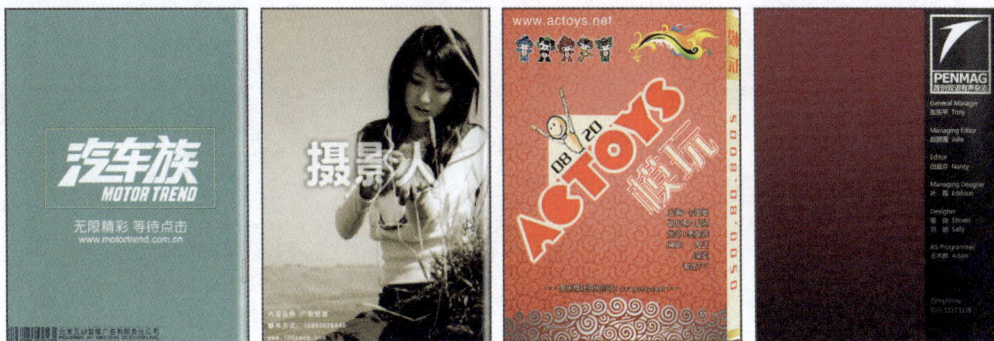

简约型

设计风格简单明了，突出杂志名称、Logo和基本元素。

图片型

以精美的图片为主，配合杂志名称等其他元素。

广告型

刊登与杂志相关的广告或宣传内容。

信息型

刊登杂志出版者、制作者的各种信息。

图10-7　杂志封底的分类

● **封底书脊类型**

　　在各种杂志合成软件中都会提供一些书脊装饰类型的模板，一般有两种：书脊型和阴影型，见图10-8。可以根据杂志制作的风格选用书脊类型，也可以别出心裁地设计其他样式。

四、封面设计实例

主要步骤

　　设定基本内容：确定页面元素、色调风格以及设定文档尺寸等。

　　创意设计在先：意在笔先，未动手制作之前先要根据杂志的内容构思、出创意。

　　搭配页面元素：使用平面设计软件开始具体制作，处理好背景图片，搭配好相关元素。

　　精心修饰美化：最后调整、修改的步骤，直到完成设计要求，效果令人满意为止。

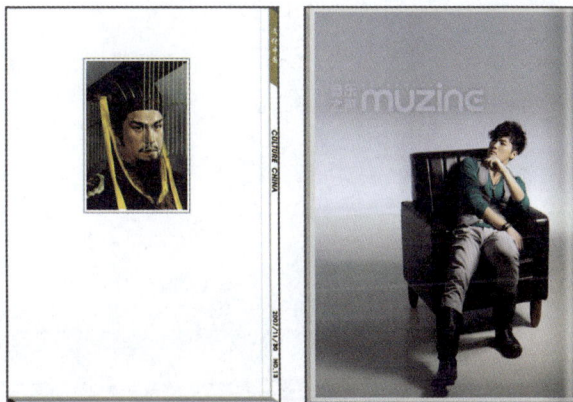

图10-8　书脊类型

Flash CS4 动画应用

《秘鲁风光》封面构思与制作步骤

页面构思

《秘鲁风光》第5期封面的版面设计以杂志内容为主，挑选其中的舞蹈图片作为杂志的背景，其他的内容包括杂志名称、Logo、期刊号、主标题内容提要、副标题等元素，见图10-9。

制作步骤

● 文档尺寸：宽480px，高650px。杂志尺寸为950×650，封面宽度应该是杂志的1/2，但在平面设计软件中的设计尺寸可以略宽一些，以便后期裁剪。

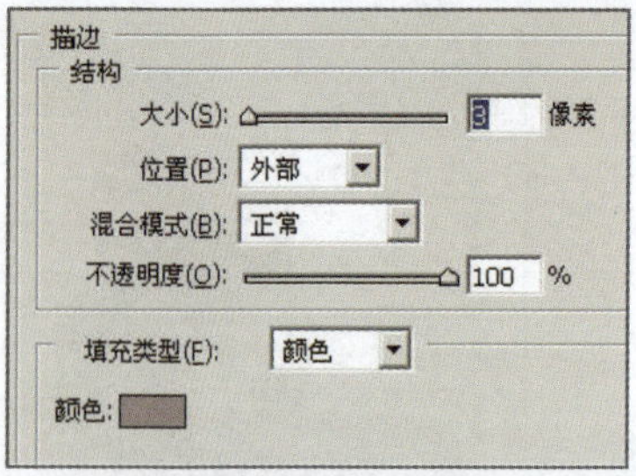

图10-9 封面设计

● 图片修饰：选择一幅人物动态表现极佳的图片作为封面背景，在Potoshop软件中进行修饰，调整图片的对比度、亮度并裁切大小。

● 添加内容提要：中文字体在【添加图层样式】里选择【描边】的处理，参数设置见图10-10。

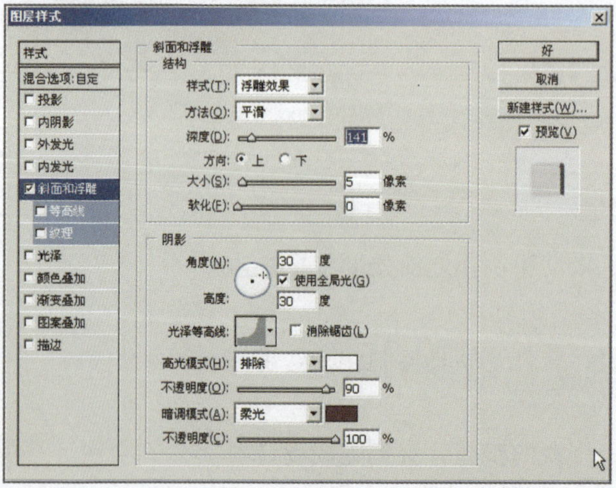

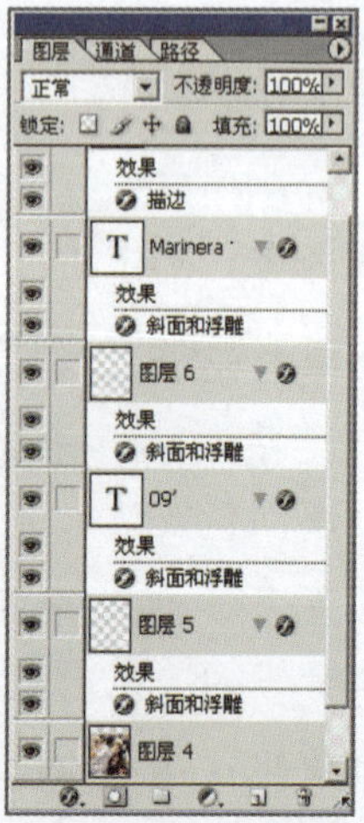

图10-10 Potoshop软件参数的设置

● 副标题文字的处理：主要使用【斜面和浮雕】的特效，为突出"Marinera"的效果，添加双层【斜面和浮雕】的修饰，参数设置见图10-10。最后将这一组文字进行大小变化、排列组合。

● 杂志刊头：套用原来刊头的模板，将原黄色系调整为粉红系的色调。

● 输出文件：输出文件为JPG格式，源文件参见光盘第10章//封面封底设计实例/杂志封面d5设计文件.psd。

五、封底设计实例

（一）《秘鲁风光》封底构思与制作步骤

页面构思

《秘鲁风光》第1期封底的版面设计采取以图片为主，图片的内容有近大远小的立体感，将图片居于顶端，近景用单色过渡并遮挡一部分，使画面留下视线渐远渐去的感觉，底端加上杂志标题、Logo、期刊号和制作者信息，见图10-11。

制作步骤

● 文档尺寸：宽480px，高650px。杂志尺寸为950×650。

● 图片修饰：选择一幅图片使用Potoshop软件进行处理，画面部分约占1/3，其他部分自然过渡到大面积的单色，用于突出封底的文字部分。

● 文字处理：标题部分延用封面的内容，文字添加阴影的修饰，排列上有大小变化。

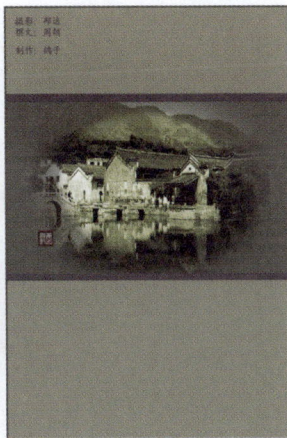

图10-11　封底设计　　　图10-12　《画里游乡村》封底

● 输出文件为JPG格式。源文件参见光盘第10章//封面封底设计实例/杂志封底设计文件.psd。

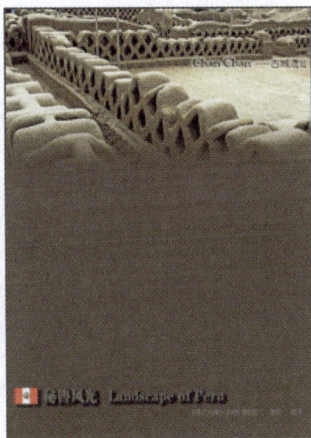

（二）《画里游乡村》封底构思与制作步骤

页面构思

　　《画里游乡村》的封面设计为一幅装裱好的国画形式，封底继续沿用这一思路。为区别封面的色彩，将封底处理成古旧色彩，让读者留下年代久远的印象。左上角放置作者信息，其他内容一概省略，只突出一幅画就好。

制作步骤

　　● 文档尺寸：合成软件对封底的要求是宽392px，高556px，原文件页面尺寸748×550像素。使用Photoshop软件，分辨率为72，画面色彩与封面相同。

　　● 图片修饰：选择一幅风景图，先根据图片情况调整对比度，降低亮度，然后改变原图的色彩，进行做旧处理。第一步添加豆绿色（#999133）图层，在【图层样式】中选择"颜色"，透明度为78%。第二步再添加图层做周边模糊的效果，使用椭圆选框工具围绕画心画一椭圆，羽化值为10像素，反选后上青灰色（#848463），透明度为90%，使画心露出来。

　　● 输出文件为JPG格式，源文件参见光盘第10章//封面封底设计实例/《画里游乡村》。

　　从上述两个例子可以看出，封底的设计虽然简单，但构思很重要，要利用最后一页的画面，表达一个思想，传递一种情绪，留住读者的视线，令其回味杂志的内容，达到使杂志圆满结束的目的。

内页制作案例一 —— 简单页面的制作

　　内页制作案例一选自《秘鲁风光》第1期的第3章《云海飞舞》。《云海飞舞》包含4小节，共11页。为了循序渐进地掌握Flash制作电子杂志的步骤，选出标题页和第一小节"天幕拉开云翻腾"的页面介绍元件、特效、蒙版、添加语句的基本制作方法。

　　案例一安排了如下四个难易程度不同的页面。

　　标题页——最简单的页面，从文字和图片搭配入手，掌握

图10-13　内页1（左）、内页2（中）和内页3（右）

元件的多种组合方法。

内页1——页面有7幅图片制作的影片剪辑元件，在循环播放中配有蒙版的多种变化。

内页2——页面的重点是渐变加移动的转场效果。

内页3——页面内容包含2个特效和不规则蒙版的运用。

一、简单页面之一 —— 元件制作和组合

实例说明

本页是《云海飞舞》的标题页，图10-14。页面内容表示章节的开始，只出现标题文字和背景图片。页面上元件的布局大致如图，底图在页面中心缓慢移动，标题、Logo等元件从图像中间的位置出现，然后再定位到各自的位置。小节标题的四行文字要从海上升起至云层中隐没，为了使这一组文字有整体感，四周配上云框。

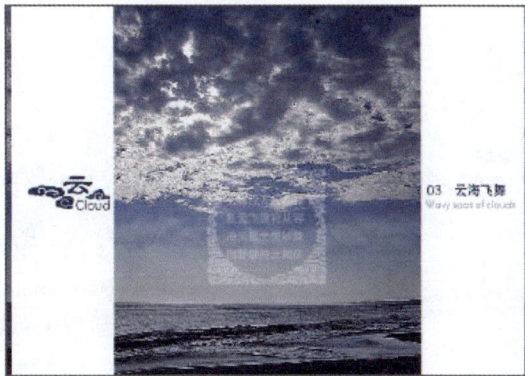

图10-14　标题页面

制作要点

舞台定位；帧数的控制；元件的组合。

步骤一：导入素材制作元件

新建文档名称：20系列3标题，文件尺寸：950×650像素背景色：自定，帧数：12帧/秒。

导入素材有图片1张、标题、文字、Logo，制作部分有图形元件8个、图层9个、帧数350帧。源文件参见光盘第10章//电子杂志合成实例/合成素材/20系列3标题.swf。

制作元件

底图元件：导入一幅做底图元件的图片。

Logo元件：事先在Illustrator软件中制作矢量图，然后直接粘贴过来。

图10-15 图层和元件

文字元件：包括大标题、英文标题：分别做成元件，输入文字。

边元件：将导入的图片裁剪出1条细边，放在舞台两边。

云框元件：从Illustrator软件中制作矢量图，直接粘贴过来。

蒙版元件：绘制一白色矩形，既可以当作蒙版，也可以在画面里当白色块用。

建立图层

为每个元件建一图层，并起相应的名称，按照元件出场顺序给图层排序，如图10-15所示。

步骤二：元件在舞台上的定位

元件在舞台上的定位主要指第1帧安排的元件，将需要在第1帧表现的元件分别拖入舞台进行定位，底图在最下层，标题、Logo等位居中央，白色块和"边"在舞台的位置见图中的定位，见图10-16。

为了定位准确，可以设定辅助线。

底图由左向右轻移

底图第1帧定位的位置在左边白色块下面，由左向右一直移动到第350帧，定位在右边白色块下

图10-16 元件定位图

面，中间设补间动画。

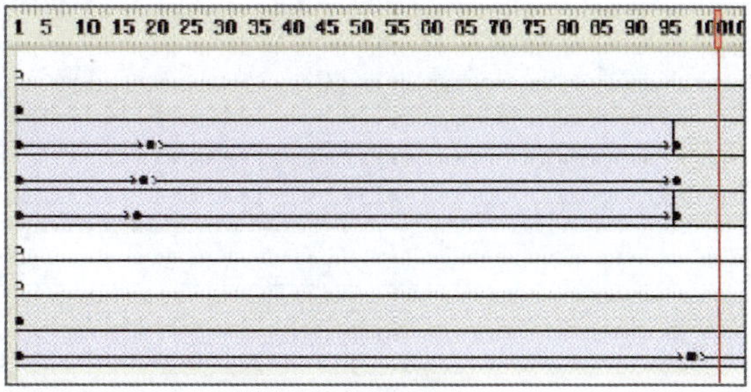

云Logo和标题由大到小的表现

云Logo和标题开始在舞台的中间位置，颜色渐深后由大到小向两边分化，定位在画心两边。

云Logo和大标题在图层的第1帧设置Alpha值为37%，英文标题Alpha值为50%。3个元件在第

图10-17 补间动画的设置

50帧分别设关键帧，Alpha值为100%，中间设补间动画，缓动为-100。3个元件从第51帧开始至第97帧陆续移动到两边并调整大小至合适的尺寸。图层设置见图10-17。

文字、云框组合

文字和云框从第110帧开始出现，设关键帧，将这2个元件放在【文字图层】中，用选择工具选中2个元件，按Ctrl+G进行组合，将2个元件合并为组，成为新的"文字组合"。文字组合要表现由下至上的效果，从海面上升起后颜色渐淡，然后向上没入云层里。

步骤三：蒙版区域

蒙版区域在海的上方，主要遮罩文字组合，蒙版的定位见图10-18中的红框区域。

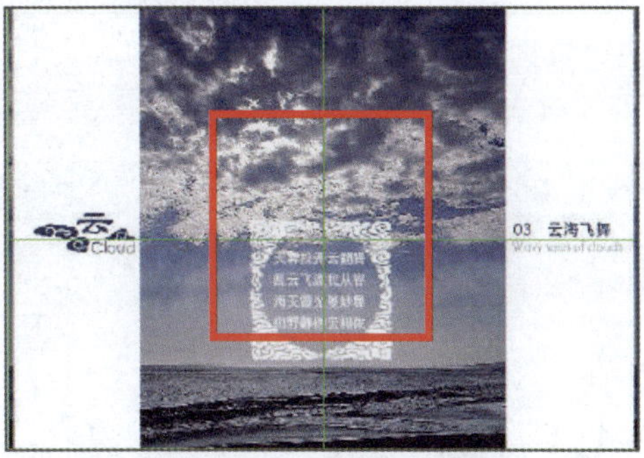

图10-18 蒙版区域

帧数的设定

升起：第110帧将文字组合放在蒙版区域下方，第180帧设关键帧将文字组合位置升至蒙版中间，中间设补间动画。

停留并逐渐变淡：第205至第255帧，将文字组合Alpha值由100%减少到37%。

上升：第275至第340帧将文字组合拖到蒙版上方的区域，

补间动画缓动设为–100，表现出向上隐没在云层中的效果，见图10–19。

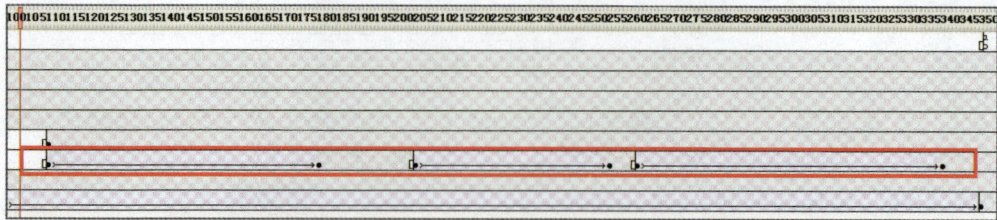

图10–19 第100帧至第350帧图

页面完成后添加停止语句

在【Act图层】第350帧设空白关键帧，添加停止语句，给画面一个静止状态，页面制作也到此完成。

停止语句：stop( );

源文件参见光盘第10章//电子杂志合成实例/合成素材/20系列3标题.swf。

二、简单页面之二 —— 蒙版和影片剪辑

实例说明

本页承接上一页，是《天幕拉开云翻腾》的第1页。

主要内容安排7幅图片轮流出现的动画，并使用不同的遮罩方式。标题用字幕蒙版做成白云飘动的效果，画面有文字和圆点的提示，布局如图10–20。页面制作主要是设计影片剪辑元件的循环效果，时间轴上只安排90帧。

制作要点

字幕蒙版；循环内容的影片剪辑的制作；图片轮换变化影片剪辑的制作。

图10–20 页面图

步骤一：搭建场景安排图层

文件命名为21p 。文档设置内容省略，源文件参见光盘第10章//电子杂志合成实例/合成素材/21p.swf。

元件制作

图形元件：导入图片一组（7张照片）、云纹图、云彩图，分别做成元件备用。相框单独做一元件。

标题元件：上一页的标题和Logo元件直接使用。本页标题"天幕拉开云翻腾"单独做成元件。

蒙版元件：白色矩形块

影片剪辑：m1云彩图；m2图片组；m3圆点组。

搭建第1帧场景

为第1帧出现的各个元件设对应的图层，第1帧画面如图10-21所示，图层由下至上分别为：

【背景】放置两个"云纹"元件、"云彩底图"元件和淡蓝色矩形背景色块。

【蒙版】被遮罩的云彩图层放置"云彩底图"元件，蒙版层用"天幕拉

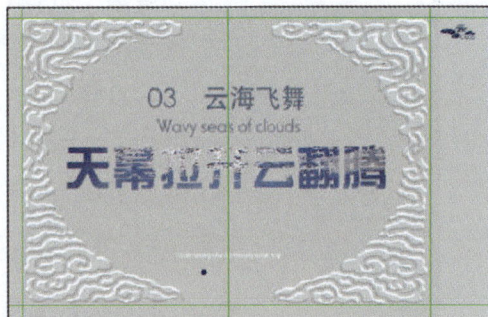

图10-21　第1帧场景

开云翻腾"文字元件充当蒙版，文字中间出现云彩，当文字向上移动时可以产生天空中云彩移动的效果。

【Logo】Logo元件放在舞台外右上角，用20帧完成由外入内的动作。

【标题】的舞台中央摆放本章的标题【云海飞舞】，标题的位置参见图10-21。

【english】和【圆点】层的内容放在下方，待图片出现后正好在底部的位置。

图层内容的安排

9个图层一共90帧，具体安排见图10-22，重点安排字幕与标题的变化和3个影片剪辑。

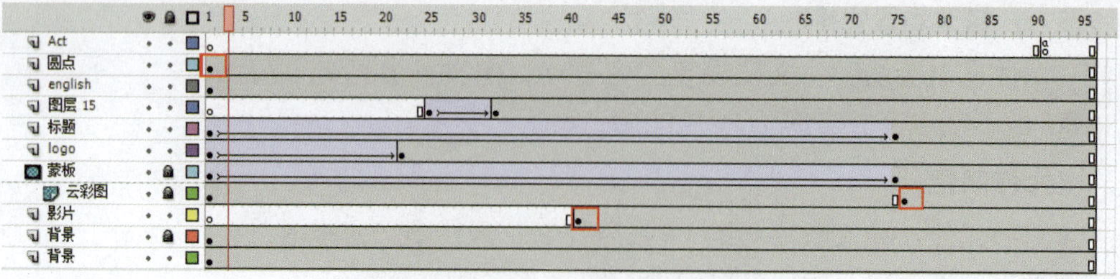

图10-22 时间轴效果图，红框里的关键帧是影片剪辑

【标题】层第1帧至第74帧，标题由大到小移动到舞台上方的位置。

【蒙版】第1帧至第74帧，"题目"元件随同标题移动到舞台上方合适的位置。

【云彩图】第1帧是"云彩底图"的图形元件，当"题目"元件停止移动时，为保持云彩继续移动的效果，在第75帧设关键帧，将"云彩底图"元件换成"m1云彩图"影片剪辑。

【影片】在第40帧拖入"m2图片组"影片剪辑。

【圆点】在第1帧拖入"m3圆点组"影片剪辑。

【Act】在第90帧设空白关键帧，添加Stop语句。

步骤二：制作影片剪辑

● 第1个影片剪辑——表现云彩循环移动

【云彩图】层中第75帧设立一个关键帧，将这一帧的"云彩底图"元件按F8转换为影片剪辑，命名为"m1云彩图"，然后点击库面板中的"m1云彩图"，进入元件编辑舞台。

在第200帧和第400帧上分别设关键帧，将200帧位置的图片向前方移动一段距离，然后在这几个关键帧中间分别设补间动画。在文字蒙版的遮罩下，影片剪辑可以显示云彩来回流动，见图10-23。

图10-23 文字遮罩

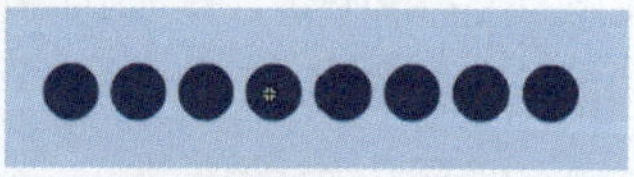

图10-24 圆点图形

● 第2个影片剪辑——表现播放进度的圆点

先做一个圆点的图形元件，然后新建影片剪辑，命名为

"m3圆点组"。进入元件编辑舞台，将第1帧拖入圆点的图形元件，然后每间隔10帧设1关键帧并增加1个圆点，直到有8个圆点，帧数80。然后100点设关键帧，以后每间隔10帧设1关键帧减少1个圆点，直到圆点为1个，帧数170。

第2个影片剪辑表现的内容是从1个圆点开始向右依次增加到8个，然后再依次减少到1个，在动画播放中循环往复，圆点的排列见图10-24。

● **第3个影片剪辑——一组图片轮换变化**

一共有7张图片轮流出现在这一页面内，并且搭配不同变化的蒙版，把这么复杂的内容做成一个影片剪辑，在场景中就比较好控制。为这一组图的转换需要准备的元件有：蒙版、相框、7张图片的图形元件。

1. 定位：在【影片】图层第40帧拖入"图1"的元件，定位后按F8将其转换为影片剪辑元件，命名为"m2图片组"，然后双击该元件或点击库面板中的"m2图片组"，进入元件编辑舞台。

2. 图层："m2图片组"共3个图层，分别是蒙版、相框、图片，在每个图层第1帧分别安排"蒙版"、"相框"、"图片"元件。

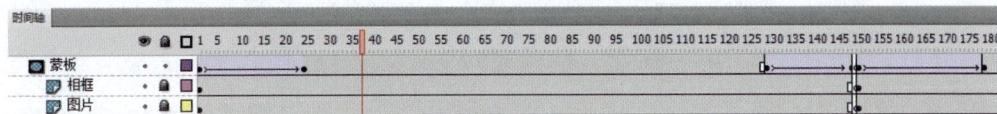

图10-25 m2图片组的时间轴设置

3. 分配帧段：为每幅图片分配150帧，并在第150、300、450、600、750、900、1050帧上设定空白关键帧，作为帧段的区间。设1帧空白关键帧是为了划分出帧段，比较有条理地安排这一区间内的元件。

现在有7个帧段：第1至150帧、第151至300帧、第301至450帧、第451至600帧、第601至750帧、第751至900帧、第901至1050帧。分别在每个帧段的第1帧导入一个图形元件。

A   B   C

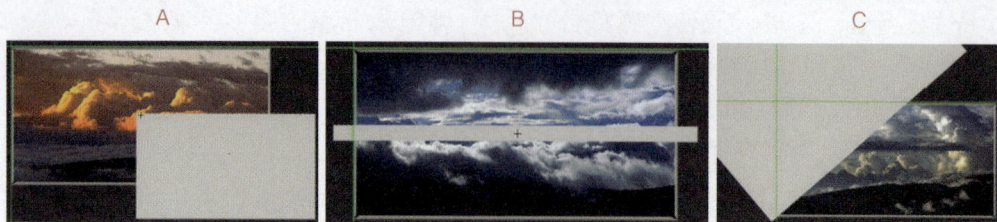

图10-26 蒙版变化图示

步骤三：蒙版的遮罩变化

蒙版虽然只有一个矩形块，但作为遮罩使用可以变化多端，7幅图片的遮罩设计如下。

第一帧段，前段第1至25帧矩形块由下向上覆盖图片，第120至149帧后段矩形块继续向上至图片上方，见图10-26A。

第二帧段，前段第151至180帧矩形块缩小从中间向外扩散覆盖图片，后段反之。

第三帧段，前段第301至330帧矩形块由左上方向中间覆盖图片，后段矩形块向右下方移动。

第四帧段，前段第451至480帧矩形块压缩一条线由中间展开覆盖图片，后段反之，见图10-26B。

第五帧段，前段第601至625帧矩形块由左向右覆盖图片，后段矩形块继续向右离场。

第六帧段，前段第751至775帧矩形块由右下角斜向上覆盖图片，后段继续倾斜向上至图片上方。

第七帧段，前段第901至925帧矩形块固定一角，扇形覆盖图片，后段反之，见图10-26C。

遮罩的补间动画有不同的缓动参数，详细设置参见光盘第10章//电子杂志合成实例/合成素材/21p.swf源文件，部分遮罩效果图示如图10-27。

图10-27 页面效果图

三、简单页面之三 —— 渐变加移动的转场

实例说明

本页承接上一页，是《天幕拉开云翻腾》第2页。

页面内容3幅图轮换出现，利用跳转语句控制时间轴重复播放图形元件，时间轴上安排680帧，分为两个帧段：开场段和图片循环播放段，见图10-28。在两幅图片叠加转换时改变Alpha值加移动的转场，配合画面能够造成流云飘渺的视觉效果。这种转场方式很常见，稍加变化又可以演变为多种转场方式。例如两图移动的方向可以多变、两图渐变的速度可以不同等等。

制作要点

段落表现的方法；渐变加移动的转场效果；文字条块翻转的特效；跳转语句的运用。

具体步骤

文件命名为22p，元件制作省略。源文件参见光盘第10章//电子杂志合成实例/合成素材/22p.swf。

步骤一：帧段重复的表现方法

● **开场段：第1至79帧开场**

展现的页面内容有：Logo、标题、文字、云框、第1幅图、背景图。

标题出现在画面中间，逐渐下降到底部。云框在画面两边出现后隐去，见图10-28左图。第一幅图由半透明到完整显现，见图10-28右图。时间轴安排可见"播放头"（红线）以前的部

图10-28 开场段与图片重复播放段

Flash CS4 动画应用

分是开场段帧数的具体设置，如图10-29。

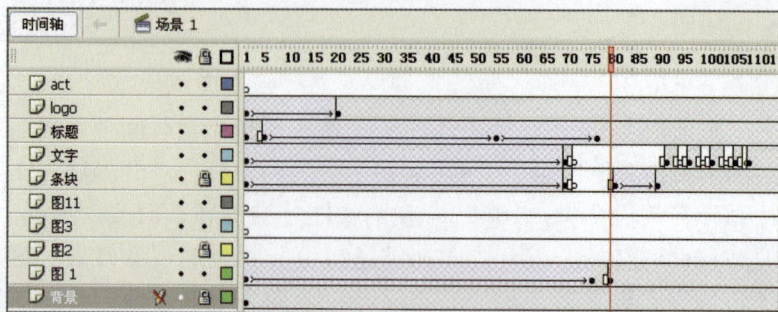

图10-29 第一帧段图

● **图片循环播放段：第80至680帧循环的内容**

开场段完成后进入图片循环播放段，分四个段落安排3幅图的内容。3幅图在动画表现形式上使用相同的方法，因此四个段落的设置方法雷同，这一做法简单实用有规律可循。

第1段落为第80至250帧、第2段落为第251至450帧、第3段落为第451至650帧、第4段落为第651至680帧。每个段落中间有20帧的转场效果，图片在此期间重叠出现。

第1段落展现第1图内容，标题、文字等内容集中在下方出现，后面衬托一条背景色块，说明文字闪烁后出现。图层和元件安排见图10-30段落效果图。

第2、3段落展现第2、3幅图片，更换说明文字，标题内容不变。

第4段落内容要与第1段落连接，重叠的部分是第1段落的内容，在图片循环播放时与前面的内容相衔接。在第680帧添加跳转语句。

图10-30 段落效果图：第1段落的内容为20帧转场重复表现

240

这种段落重复的手法是一种有规律的表现手法，能够有条理地展现页面内容，使局部变化有整体感，否则一页之中的太多变化使人眼花缭乱，尤其上一页是多变的手法，这一页就形成反差，降低节奏。

图10-30中表现第80至250帧的内容，第1段落是个完整的内容，中间20帧是转场，后面的段落是第2段落的开始，重复表现的手法与第1段落相同。

● **跳转语句**

跳转语句的作用是在最后1帧播完后回到需要重复播放的位置，继续重复播放，第二帧段为第80至680帧已经构成了一个循环，因此在第680帧设关键帧，打开动作面板添加帧跳转语句：

gotoAndPlay (80);　　//跳转到80帧后播放

步骤二：渐变加移动的转场效果

转场原意指的是2个场景之间的转换，现在引申为大幅图片之间的转换。转场的方法很多，有的电子杂志合成软件可提供一些实例直接应用，更多的情况是根据动画情节设计恰当的转场方式，也就是量身定做。本页图片是满屏出现的，为了表现云彩的层次和流动的效果，设计一种渐变加移动的转场，渐变表现云彩丰富的层次，移动表现云彩的流动飘渺。具体做法如下。

第2段落图2出现时要在图1上方，图2出场时Alpha值由0至100，帧数为85。

图1先渐变后移动，帧数为60。Alpha值由100至0，前35帧渐变，后25帧移动一段距离出场。其中的补间动画的缓动参数可以自定。图层、帧数安排见段落效果如图10-31所示。图3出现的方法依次类推。

图1在第4段落需要再次出现，渐变部分的85帧要放在图3的

图10-31 转场效果

上方，这样才能衔接时间轴上第80帧出现的内容，并由此构成一个循环。

步骤三：条块翻转和文字闪动

● 条块翻转

在标题字幕后面设计了一条半透明的衬托条块，随图片变换一次它翻转一次，衬托新的文字出现。它的作用是将说明文字与标题连成一体但又产生一些变化，在随图片重复出现时有提示作用。

条块做成矩形长条渐变的元件，用8帧完成它的一个翻转过程。具体做法有以下2个要点。

调整注册点：在"条块"元件导入舞台后用"任意变形工具"选中第1个关键帧图形，出现注册点后将注册点放在中间节点上。

翻转动作：在条块第1个关键帧后面数8帧再添加一个关键帧，在第2关键帧上继续用"任意变形工具"选中图形，将它对称地翻转过来，最后在两个关键帧中添加补间动画，完成条块的翻转动作。

图10-32 矩形条块

● 文字闪动

文字出现紧随条块之后，共15帧完成闪动过程，将文字每2帧后面空2帧，一共重复4次即可。

源文件参见光盘第10章//电子杂志合成实例/合成素材/22p.swf。

四、简单页面之四 —— 特效的制作

实例说明

本页承接上一页，是《天幕拉开云翻腾》第3页。

页面内容是3幅图片配一首诗。在两幅图片之间的转换采

用云朵形状的蒙版，在"天幕拉开云翻腾"标题上加了光线划过的效果，在诗的标题后面衬托了光圈扩散的效果，为以云朵为主的画面增添动态的光感效果。

云框是这一节内容统一的一个标志，每页开始都会出现，这样就保持了这一节内容的风格统一。云框在这一页里继续重复使用，但渐变后残留一点云框的影像，表示是这一节的最后一页，后面的页面就不会再出现了。

图10-33 页面效果

制作要点

不规则蒙版的使用；光圈特效；光线特效。

具体步骤

文件命名为23p，基础工作省略。源文件参见光盘第10章//电子杂志合成实例/合成素材/23p.swf。

步骤一：云状蒙版的制作

新建图形元件"蒙版"，在元件舞台上用"圆工具"多次重复，画出无实线的椭圆云状。

回到场景在【图蒙版图层】第205帧拖入"蒙版"元件，共设置55帧，分两段表现，前35帧缓慢拉开，后20帧迅速展开。

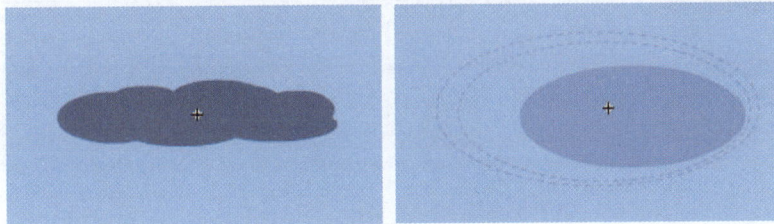

图10-34 云状蒙版和光圈特效

"蒙版"元件在第1关键帧先用【任意变形工具】选中图形，压扁成一条横线状；第2关键帧（向后数35帧）拉开元件图形为正常状态；第3关键帧（向后数20帧）将其拉开拉大至全部遮罩区域。

步骤二：光圈特效的制作

光圈特效是指光圈由小到大反复出现、不断渐变的效果，需要分两步制作才能实现这个功能。

先做图形元件，命名为"椭圆"。在元件舞台上用圆工具画出一个天蓝色的椭圆，混色器里的Alpha值设为20%，然后在外圈画出2个实线椭圆，在属性对话框中将实线选择为虚线，参数值设为0.25。

再做影片剪辑，命名为"Light"。在影片剪辑的第1帧拖入"椭圆"元件，在时间轴第50帧设关键帧，将"椭圆"拉大，Alpha值设为0，中间为补间动画。效果是使椭圆扩散开来。

第51帧设空白关键帧至65帧，效果是使椭圆变化的时间有一个停顿。

回到场景舞台中，在诗歌标题的后面添加这个影片剪辑。

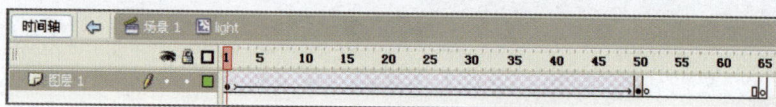

图10-35 影片剪辑"Light"的时间轴设置

步骤三：光线特效的制作

光线特效用在大标题的字幕中，在蒙版作用下呈现扇状的移动，使标题出现光感。也分两步制作。

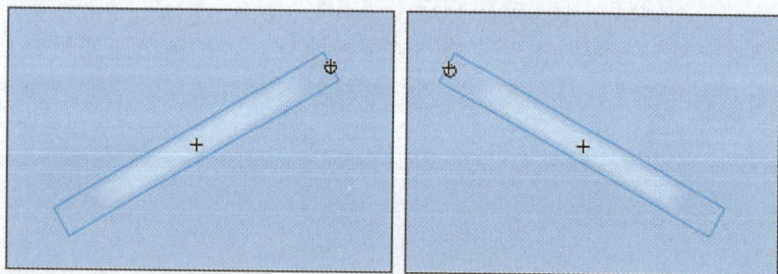

图10-36 光线元件

先做图形元件，命名为"光线"。在元件舞台上导入一张模糊图片。这张图是在Photoshop中完成的。

再做影片剪辑，命名为"Light2"。在影片剪辑的第1帧拖入"光线"元件并向左倾斜，注册点放在高端的中间部位，在第130帧设关键帧将"光线"向右倾斜，两帧中间设补间动画。

回到场景舞台中，在【标题蒙版图层】下新建【光线图层】添加这个电影剪辑。当光线由左至右不停地划过时，正好与图片内容不谋而合，可以产生共鸣的效果。

源文件参见光盘第10章//电子杂志合成实例/合成素材/23p. swf。

图10-37 蒙版效果与光线效果

▒ 内页制作案例二 —— 图形按钮的变化

电子杂志页面中经常排列一些小图，点击小图后链接的大图就会出现，小图的目的是为了更好地展示大图，清晰的大图可供读者仔细欣赏。小图不仅是安排版面的需要，更重要的是按钮的功能，小图制作的按钮也被称之为图形按钮。按钮是电子杂志特有的交互行为表现方式，读者可以使用按钮来控制杂志内容的播放。

图形按钮在页面里还可以通过添加代码、添加影片剪辑，使按钮产生多种变化，有多种表达方式，图形按钮在页面中不仅美观实用，而且使电子杂志交互性功能的表现形式得到极大的发

图10-38 图形按钮局部：第三节1页（左）、第三节2页（中）和 第四节2页（右）

挥。本节通过第3章《云海飞舞》第三节、第四节的4个实例，介绍图片作为按钮各有其不同的表现方法和不同的特效效果。

一、图形按钮之一 —— 简单的跳转方式

实例说明

本页是第3章《云海飞舞》第三节《海天霞光曼妙舞》的第1页。

页面内容由5张照片构成，其中一幅作为背景图，其他4张用一组小图表现，小图做成图形按钮，可以链接大图。大图在鼠标滑过时有翻页效果出现，点击翻页的部位可以回到主页面。

在交互页面的动画中一般有主页面，放置图形按钮，按钮链接跳转的其他画面为二级页面，二级页面之间的关系是平行独立的关系，需要有返回主页面的设置或相互之间有链接的设置。返回主页的方法很多，可以单独设置

图10-39 主页面图

返回按钮也可以设置隐形返回按钮。

制作要点

图形按钮；隐形按钮；帧标签和跳转语句 ；渐变的转场特效。

具体步骤

文件命名为27p。源文件参见光盘第10章//电子杂志/秘鲁风光Flash文件/27p.swf。

步骤一：图形元件转换为按钮元件

图片做成图形元件

将经过裁剪的一组小图导入舞台，分别按F8 转换为元件，命名为"小图1"至"小图4"。进入元件编辑舞台，可看见【图

层1】第1帧已经有了小图图片，添加新图层【图层2】，画一灰色矩形块作为小图的侧阴影，见图10-40，再将【图层2】拖至【图层1】下方。

图片在没有做成元件前，用鼠标选中后可见图片边缘由灰色虚线组成，做成元件后图片边缘为天蓝色实线。只有当图片转换为元件之后，Flash软件的各项功能才能对其起作用。因此，制作中经常要把大大小小的图片做成各种元件。

图10-40 侧阴影图图示

图形元件定位

在场景【图1—图4】图层中分别放置4个小图的图形元件，见下图红框的部分，帧数为第38、48、58、68帧。

这一步对图形元件的定位很重要，如果对小图的设计不满意就在这一步修改，否则下一步转换为按钮后再修改就很麻烦，需要很多重复性的工作。

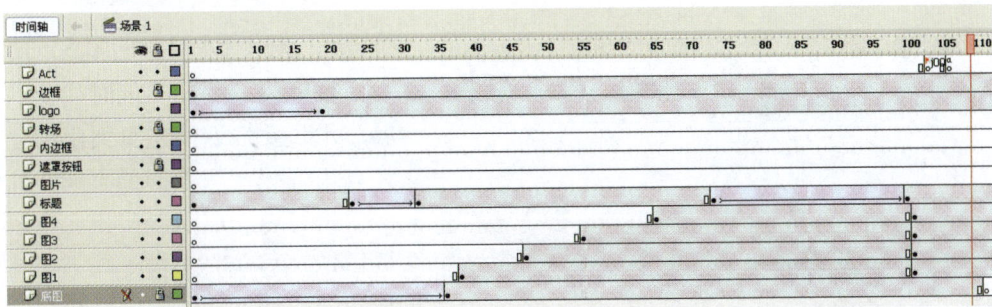

图10-41 图形元件转换按钮的时间轴位置图

转换按钮元件

图形元件定位后，在第100帧的位置为这四个图形元件设置关键帧，将这一帧的每个图形元件转换为按钮元件。具体做法如下。

在舞台上用"选择工具"选中1个图形元件，按F8弹出对话框，类型选"按钮"，命名为"按钮1"，保存即可。其他图形元件依次类推转换为按钮元件，分别命名为"按钮2"、"按钮3"、"按钮4"。

为什么不在一开始就将图片直接做成按钮元件呢？基于以下两点考虑。

一是动画在开始阶段没有播放完内容之前不希望图形过早有跳转功能，破坏画面播放的完整性。

二是图形元件在转换按钮元件之前还可以做图形元件的各种特效，完成这些使命后再转换为按钮元件，实现鼠标控制画面的按钮特效。

步骤二：制作图形按钮元件

进入"按钮1"的编辑界面，【弹起】状态已经有了"小图1"元件，在【指针经过】栏中按F6设关键帧，【按下】栏中按F5设一般帧，见图10-42。

为表示鼠标经过按钮时，图形会产生响应发生色彩上的变化，可将【指针经过】的图形重新设置亮度，使之变亮或变暗，只要图片感应鼠标有了变化就可以。本例设置亮度为40%，见图10-43。

图10-42 按钮元件状态图

图10-43 按钮状态的变化

步骤三：制作返回功能的隐形按钮

被链接的大图出现时往往满屏显示，要再返回主页面使用什么方法好呢？如果为了不破坏画面效果可以采取隐形按钮。隐形按钮的制作方法在第5章"交互动画中按钮的设计"中已经有过介绍，这里再详细说明几个制作重点。隐形按钮是利用【点击】状态栏的特性制作的，这一帧绘制的图形在影片发布后不会显示出来，但在制作过程中会用透明的绿色显示其状态，可以调整大小。隐形按钮的帧状态分别设计如下。

【弹起】状态设置为空白关键帧，【指针经过】和【按

下】中放置翻页的图案，鼠标滑过时产生翻页的效果，【点
击】状态的矩形块见图10-44点击状态。

翻页效果的设计
是对画面有返回功
能的提示，鼠标滑
过时，页面翻卷，
鼠标箭头会变成出
现"小手"图标，
就是向读者提示画
面可以点击一下。
哦，点击一下就可

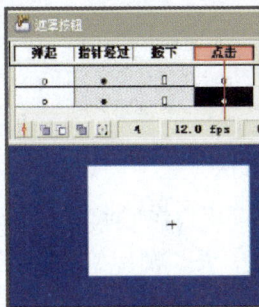

图10-44　点击状态图示和指针经过状态效果图

以返回到主页面了。如果鼠标离开画面就完整显示页面内容并
停留在这个页面。

步骤四：帧标签和跳转语句

按钮元件要正常发挥作用离不开正确的跳转语句，在一组
按钮对应一组图片的跳转过程中，事先要指定关键帧，并且为
这个关键帧加注帧标签，才能保证按钮和跳转图片的一一对应
关系。具体制作把握以下三个环节。

分配段落

按钮链接的图片在时间轴上都是独立存在的，可以将这些
图片分配好段落，段落里面再分别设计内容。本页4幅大图分配
了4个段落，每个段落开始处有帧标签，段落末有Stop语句，段
与段之间有空白关键帧加以区别，详见图10-45帧发布图。

主要图层的内容有：【图片图层】里放置大图元件，【遮
罩按钮图层】里放置隐形按钮，【转场图层】里放置渐变元
件，【Act图层】是设置帧标签和停止语句的图层。

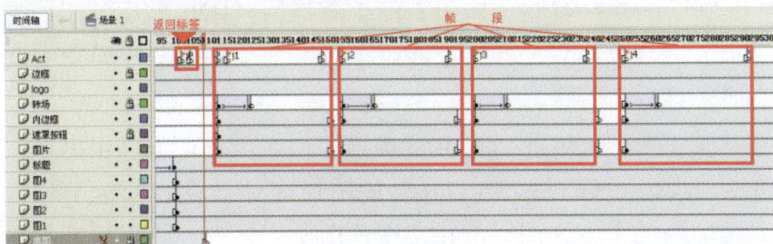

图10-45　帧分布图

按钮的跳转语句

在场景舞台上选中图形按钮，添加跳转语句如下：

on(release){

gotoAndPlay("j2");}   //"j2"指图片2的帧标签。其他按钮以此类推。

帧标签的设置方法

帧标签的设置一般放在时间轴的顶端，需要单独占一个图层或放在【Act图层】里。帧标签的作用是给时间轴上的"帧"起名字，有了名字，在按钮语句的编写中就可以指定它为跳转指令的对象。

在时间轴每个段落的第1帧设一空白关键帧，然后在【属性】面板【标签】菜单中【名称】输入"j2"，【类型】选择"名称"，按回车键即可看到空白关键帧已经插上了"小红旗"并且旁边有了帧标签的名称"j2"。标签面板见图10-46。

隐形按钮返回主页面的位置要设一个帧标签，这一帧的位置要设在图形按钮之后、链接大图出现之前，见图10-45中三角箭头注明的帧标签。

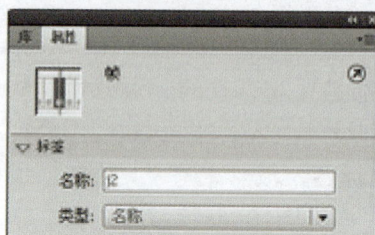

图10-46 帧标签面板

图10-47 模糊矩形块

步骤五：渐变的转场

渐变的转场是指大图出现时先有一白色矩形渐变透明后再显示大图，这样做给视觉上有一个缓冲，大图出现时看起来就不那么突然和生硬。

做法是先在Photoshop软件中做一白色边缘模糊的矩形块，见图10-47，然后导入Flash做成图形元件。在时间轴中单设【转场图层】，该图层放在【图片图层】之上，矩形块基本覆盖住大图就可以。每个"转场"帧数为10帧，Alpha值设置由100至0。

源文件参见光盘第10章//电子杂志合成实例/合成素材/27p.swf。

二、图形按钮之二 —— 按钮中添加影片剪辑

实例说明

本页承接上一页，是《海天霞光曼妙舞》第2页。

本例侧重讲解在按钮元件中加入影片剪辑的制作方法。页面中有2种按钮，一种是图形按钮，另一种是花朵形状的返回按钮，按钮中分别加入不同效果的影片剪辑。

第一种按钮是在内部加入影片剪辑，具体做法是将按钮内部的元件转换为影片剪辑，先做按钮后做影片剪辑。第二个例子正好相反，是用影片剪辑来做按钮，先有影片剪辑后做按钮。

图形按钮中的影片剪辑效果是：当鼠标滑过图片时，图片旋转并放大，鼠标离开则恢复原状。

图10-48　主页面图

返回按钮是花朵图案，影片剪辑的效果是这朵花一直在旋转，鼠标滑过时变亮且继续旋转。

多掌握一些按钮的制作技巧，可举一反三制作出更多花样翻新的按钮。

制作要点

按钮中加入影片剪辑方法一；按钮中加入影片剪辑方法二；"加塞"的转场特效。

具体步骤

文件命名为28p。源文件参见光盘第10章//电子杂志/秘鲁风光Flash文件/28p.swf。

步骤一：按钮中加入影片剪辑方法一

在图形按钮中加入影片剪辑的方法之一是将按钮中的元件直接转换为影片剪辑，具体制作有两个要点。

先由图形元件按钮转换为按钮元件

先制作图形元件，命名为"图1"，进入元件编辑舞台，建2个图层，一个放小图，一个放图框。

转换为按钮元件：回到场景中，将"图1"元件拖入舞台，放在页面适当的位置，按F8转换为"按钮"元件，具体做法同上例。将转换好的按钮元件命名为"按钮10"，见图10-49。

图10-49 【指针经过】项下的图片

转换为影片剪辑： 进入按钮编辑舞台，【弹起状态】已有了"图1"元件，在【指针经过】状态按F6添加关键帧，在【按下】状态按F5添加普通帧。选中【指针经过】项下的图片，按F8转换为"影片剪辑"，命名为"m14"。

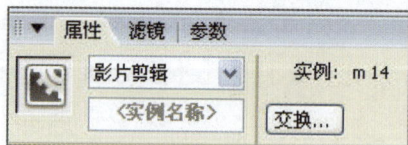

图10-50 属性面板

此时图片属性已改变为"m14"的影片剪辑，见图10-50属性栏的标注，库面板里同时新增加这个元件。

在按钮中加入影片剪辑的第一种方法到此完成，下面点击"m14"进入影片剪辑的制作步骤。

制作按钮中的影片剪辑

在【指针经过】状态上转换的影片剪辑主要表现当鼠标滑过图形按钮时，图片会产生旋转并放大的效果。按钮旋转并放大的效果如图10-51。

在库面板中双击"m14"影片剪辑进入元件编辑面板，在时间轴上第10帧设关键帧，图片放大120%，第1至10帧中间设补间动画，旋转顺时针1次，缓动值为100，第11至15帧为普通帧。

图10-51 按钮变化图示

新增图层2，在第15帧设空白关键帧，添加Stop语句，完成"m14"的制作。此时图形按钮的全部内容制作完毕，可播放动画检查一下是否达到效果。

步骤二：按钮中加入影片剪辑方法二

在按钮中加入影片剪辑的方法之二是先制作影片剪辑，然后导入到按钮元件中。本页大图出现的画面中设置一个返回主页的按钮，就是表现这种方法。

返回按钮设计成花朵形状，在画面上不停地旋转，当鼠标滑过时高亮，点击后能够返回到主页面。具体制作方法如下。

第一步： 做花的图形元件，命名为"花"。

图10-52 按钮原形

第二步： 做影片剪辑元件，命名为"转花"，导入"花"元件，设置第1帧、第125帧为关键帧，中间补间动画顺时针旋转1次。

第三步： 做按钮元件，命名为"旋转"，在【弹起】导入"转花"影片剪辑，Alpha值设置为38%。在【指针经过】状态按F6插入关键帧，在【按下】状态按F5普通帧，Alpha值设置为100%。

在【点击】状态画一圆形作为鼠标点击的触发区。这是因为花的图形有透明区域，鼠标接触点不是很明晰，添加这个圆形有利于扩大鼠标的触发区。按钮状态的图形如图10-53所示。

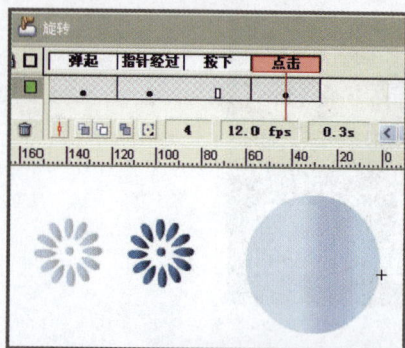

图10-53 按钮状态的图形

图10-54 按钮页面效果图

图10-55 加塞的效果

步骤三："加塞"的转场特效

本页大图画面的转场使用一种"加塞"的方法，即底图不变，大图渐变时在中间添加一个"矩形框"的衬托图，借此增加视觉延迟的效果，这种方法用"加塞"形容比较贴切，见图10-55。

第一步：做一矩形框的图形元件，命名为"矩形框"。

第二步：在时间轴上设【图片图层】、【转场图层】。

第三步：【图片图层】为每幅大图分配一个帧段，每个帧段50帧。大图的第1帧至28帧中间设补间动画，完成两个动作，一是从右向左移动一点距离，二是Alpha值为0至100，这样当大图逐渐显露出来时，会有图片叠加错位造成的动感效果。具体设置参见图10-56。

第四步：【转场图层】放在【图片图层】下方，共设28帧。导入"矩形框"元件，将Alpha值设为38%，前1至20帧补

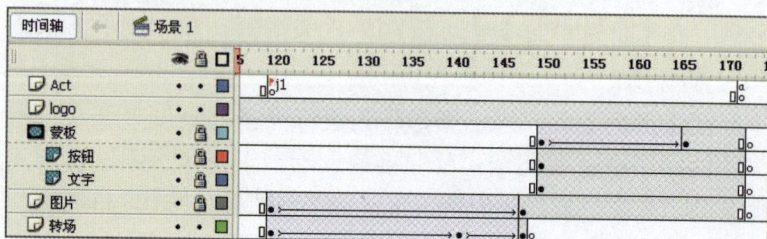

图10-56 时间轴帧段图

间动画将其由大变小，后8帧补间动画Alpha值为38%至0。

　　"矩形框"放在背景图和即将出现的大图之间，当它由大到小收缩时，就会产生一种景深变化的视觉效果，很自然地完成图片的转场。

　　源文件参见光盘第10章//电子杂志合成实例/合成素材/28p.swf。

三、图形按钮之三 —— 按钮不同状态的表现

实例说明

　　图10-57是第四节《田野静待云相依》的第1页，第四节一共2页，第1页内容有3幅图，第2页内容有6幅图，页面保持章节的标题和Logo，两个页面表现方法不同，图形按钮的用法也不同。

　　本页主页面的元件分左右两个方向入场，小图片直接做成按钮，按钮中设计两种图片移动的不同方式。

　　第一种是鼠标【指针经过】时小图产生向下滑动一段距离的效果；第二种是鼠标【点击】后小图直接滑向页面右下角，在这个位置上置换为图形元件，完成大图出现的动作。

图10-57　主页页面

　　链接页面内容是大图铺满画面，并添加一些文字段，返回按钮沿用前面一节提到的转花按钮，但对花的颜色、式样进行一些改变。

制作要点

　　图形按钮的滑动特效；小图过渡大图的转场方式；小花按钮的变形。

具体步骤

　　文件命名为29p。源文件参见光盘第10章//电子杂志合成实例/合成素材/29p.swf。

步骤一：鼠标滑过时图形按钮向下滑动

鼠标滑过时图形按钮向下滑动的效果需要在按钮中添加影片剪辑，具体做法是如下。

影片剪辑面板图

图10-58 "m1"影片剪辑效果图

第一步：编辑按钮元件。新建按钮元件，命名为"an1"，在【弹起】状态导入一幅小图，在【指针经过】状态按F6设关键帧，在【按下】状态按F5普通帧。然后将【指针经过】的图片用F8转换为"影片剪辑"元件，命名为"m1"。

第二步：编辑影片剪辑。进入"m1"影片剪辑元件面板，此时第1帧的小图还只是导入的图片没有转换为元件，为了使图片能够当元件使用，还要将它转换为图形元件。选中小图，按F8设置为图形元件，命名为"图1"保存。

回到"m1"影片剪辑编辑面板，在时间轴上第20帧设关键帧，将"图1"元件向下方移动10至20px的距离，在2个关键帧中添加补间动画。参见图10-58中的设置，移动距离见箭头所示。

新建图层2，在第20帧设空白关键帧，添加Stop语句，完成影片剪辑的制作。

其他图形按钮的做法以此类推。为了使小图移动的位置统一，制作中需要借助标尺定位或者添加参考线定位。借助辅助工具定位的做法也适用于任何元件的移动定位。

按钮元件"an1"的全部制作包括了影片剪辑和图形元件的制作，一个按钮的制作过程就涵盖了Flash软件中元件的全部制作方法，由此可见熟练掌握按钮多种制作技巧是非常重要的。

步骤二：小图过渡大图的转场方式

小图和大图之间的转场方式是利用图形按钮置换为图形元件，图形元件再完成由小至大的变化过程，转场的设计思路如图10-59所示。

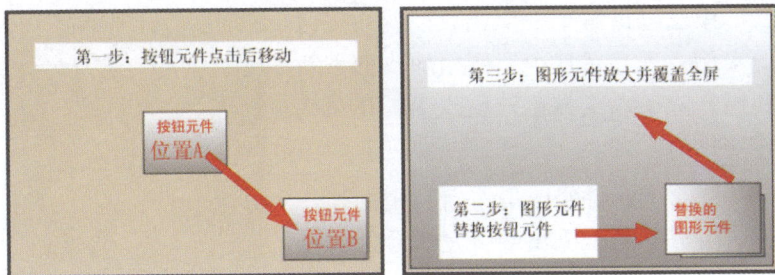

图10-59 转场示意图

第一步：在主页面中定位按钮元件。3个图片按钮由左侧入场至A点位置后，分别选中每个按钮添加控制语句：

```
on(release){
gotoAndPlay("j2");} //按下鼠标，跳转并播放"j2"帧
```

"j2"帧是帧段的起始点，用5帧完成按钮从A点到B点位置的移动。

图10-60 按钮左侧入场(左)、A点位置定位（中）和B点位置置换（右）

第二步：B点位置的元件置换。在【按钮图层】上方新建【大图图层】，用与按钮相同的图形元件在1帧内重复放置，2个相同元件在这1帧内进行置换。重复10帧后可删除【按钮图层】的按钮图形。

第三步：图形元件放大。图形元件出现后设10帧，完成图形从B点位置放大至满屏的转场，效果见图10-61。

步骤三：转花按钮的变形

在大图出现的画面里需要添加返回到主页面的按钮，在上一节"图形按钮之

图10-61 页面大图效果

二"中已经讲解了一个花朵型返回按钮的实例，现在对这个实例稍加改变重新利用，除了改变颜色外还改变了花朵旋转变化的方式。

复制老元件修改后重新利用的这一做法可以不断推陈出新，发挥元件的潜力，省略重复性的制作工作。Flash软件功能的强大之处就在于能够将一个元件

图10-62 花朵变形

不断地加以变化和重新设计，使之繁衍出更多的利用价值。为区别于原花朵的旋转变化，将旋转方式改为扩散方式，制作成复式结构的两层花瓣，用两个图层展开大小不同、错落有致向外扩散的花瓣变化，见图10-63。

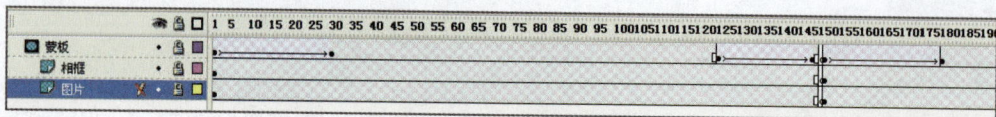

图10-63 影片剪辑时间轴设计

按钮的制作过程参见上一节，改变的部分体现在影片剪辑中，具体变化参见图10-64。

图10-64 "转花"效果图

两层花瓣具体参数的设定参见光盘第10章//电子杂志合成实例/合成素材/29p.swf。

四、图形按钮之四 —— 连续播放中随时跳转

实例说明

本页承接上一页，是《田野静待云相依》第2页。

页面内容是6幅大图连续播放，大图自动播放时右下方的图

形按钮可以点击，点击后跳转对应的大图，但不影响大图的连续播放。动画不设停止语句，图形按钮的作用只是给大图播放顺序定位。

　　背景图上有透明矩形块做衬托，大图出现时有一个透明度和移动的缓冲效果，图形按钮在鼠标滑过时会出现白色边框的装饰效果。每幅大图有帧标签和帧段，中间有文字出现。

制作要点

　　图片连续播放的连接；按钮随时跳转的语句；图形按钮外框的添加。

具体步骤

　　文件命名为30p。源文件参见光盘第10章//电子杂志合成实例/合成素材/30p.swf。

步骤一：　连续播放页面的设计

　　连续播放页面播完最后一帧

图10-65　主页面

就回到第一帧继续播放，因此第1帧画面的元件尽可能不做动作并注意和最后一帧的衔接。段与段之间的过渡注意不要错位或留空白帧，以免破坏播放的连续性，见图10-66。

　　6幅图平均每图安排100帧，在图片开始出现和结束退出的效果做Alpha值透明度的处理，同时添加一点移动的效果。图片开始的补间动画和结束的补间动画缓动值不一样，注意观看源文件的参数设置。

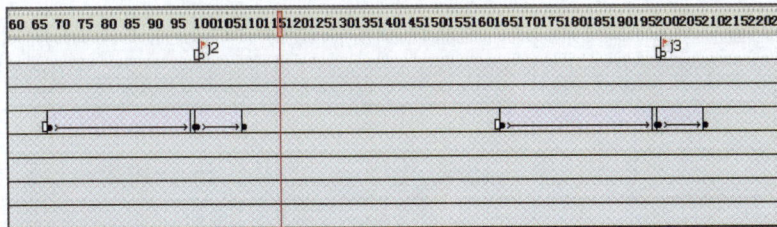

图10-66　帧段

步骤二： 按钮随时跳转的语句

在时间轴上为每幅大图所在帧段的第1个关键帧添加帧标签，其他帧段以此类推，标签命名为"j1"、"j2"、"j3"。

在场景舞台上分别选中每个图形按钮，添加跳转语句如下：

```
on(release){
gotoAndPlay("j1");}
```

图10-67 按钮页面

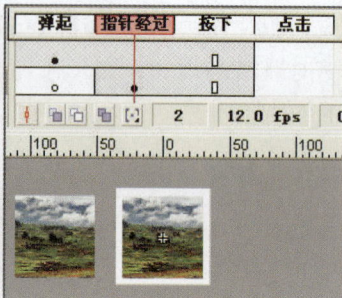

图10-68 添加外框

步骤三： 图形按钮外框的添加

为区别按钮【弹起】状态的图片，见图10-67，可以在【指针经过】的图片周围添加外框，这是一个比较常见的表现手法，见图10-68。外框可以有粗有细，可以变换颜色，可以改变形状等等。

本例选用一个简单实用的做法，要点如下。

第一步： 在【弹起】状态导入图片，按F5至【按下】。

第二步： 新建一图层放在图片层下方。

第三步： 在【指针经过】设关键帧，添加白色矩形块作为边框，按F5至【按下】。边框完成后可以复制到其他按钮中。其他按钮的边框制作在第三步中使用【粘贴到当前位置】的命令，即可复制边框。

源文件参见光盘第10章//电子杂志合成实例/合成素材/30p.swf。

内页制作案例三 —— 综合制作

综合制作指的是页面内容可以分解为几个步骤，每个步骤中有独立的内容表现，这些内容又组合为整体内容的表现。由于画面可以分步骤地展示，就使内容有了层次感，在视觉上产生的动感也更强，在页面上停留观赏的时间也相应延长。

综合制作中要统筹考虑Flash多种技术手段的组合方法，因此构思和合理安排多种表现方法很重要，技术上不一定有难度，重要的是巧妙地使用技术手段。下面通过两个实例说明综合制作的方式方法。

一、综合制作之一 —— 多层次的组织结构

实例说明

本页是第一章《海的乐章》第3节《海阔天空伴海鸟》的第1页。

内容是展现大海的精灵——海鸟自由飞翔的情景，由章节标题、Logo、4幅海鸟图、背景图和文字构成。画面一开始在海浪背景图的衬托下，大标题和Logo分别由中心移动到上下的位置，出现小图按钮，点击后出现大图和说明文字。

图10-69 主页面

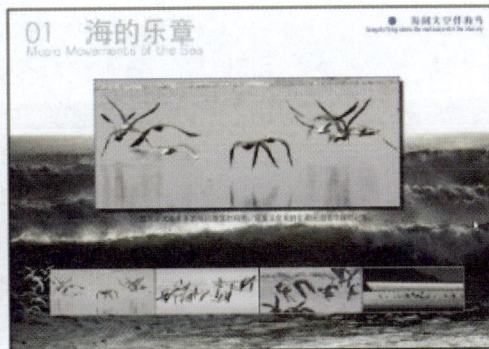

图10-70 第1帧画面

制作要点

安排如下三个层次来表现页面内容。

第一层是开场的内容，安排大小标题和Logo的表现；

第二层是出现小图按钮、特效和说明文字的内容；

第三层是大图出现后添加阴影和说明文字变化的内容。

【具体步骤】

文件命名为09p。源文件参见光盘第10章//电子杂志合成实例/合成素材/09p.swf。

步骤一：第一层内容表现

第一层内容是开篇阶段，安排100帧。 第1帧布局见图10-70，背景是海浪图，右上方是本节内容的小标题，中间是大标题和Logo。背景图有第1至9帧的渐变，Alpha值为70%至100%。大标题从第10帧开始至第65帧，向左上方移动，颜色减淡至Alpha值为40%。Logo从第50帧开始至第100帧，向左下方移动并缩小，颜色逐渐增加亮度值为60%。小标题固定出现，不做变化。

开篇阶段首先是突出章节的主题：海的乐章、大标题和Logo的位置在页面中心，先将视线集中，然后大标题和Logo向上下分开，让出中间部位出现第二层内容。

步骤二： 第二层内容表现

第二层内容是主页面，由第85帧至第230帧的设置完成按钮、文字和波浪形影片剪辑的出场。说明文字从第85帧开始，由浅入深出现在海平面上，用15帧作为两层内容的衔接。小图按钮用蒙版遮罩，由左向右出现。图片在鼠标滑过时放大10%。波浪形的影片剪辑特效覆盖小图，淡入淡出地循环出现，带有提示图片可以点击的作用，见图10-71。

在Act图层里的第220帧添加帧标签"j1"，在第230帧添加Stop语句，完成主页面帧段的设置。

图10-71 主页面内容的设置

步骤三：　第三层内容表现

第三层内容是大图出现的二级页面，从第240帧至510帧分为4个帧段，安排海鸟大图和说明文字。大图在海浪中间出现，淡入并向上移动一段距离，帧数为22帧，图片后面添加阴影。文字出现后用15帧增加暗度，使之变深色。添加帧标签和停止语句。每个帧段以此类推。

图10-72　大图设计图

图10-73　大图渐变升起的效果

在时间轴上建3个文件夹，分别安排每个层次的内容，见图10-74，文件夹中具体的制作内容可参见光盘中的源文件。

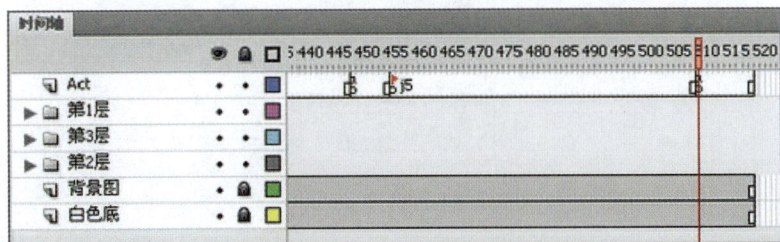

图10-74　时间轴设置图

有层次的表现页面内容一方面有利于组织元件进行动画制作，另一方面使读者能够有条理地阅读页面内容，层次的内容丰富了电子杂志的表现能力，是目前电子杂志制作的一个重要手段。源文件参见光盘第10章//电子杂志合成实例/合成素材/09p.swf。

二、综合制作之二 —— 掌握变换的节奏和跳动的频率

实例说明

本页是《海阔天空伴海鸟》的第3页。

页面内容展现海鸟朝起暮归的画面，见图10-75，画面左侧是小图按钮，右侧是大图展示区，背景有海浪图，并添加水珠飘荡的特效。标题、Logo同上例。鼠标滑过小图按钮时增加了水纹的特效。大图从右上方进场，用降落的形式出现，落点有一个反弹的动作，并添加渐变的特效。

情节安排上加重动感的表现节奏，有控制元件快慢的变化，有元件跳动频率的变化，在元件组合和搭配上也有节奏的变化。下面将从不同角度介绍画面组合节奏的变化和单个元件变动的频率。

制作要点

开场内容变化的节奏；标题闪烁的频率；小图按钮展开的节奏；大图反弹回落的频率；说明文字变化的节奏。

图10-75 主页面

图10-76 第1帧画面

具体步骤

文件命名为11p。源文件参见光盘第10章//电子杂志合成实例/合成素材/11p.swf。

步骤一： 开场内容变化的节奏

开场的标题部分和前页相似，但本页加快节奏，用10帧的速度快速展开背景图，然后大标题、英文标题、Logo分别以不同的帧速移动到各自的位置，图10-76是页面第1帧画面。大标题、英文标题、Logo向边角移动变化的距离不一样，调整三者间移动速度的依据是，既要保持画面的美观，又要根据它们的距离长短来确定不同的帧速度。Logo从第10帧开始至第58帧停止，大标题从第15帧开始至第77帧停止，英文标题从第15帧开始至第85帧停止。

步骤二：　标题闪烁的频率

开场部分完成后出现闪烁的小标题。闪烁的帧设置见时间轴图10-77：

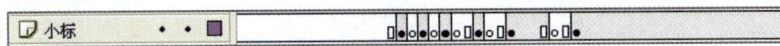

图10-77 时间轴闪烁频率

小标题闪烁的方法主要是利用关键帧与空白关键帧的间隔来表现，间隔时间短闪烁频率高，间隔时间长闪烁频率就低。

闪烁是一种快节奏的表现方法，快速闪烁有很强的冲击力，能够吸引读者的视线，一般用在提示性的元件上。这种关键帧与空白关键帧相间的帧组合可以产生多种频率，见图10-78。

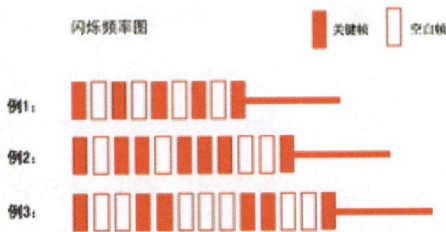

图10-78 闪烁间隔示意图

步骤三：一组按钮展开的节奏

标题部分完成后出现一组小图按钮，整体看它们的出现是快速的，但4个按钮元件出场的速度不同，采用的是快慢快慢的节奏。小图排列方式是左右分布的，当图片由左向右展开时，一快一慢为一组，使之看去很有连贯性，又避免了图片快速冲出的感觉，按钮在时间轴上的设置见图10-79。

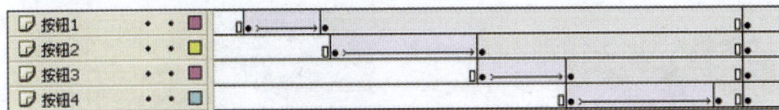

图10-79 按钮的帧设计

步骤四：　大图反弹回落的频率

大图出现时有一个从右上方快速降落到画面中间、然后又反弹两下的缓冲动作。反弹的路径由两波组成，第1波快起快落，第2波快起慢落，构成缓冲的动作，见图10-80中红线的提示。

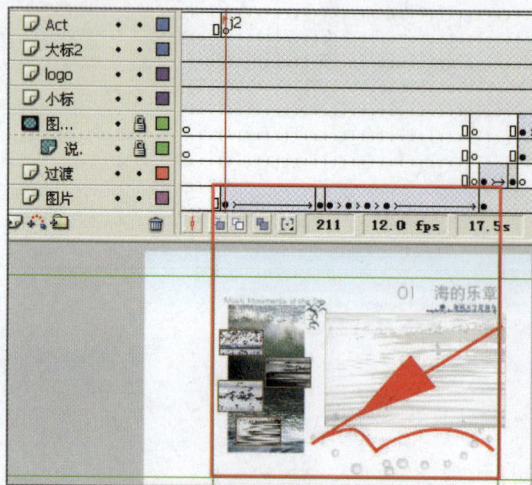

图10-80 大图出场路线及图层设置

在【图片】层中可以观察到关键帧的设置情况：前10帧完成大图的下降，下降到落点后，用3帧使大图向上一段距离、3帧回到落点、3帧再次向上一段距离，最后第10帧上大图又回到落点。通过播放动画调整图片的缓冲动作，特别是反弹的高度及频率，要使大图下降的表现比较自然，反弹两下后缓慢落下。

大图进场时Alpha值为40%至100%，为了增加图片缓冲的效果，在大图渐变清晰后，又为它添加一个过渡的渐变特效。就是在大图上面加一闪而过的半透明遮罩，共用4帧完成，这样观看动画时就会感觉缓冲效果比较自然。

步骤五：说明文字变化的节奏

为了有别于快速出现图片的节奏，说明文字使用慢节奏出现，在图文之间形成一个强烈的反差，使读者在阅读过程中对页面的内容表现不感到紧张。说明文字的遮罩层有70帧的补间动画，缓冲值为+100，文字由左向右缓慢出现在大图底部，见图10-81。

图10-81 页面欣赏

本页设计中不仅增加了元件自身的变化，构成关联的一组元件中也增加了各自的变化，这些变化使页面内容产生了节奏感和律动感。

节奏可以指一期杂志的风格，也可以指一个章节。探讨节奏的变化，借用京剧表演艺术的行话，京剧里有快板慢板之分，有时紧锣密鼓，有时行云流水，有时缓慢得一摇三晃。制作电子杂志的动画也需要掌握节奏独特的韵味，产生动画节奏的美感欣赏价值，这样才能不断地提高电子杂志的制作水平。

频率的变化在这里主要指单个元件变动的幅度，在页面布局中不是所有元件都使用一种变化频率，需要强调、突出、提示的一些元件，可以采取不同的表现方法。元件之间有了不同的频率变化和相互对比，画面才能生动活泼。本例内容只是抛砖引玉，读者需要通过多看多做来体会动画中各种元件不同的频率变化，更好地掌握动画制作的规律。

本例制作部分的内容可参见光盘第10章//电子杂志合成实例/合成素材/11p.swf。

图10-82　《秘鲁风光》第1期杂志部分页面欣赏

▓▓ 目录制作和链接方式

目录是一本杂志的纲领，目录可以引导读者对杂志的内容编排一目了然，从而吸引读者阅读。电子杂志的目录不仅是打开杂志首先观看的一个提纲挈领的漂亮页面，它的重要功能是可以链接、跳转到指定章节，是一个包含互动功能、技术性很强的特殊页面，见图10-83。

图10-83 目录页面

由于电子杂志的容量可大可小，小容量的杂志目录简单或不设目录，但大容量的杂志一定要有目录，并且可能有多个目录页面。特别是100多页、甚至200多页的电子杂志，如果没有目录简直无法想象读者怎能有耐心一页一页地翻看。

目录的链接和互动的特殊功能是有别于传统印刷杂志的，是电子技术提供的一种新型操作方式。电子杂志软件里对目录链接的方式有各自的要求，链接的方法要依据使用的软件而定，因此目录实例制作部分的内容将介绍三款目录的制作方法，下面先了解目录设计方面的内容。

一、目录的设计元素

目录页面主要包含下面这些内容。

杂志信息：杂志名称、Logo、期刊号、总刊号等。

出版者信息：版权、出版者、制作者、公司地址、电话、传真、网址、邮箱等。

目录内容：大标

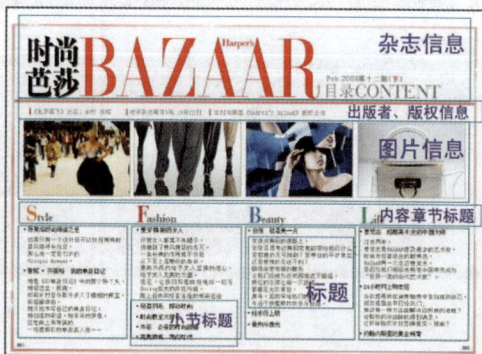

图10-84 目录的设计元素

题、小标题、标题、图片。

图上方1至2栏为杂志信息、出版者信息，下面3栏都是目录内容。

目录内容较多时可以分模块、章、节、大标题、小标题等。

目录页面的信息量比较多，但不一定全部安排在一个页面之中，使目录最主要的内容一目了然才是主要目的。

目录的类型

大多数杂志的目录按照排版方式可以划分为以下四类。

类型一：图文混排

版式图文并茂，利用图文搭配可以安排较多的版面内容。

类型二：文字为主

版面突出目录的文字内容，图片淡化，文字安排一目了然。

类型三：提示为主

目录中用相关内容的截图作为标题的图示，使该部分内容很直观地表达出来。

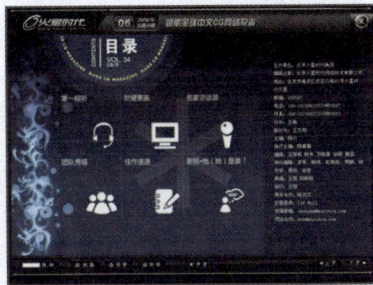

类型四：模块为主

大容量的电子杂志使用这种目录类型较多，进入一些固定模块后可以看到每个模块中的详细目录。

图10-85 目录类型

从以上介绍的类型不难看出，目录设计是有章法的，不管什么类型，首先目录的内容要明确，位置要突出，其他辅助性内容应该简明扼要。如果辅助内容太多在一起影响目录的观看，就应该将这些内容移出去另做一页。如果目录内容太多，可以在页面中间设置多个二级目录页。

二、目录的链接方式

目录链接的方法受到电子杂志软件的制约，不同软件对目录链接的制作方法有不同要求，这里简单介绍几种链接的方法，具体的制作参看下一节内容的详细介绍。

1. 编写目录的链接语句

页面制作使用Flash软件的，可以自己动手编写跳转的链接语句，在电子杂志合成软件中会对链接语句的接口方法有具体的要求，例如Zmaker软件，制作中需要仔细参考软件对语句链接的要求，在帮助菜单中会有详细的说明。

2. 自定义目录

有的电子杂志合成软件提供自定义目录的模式，将目录特殊的链接方式做成可自定义的表单形式，通过添加表单内容实现页面的跳转。表单的方法比较简单，根据相关提示就可以完成目录的设置。

3. 使用目录模板

有的电子杂志合成软件自带目录模板供使用，模板界面将链接的方式图示化，可以根据这些软件的模板使用方法插入或替换自己的设计内容，例如PocoMaker软件。图中显示的是软件自带的目录模板，可以按照图中的说明进行编辑、修改和调整，见图10-86。

不论使用哪种合成软件，都要仔细研究软件对目录制作的要求，掌握目录跳转链接的方法。

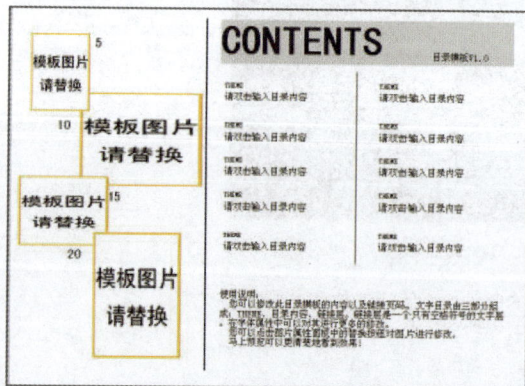

图10-86 目录模板

三、目录制作实例

不同的电子杂志合成软件对目录制作有不同的要求，本节安排三种不同软件的目录制作实例，在介绍制作方法之前简要介绍电子杂志合成软件的特点，希望通过这三个实例能够启发读者掌握更多的目录制作方法和技巧。

本节介绍的三款电子杂志合成软件均是网络免费版，软件下载地址如下。

ZMaker 杂志制作大师 佐罗网：http://zmaker.zcom.com/

PocoMaker 魅客网：http://maker.poco.cn/

Nuojie 诺杰数码精灵网：http://www.nuojie.cn/

每款软件在该公司的网站上都可免费下载，网站还提供软件的功能演示、使用方法、注意事项、问题解答、下载安装等相关内容，如要详细了解更多软件的使用方法和最新版本的介绍，请访问他们的网站。在网站上还可以找到制作杂志的模板、动画特效、背景音乐等制作电子杂志的辅助材料。

（一）目录实例一 ——《秘鲁风光》

《秘鲁风光》使用的合成软件是 ZMaker 杂志制作大师，该软件兼容swf文件，目录的制作可以在Flash软件中完成，合成目录时掌握如下三个要点。

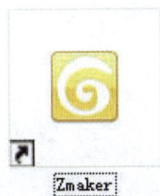

图10-87 软件标识

1. 目录页有两个选项需要单独设置

● 在编辑窗口中选中目录文件，打开【lockroot】窗口，勾选"false"，见图10-88；

● 选中目录文件，在鼠标右键菜单中选择【设置为目录】。如果不重新设定，软件默认第2页为目录。

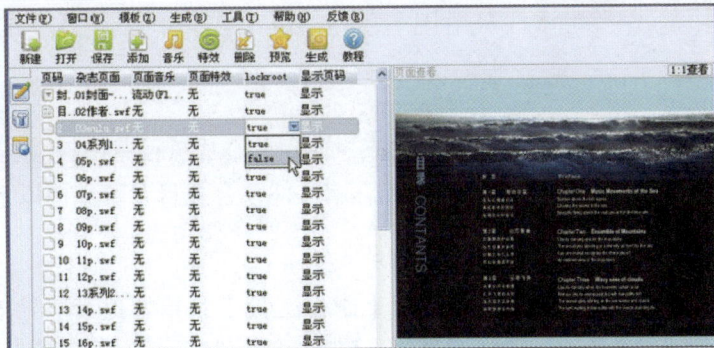

图10-88 编辑窗口

271

如果还有其他的目录页需要链接，只需将这些目录文件的【lockroot】设置为"false"就可以了。

2. 目录页码的设定

制作目录页面时，经常遇到的问题是链接页面的页码应该怎么确定？不同的合成软件对页码的规定不一样，在编写跳转语句时要注意软件对页码设置的相关规定。

ZMaker 软件对页码的要求有双重标准，合成软件中的页码按照页面文件的序号计算，例如在《秘鲁风光》中，封面是第1页，前言是第2页，目录是第3页，其他以此类推……而电子杂志页面的页码指在两边角出现的页码，是按照双页码左右显示，封面不计算在内，因此跳转语句按照后者设置，最好使用双数，例如打开页面第1、2页，语句设置为跳转到第2页即可，以此类推。

3. 目录页的跳转语句

```
on (release) {
_root._lockroot = false;
_root.gotoPage(2, true);
// "2" 指电子杂志的页码
_root._lockroot = true;
}
```

跳转语句的编写还可以参照ZMaker 软件的帮助菜单，由于软件的版本不同，语句的编写要求会略有不同。源文件参见光盘第10章//电子杂志合成实例/《秘鲁风光》工程文件。

（二）目录实例二 ——《艺苑》

《艺苑》使用的合成软件是Nuojie（诺杰数码精灵）软件，该软件兼容swf文件，合成目录要掌握以下三个要点。

1. 导入目录

按照【制作工具】菜单的提示"导入动画"，导入事先做好的目录swf文件，见图10-90。

【制作工具】是浮动菜单，见图10-90中的小图，菜单可以拖动，图示明晰，按提示即可操作。

数码精灵4.0

图10-89 软件标识

图10-90 软件工作面板

2. 跳转语句

目录按钮添加跳转语句如下：

```
on (release){
_root.gotopage(7);
// "7" 指页码数
}
```

如果不在目录页也想制作目录，请用以下跳转代码：

```
on (release){
_root._lockroot = false;
_root.gotopage(7);
}
```

3. 目录页码的设定

页数序号的编排是将封面的画面作为第1页，从第2个页面开始按双数计算页码，体现软件所见即所得的特点，看到的页码就是跳转的页码。这一点与上一例软件不同，需要注意。

如何准确确定页数呢？可以使用一个便捷的方法，就是导入全部文件后在每个画面的左下角、右下角会出现页码，按这个页码作为要跳转的页码数就可以了。

源文件参见光盘第10章//合成软件与目录制作实例/《艺苑》，部分页面欣赏见图10-91。

图10-91 页面欣赏

（三）目录实例三 —— 《博物馆》

《中国古代文明艺术的殿堂——陕西省历史博物馆》（以下简称《博物馆》），使用的PocoMaker（魅客）软件合成，目录的添加方式有以下两种选择。

1.【目录模板】

目录模板的使用方法参见本章前面讲到的"目录的链接方式"中使用目录模板的内容，由于模板的局限性比较大，修改起来比较困难，因此一般情况下选择【自定义目录】，见图10-92。

图10-92 软件标识与目录选项对话框

2.【自定义目录】

选中【自定义目录】后即弹出【生成目录】对话框，见图10-93，按照要求进入目录编辑工作。

【生成目录】对话框分上、下两部分，上方是显示区域，下方是工作区域（红框内）。显示区域左上方【预览】的提示，右上方【目录列表】中是输入完成的内容。

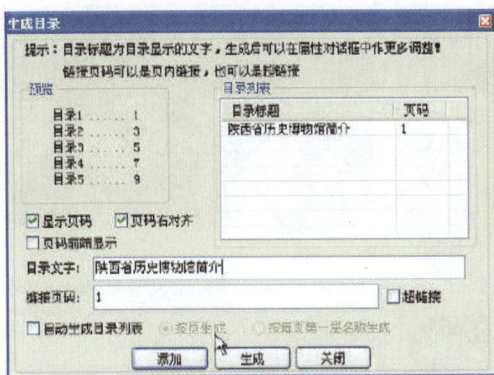

图10-93 生成目录面板

在工作区域【目录文字】栏中直接输入目录，每一个标题输入完成后在【链接页码】中标注杂志发布后页面的页码，在【超链接】中则输入页面文件的序号。完成一行目录的输入后点击【添加】按钮。

图10-94 生成的文字内容

图10-95 添加图形后的目录页面

依次输入全部目录后点击【生成】按钮，返回页面可看见目录的画面，见图10-94。

目录中的【链接页码】是杂志发布后的页码，也可以用标题的序列号代替页码，而在【超链接】中指定链接的swf文件序号。

杂志页码要在生成杂志后才能看到，因此目录的制作是最后的环节，往往需要反复修改后才能准确地跳转页面。在目录页面上的页码如果需要修改，就双击它，使它的编辑区域变色后直接修改。

目录的页面到这一步还需要美化，添加图片、文字等内容进行修饰，最后完成的目录页面如图10-95所示。

源文件参见光盘第10章//合成软件与目录制作实例/《博物馆》，部分页面欣赏见图96。

图10-96 页面欣赏

后期合成及发布电子杂志

合成杂志《秘鲁风光》第1期的软件选用ZMaker（杂志制作大师）。

ZMaker 软件是由电子杂志门户网站佐罗网推出的，软件具有简洁的操作界面、直观的操作提示，重要的功能都用图形按钮来表示，对于模板的尺寸要求也很灵活。虽然软件的使用方法简单易懂、一目了然，但要求素材制作的内容完整、使用的程序语言符合该软件的要求。下面结合实例来说明后期合成和杂志发布的具体操作方法。其他合成软件的使用方法大同小异，均可参考本节内容。

合成电子杂志大致有如下三个步骤。

● 导入文件，将制做好的封面、封底、目录、页面，包括swf文件、图形文件等按顺序导入。

● 设置辅助素材，包括背景图、音乐、图标。

● 合成杂志，按照软件的内容进行设置，将全部素材进行合成，最后生成可发布的EXE文件。

一、合成杂志

使用ZMaker软件合成电子杂志《秘鲁风光》第1期，先要快速掌握这款软件的使用方法。为了有重点地介绍合成软件的主要功能，将软件的模块重新归纳整理如图10-97所示。

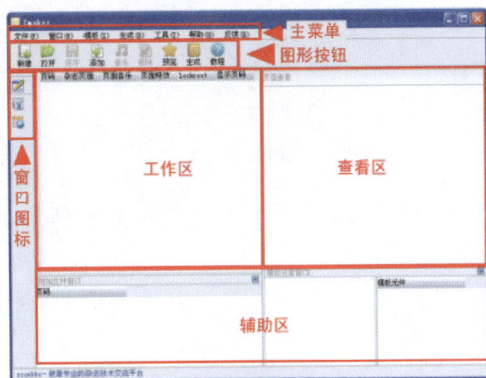

图10-97 软件界面

ZMaker软件的功能

在软件界面图中用红色图框划分了几个区域，可以看到上端是菜单区，主菜单下面有一排图形按钮，图形按钮显示重要的菜单功能。左边是工作区，右边是页面查看区，下面区域是存放不同类型文件的辅助区。

软件主要的功能体现在主菜单的下拉列表中，其中重要功能用图形按钮单独表示出来，例如在合成杂志过程中使用的重要按钮有：【新建】或【打开】文件、【添加】、【音乐】、【生成】等，这些经常使用的功能可以直接点击图形按钮。

工作区左侧有切换工作界面的图标按钮，可以在编辑界面、设置界面、联网界面之间切换。

除了在软件界面中可以看到这些按钮外，在各个窗口中还可以点击鼠标右键，弹出功能性的菜单。

该软件的版本经常更新，如果新版本与书中版本有出入，请参照软件教程、帮助的内容。

● 合成素材的内容

合成的素材选用电子杂志《秘鲁风光》第1期，共有34个页面，除封面、封底是JPG文件外，其他内页全部是SWF文件，杂

01封面-ok　　33秘鲁封底1　　壁纸5　　流动(Flowing)　　peru-01

图10-98 辅助内容

志的尺寸设定为950×650像素，帧数 12帧/秒。辅助材料有背景音乐、壁纸、杂志的Icon。部分素材见图10-98。

1. 一次性导入素材

点击【打开】图形按钮，在弹出的对话框中找到文件夹里的文件，如果文件的排序已设置好，可全部选中这些文件，一次性导入，见图10-99。全部导入的文件出现在左边工作区窗口中，当鼠标指向一个文件时，在右边【页面查看】窗口中出现该页的页面，页面内容在这里可以播放。

目录设置——在工作区中选中目录文件，在鼠标右键菜单将其【设置为目录】，在【lockroot】窗口中修改参数为"false"。目录页面的制作方法和链接语句参见本章前面的内容。

2. 辅助材料的设置

● 添加页面音乐

添加页面音乐的方法很灵活，在鼠标右键菜单中【插入音乐】或点击【音乐】图形按钮都可以添加音乐，可以单选页面，也可以多选页面。单选页面就直接点击该页【页面音乐】窗口，从中添加或选择一首乐曲。多选页面的方法是先在工作区窗口中将需要添加音乐的页面全部选中，然后在对话框里选择一首乐曲，见图10-100。

需要改换乐曲可直接打开【页面音乐】窗口，从中选择"浏览"文件，重新挑选乐曲。

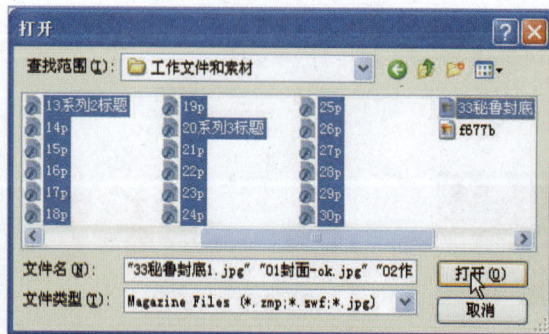

图10-99 导入文件对话框

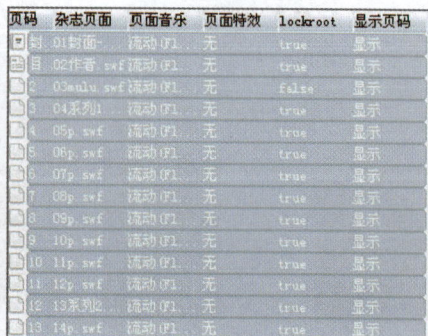

图10-100 添加音乐窗口图示

● **常规设置**

选中最左边图形按钮【设置】，进入【常规设置】页面，见图10-101，主要的设置如下。

生成路径：是保存文件的路径。

杂志图标：导入杂志的Icon。

窗口大小：按照浏览器屏幕尺寸设定，也是杂志背景壁纸的尺寸，要大于页面尺寸。

页面大小：指杂志的尺寸，该软件允许自己设定杂志尺寸。

选择页面边框：使用默认。

拖动热区大小：指页面四个角落响应翻页区域的大小。

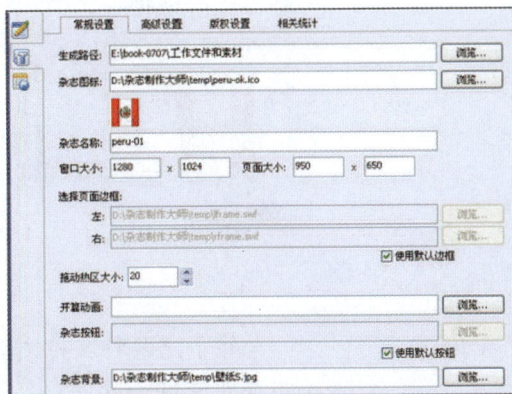

图10-101　常规设置对话框

开篇动画：一般情况下不用设置，如果要加入动画，一定要符合软件对动画设置的要求，可查看软件的帮助部分。

杂志按钮：使用默认。

杂志背景：导入壁纸文件。

页面边框和杂志按钮的部分不建议修改，如果要自定，可查看软件的帮助部分，详细了解如何替换。

除了【常规设置】页面，还有【高级设置】、【版权设置】等，请按照提示内容和选项要求进行设置，完成后进入生成杂志的步骤。

3. 合成杂志

● **生成杂志。**点击图形按钮【生成】，出现生成杂志信息的对话框，见图10-102，完成之后选择【打开】，就可以看到合成好的杂志。

● **保存文件。**如果选择【关闭】，就会弹出保存文件的对话框，

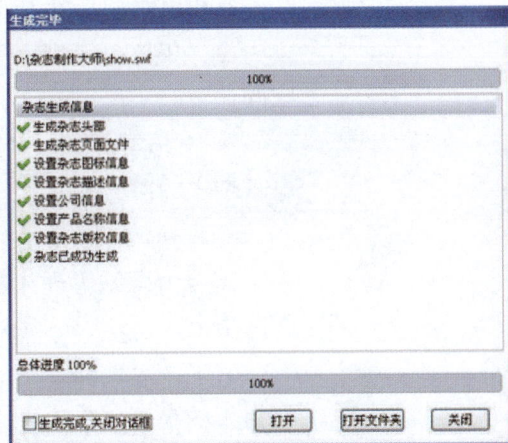

图10-102　生成杂志对话框

此时保存的是工程文件，工程文件使用ZMaker自身的Icon图标显示，而在【常规设置】里对杂志文件的保存使用的是为特殊设计的Icon，如果将这些文件放在同一个文件夹中，一定要注意它们的区别，见图10-103。

图10-103 工程文件图标和杂志图标

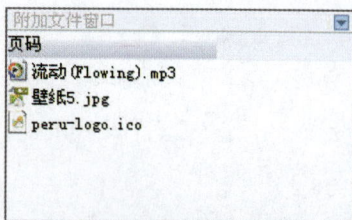

图10-104 附件文件窗口

除了这两种文件需要保存之外，还有一些辅助文件需要随同主要文件一起保存，例如乐曲、壁纸、Icon等，特别是杂志中有在Flash中插入的视频文件、播放文件、外部调用的SWF文件等，要将这些文件添加到辅助区的【附件文件窗口】内，见图10-104，这样才能保证杂志的完整合成。

杂志最终完成后可以在网上发布也可以作为电子文档直接观看。源文件参见光盘第10章//电子杂志合成实例/《秘鲁风光》工程文件。

二、发布杂志

发布电子杂志分为如下三个步骤。

● 在网站上注册，取得网站的许可才会有电子杂志发布的空间。

● 上传杂志，由网站提供上传杂志的界面，按照提示上传电子杂志的EXE文件。

● 发布杂志，电子杂志的内容是否符合网络媒体传播的要求，需要由网站管理人员进行审核，通过之后才可以正式发布在网络上。

电子杂志选择发布的网站和使用的合成软件相关联，由网站提供的免费制作电子杂志的软件内嵌了发布的链接，做好的杂志可以在这个网站发表。软件使用方法和杂志发布的要求在网站上都有详细说明，因此需要先了解网站对发布杂志的相关规定，然后选择电子杂志的合成软件。

● 佐罗网和ZMaker（杂志制作大师）软件

ZMaker（杂志制作大师）制作的电子杂志可以在佐罗网上发布，但佐罗网目前没有在网站前台提供发布的方法，如果需要在该网站上发布作品，可与网站联系后在ZCOM杂志平台发布系统的界面登录，上传和发布电子杂志。网址是http://magadmin.zcom.com/admin。

● 杂志中国网和Nuojie（数码精灵）软件

用Nuojie 数码精灵制作的个人版电子杂志可以在网上免费发布，发表杂志的网站是杂志中国，网址是http://www.zzchina.cn。

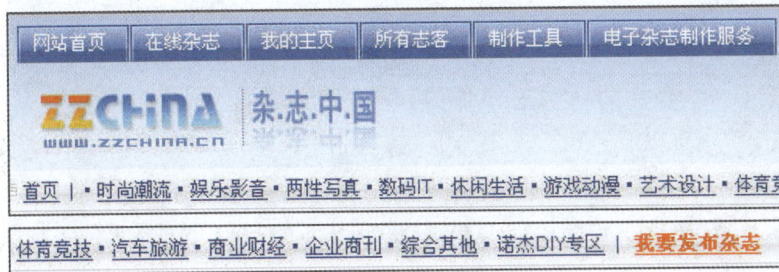

图10-105 杂志中国网

先在网上注册为用户，然后在首页主菜单中找到"我要发布杂志"，进入发布界面后根据表单的要求填写相关内容后发布自己的杂志。

如果已经是注册的用户，在软件界面的右上方窗口中找到"电子杂志免费发布"按钮，点击后自动进入杂志中国网上的首页，再进入发布程序，见图10-106。

虽然电子杂志可以免费发布，但是网站不提供存放杂志的空间，需要先有

电子杂志免费发布	5/6	＜＞

图10-106 发布按钮

存放杂志的地址，然后在发布表单中填写链接和下载的地址。

● Poco网和PocoMaker（魅客）软件

PocoMaker（魅客）软件制作的个人版电子杂志可以免费

在Poco网站上发布。在Poco网注册以后，就有了自己的个人空间，以后发表的电子杂志可以在这里展示出来。

Poco网的网址是http://www.poco.cn/。

个人空间里电子杂志发布的界面如图10-107所示。

图10-107 发布界面

终于可以在网上欣赏自己的作品了，立即通知亲朋好友游览一下作品发布的结果。随后的日子可关注留言通知，有可能被告知你的优秀作品被推荐到PocoMaker（魅客）杂志主页上展示了。

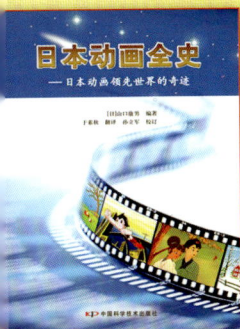

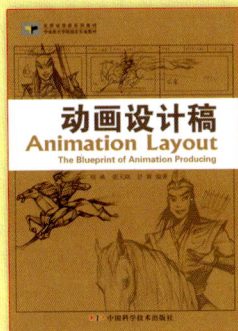

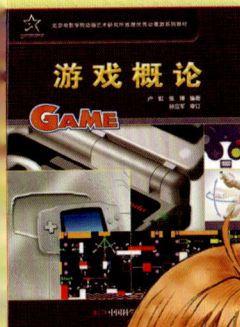

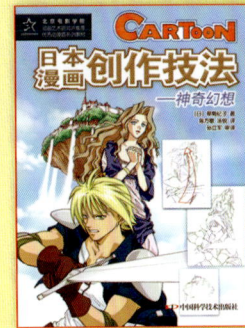

优秀动漫游系列教材

　　本系列教材中的原创版由中央美术学院、北京电影学院、中国人民大学、北京工商大学等高校的优秀教师执笔，从动漫游行业的实际需求出发，汇集国内最优秀的动漫游理念和教学经验，研发出一系列原创精品专业教材。引进版由日本、美国、英国、法国、德国、韩国、马来西亚等地的资深动漫游专业专家执笔，带来原汁原味的日式动漫及欧美卡通感觉。

　　本系列教材既包含动漫游创作基础理论知识，又融合了一线动漫游戏开发人员丰富的实战经验，以及市场最新的前沿技术知识，兼具严谨扎实的艺术专业性和贴近市场的实用性，以下为第一批推出的教材：

书　名	作　者
中外影视动漫名家讲坛	扶持动漫产业发展部际联席会议办公室　组织编写
动画电影创作——欢笑满屋	北京电影学院　孙立军
动画设计稿	中央美术学院　晓　欧　舒　霄　等
Softimage 模型制作	中央美术学院　晓　欧　舒　霄　等
Softimage 动画短片制作	中央美术学院　晓　欧　舒　霄　等
角色动画——运用2D技术完善3D效果	[英]史蒂文·罗伯特
影视动画制片法务管理	上海东海职业技术学院　韩斌生
2D与3D人物情感动画制作	[美]赖斯·帕德鲁
动画设计师手册	[美]赖斯·帕德鲁　等
Maya角色的造型与动画	[美]特瑞拉·弗拉克斯曼
Flash 动画入门	[美]埃里克·格瑞帕勒
二维手绘到3D动画	[美]安琪·琼斯　等
概念设计	[美]约瑟夫·康斯里克　等
动画专业入门1	郑俊皇　[韩]高庆日　[日]秋田孝宏
动画专业入门2	郑俊皇　[韩]高庆日　[日]秋田孝宏
动画制作流程实例	[法]卡里姆·特布日　等
动画故事板技巧	[马]史帝文·约那
Photoshop全掌握	[马]斯卡日·许　夏　娃
Illustrator动画设计	[韩]崔连植　陈数恩
Maya-Q版动画设计	中国台湾省岭东科大　苏英嘉　等
影视动画表演	北京电影学院　伍振国　齐小北
电视动画剧本创作	北京电影学院　葛　竞
日本动画全史	[日]山口康男
动画背景绘制基础	中国人民大学　赵　前
3D动画运动规律	北京工商大学　孙　进
影视动画制片	北京电影学院　卢　斌
交互式动画教程	北京工商大学　张　明　罗建勤
Flash 动画制作	北京工商大学　吴思淼
趣味机器人入门	深圳职业技术学院　仲照东
定格动画技巧	[英]苏珊娜·休

如需订购或投稿，请您填写以下信息，并按下方地址与我们联系。

联系人		联系地址	
学　校		电　话	
专　业		邮　箱	

★地　　　址：北京市海淀区中关村南大街16号中国科学技术出版社
★邮政编码：100081　　　　　★电　话：15010093526
★邮　　箱：dongman@vip.163.com
★http://jqts.mall.taobao.com

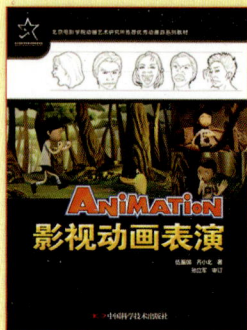
影视动画表演

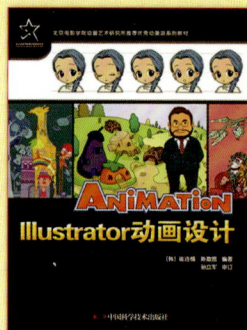
Illustrator动画设计

Maya-Q版动画设计

动画制作流程实例

动画电影创作——欢笑满屋

Photoshop全掌握

影视动画制片法务管理

Flash 动画入门

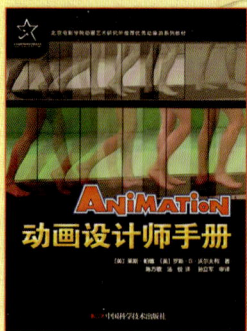
动画设计师手册

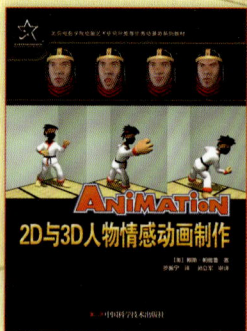
2D与3D人物情感动画制作

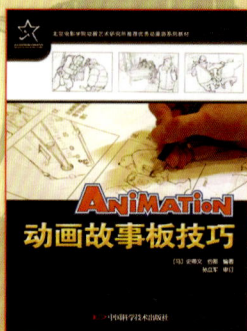
动画故事板技巧

Flash 动画制作

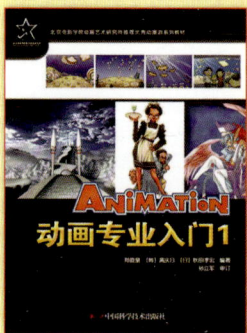
动画专业入门1

动画专业入门2

3D动画运动规律

交互式动画教程——Virtools+3DS MAX虚拟技术整合